金融行為通識課

從儲蓄、投資、保險到養老，
如何處理金融商品？怎樣管控風險？

W. Fred van Raaij

W・佛萊德・范・拉伊——著　吳明子——譯

UNDERSTANDING CONSUMER FINANCIAL BEHAVIOR

Money Management in an Age of
Financial Illiteracy

目錄

CONTENTS

前言

金融危機後，認知消費者金融行為對管理和研究而言愈發重要。我們從金融危機中瞭解到金融產品對大多數人而言是複雜的，消費者在購買這些金融產品的時候會產生許多錯誤。金融產品不需分開處理，且應該關注這些金融產品間的重疊和相互影響。此外，消費者應當控制其消費，而非衝動消費，並且應盡早規劃儲蓄與退休金。

透過消費者和投資者金融行為的相關資料，消費者金融行為研究可以為政府政策和行銷管理提供支持。這些資料有用武之地是有原因的。面對日漸複雜的金融產品，消費者越來越難以理解和選擇。同時，消費者也承擔著更多的責任：未來的財務狀況，購買的金融產品，承擔的風險和退休金收入。因此，對於政策制定者和金融機構而言，這些資料就顯得極為重要，如消費者和投資者對金融知識的瞭解程度，他們是如何處理財政金融事務的，都犯了哪些錯誤，這些錯誤該如何糾正，怎樣幫助消費者和投資者去獲得更好的未來財務狀況和生活。像退休儲蓄這樣重要的金融決策經常被拖延得太晚。許多公民金融財務知識貧乏，需要盡可能地懂得「掌控」自己的財務。

本書希望幫助讀者更好地認知金融行為，並且對優化消費者和投資者的金融行為和決策提供積極的指導策略，幫助減少或避免財政問題，實現更高滿意度、更多的幸

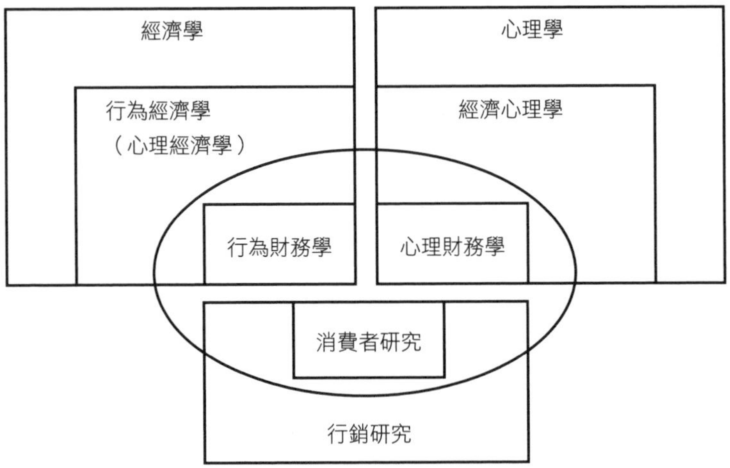
經濟學
心理學
行為經濟學
（心理經濟學）
經濟心理學
行為財務學
心理財務學
消費者研究
行銷研究

福感和福利。

本書起源於經濟心理學（economic psychology）、消費者市場行銷研究（consumer research in marketing）、行為或心理經濟學（behavioral or psychological economics）和行為財務學（behavioral finance）。卡托納（Katona）是第一位運用心理與行為經濟學的學者。行為經濟學和行為財務學已經成為經濟學中被認可的領域（見右圖）。在過去的二十年裡，我們見證了該領域日益增多的出版著作，以及大量經濟學的行為和實證調查研究。目前，有相當數量的經濟學、市場行銷學和心理學期刊刊登了關於經濟心理學和行為財務學的論文。

關於行為經濟學近期期刊的重要資訊來源可參考《行為經濟學導刊》（*The Behavioral Economics Guide*）。世界銀行（the World Bank）發佈的報告《思想、社會和行為》（*Mind, Society, and Behavior*），也極大地推動了發展中國家的金融行為研究。無獨有偶，經濟合作暨發展組織（OECD）也發佈了該領域關於金融素養和行為財務的報告。

本書第三到九章和第十一章的早期版本曾發表於《市場行銷的基礎和趨勢》（*Foundations and Trends in Marketing*）。感謝出版社同意我在這本書中採用之前的詳盡材料。

四個觀點

本書包含四個觀點和用途：

1. 這是一部關於消費者金融行為的結構性調查研究，綜述了已發表的研究成果，闡述了一些常見的金融行為，例如資金管理、儲蓄、借款、保險、計畫養老金、投資、繳稅和避免被欺詐。
2. 討論金融行為的決定因素和條件，如個體差異和個性、對得失的理解、自信、信任、風險偏好、時間偏好、決策制定和自我管控，這些決定因素和條件與不同類型的金融行為相互關聯。
3. 探討金融機構如何以消費者為導向，重獲信任，並為消費者提供合適的產品與服務？
4. 提升消費者金融教育和素養：金融教育對行為會產生哪些效果？如何更加有效地進行教育？金融素養決定金融行為的相關因素有哪些？消費者如何更好地管理個人金融事務？

本書的目標群體

本書適用人群包括：

1. （大學）市場行銷學、行為財務學、經濟心理學和管理學的老師和學生。
2. 金融顧問和理財專員。
3. 消費者教育者。
4. 金融機構的傳播者和客戶顧問。
5. 消費者相關政策制定者。
6. 消費者（為了更好地瞭解自己的金融行為）。

導論

經濟人假設，或心理人假設？

在經濟學理論中，常以「經濟人」（homo economics）為模型，他／她進行理性決策，擁有固定偏好，利己並追求效用最大化。西蒙（Simon, 1957）提到：「經濟人具有完整一致的偏好系統，使得他／她總能做出選擇。他／她總是對這些選擇一清二楚，可以進行無限複雜的計算，從而做出最佳選擇。」貝克（Becker, 1976）概述理性選擇理論，並運用在傳統經濟學以外的領域，從犯罪到婚姻，當然也包括金融行為。貝克相信，心理學家和社會學家可以借鑑新古典經濟學家提倡的「理性人」（rational man）假設。他不打算預設現實中的消費者會使用經濟學模型和抵換（trade-offs）觀念去選擇婚姻伴侶或進行經濟決策（描述效度），但他認為經濟學模型能夠預測人們決策過程的結果（預測效度）。

然而，二十世紀末出現了相反的觀點。在行為經濟學和行為財務學領域，著重經濟和金融行為的新描述模型越來越多。從心理學視角來看，經濟心理學透過研究消費者、投資者和企業家的經濟行為，推動了這一領域的發展。新古典經濟學家可以從心理學家和社會學家身上借鑑。行為經濟學構成了經濟學的典範轉移。在典範轉移過程中，可以區分成三個階段：

1 新古典經濟學理論所不能解釋的異常現象、悖論和理論誤差。
2 這些異常現象可以用偏誤和經驗法則（heuristic）來解釋，偏誤和經驗法則是可以解釋一些經濟現象的次級理論。前景理論（prospect theory）就是次級理論的成功例證。
3 這些偏誤和經驗法則可以經過分類，並有望成為部分新的重要（行為）經濟學理論。

不過這也不一定，就像在心理學領域，行為經濟學／金融學可能依然不是一門具有整體理論框架的學科，還只是一些次級理論。行為經濟學和金融學現正處於第二階段。學者已開展一些描述性研究和實驗，會研究人們怎樣行事和決策，人們如何運用經驗法則、有所偏好，人們為什麼明明是非理性的、但行為上依舊可以預測？請注意，在行為經濟學和行為財務學中，重點更集中在行為（變化）上，而非心理方面的建構（construct），如知覺、動機、注意力（變化）和意向。心理學也有類似發展：行為主義方法主要聚焦在行為，對難以察覺的心理建構關注較少，比如注意力和意向。

雙系統模型（dual-systems model）

就金融行為而言，自我控制對個人日常資金管理和長期利益比較重要，如退休儲蓄。在許多文化中，自律本身就是一種美德，需要融洽和有效的人際互動。塞勒和謝弗林（Thaler and Shefrin, 1981）將「自我控制」描述成兩個相反力量的衝突和角逐，即「計畫者」和「執行者」。我們的大腦中似乎有兩個目的相反的「矮人」（homunculi）。計畫者位於大腦的前額皮層（系統二），具備未來偏好、高度延遲滿足感和獎勵的特質。計畫者喜歡深思熟慮，並為未來打算。相反，執行者位於大腦的底層（爬蟲類大腦，即系統一），具備現時偏好，爭取即刻的滿足感和獎勵。執行者是衝動的，要求即時獎勵，而計畫者卻能延遲（現金）回報。在這個自我控制雙系統模型中，計畫者試圖去控制執行者。結果取決誰的力量更勝一籌，計畫者還是執行者？請注意這種方法與佛洛依德的「超我」（superego，牽涉到良知、價值、規範）、「自我」（計畫者）和「本我」（執行者）之間的競爭極其相似。

自我控制雙系統模型定義了計畫者和執行者，這兩種功能與大腦結構、位置有關。這些位置可以在大腦中找到，並且與各自的神經系統相對應。部分邊緣系統與中腦多巴胺系統相關，其中包括旁邊緣皮質（paralimbic cortex），與即刻回報密切相關，從而與執行者有關。前額葉皮層和後頂葉皮層的區域從事跨期選擇，不考慮延遲，因而是計畫者所為。

希夫和費多林欣（Shiv and Fedorikhin, 1999）測試了計畫者的控制功能。如果計畫者的任務超載，那麼用於控制執行者的認知能力和能量就會減少，這稱為資源耗竭（resource depletion）。在這種情況下，計畫者表現欠佳，執行者可能會勝出。這將導致思慮不周以及更多的衝動消費和購買決策。鮑邁斯特、福斯和泰斯（Baimeoste, Vohs and Tice, 2007）比較意志力與力量。當工作需要自我控制，得進行冗長困難的決策時，這些事情會削弱力量，並導致自我損耗，進而降低自我控制的能力。在長時間辛苦的工作後，人們會疲憊並自我損耗，更容易做出令人不滿意的行為。而在十分繁重的工作後，人們也會覺得自己已經做到最好，並允許自我獎勵和滿足需求。

康納曼（Kahneman, 2003, 2011）也區分了兩個系統。系統一是無意識、直覺和自動系統，具備現時偏好。系統二是有意識、深思熟慮的系統，具備未來偏好。系統一的決策是直覺、迅速和不費力，而系統二的決策既困難緩慢又費力。在許多案例中，系統二需要控制系統一的衝動決策。兩個系統不可能完全各自為政。兩個系統都有特定功能，彼此之間也一定有交互作用。例如，面對刺激時，系統一會提供預設情感和第一印象，然後系統二進行更全面的評估。而且系統一的情感會逐漸與系統二的認知一致，反之亦然。

系統一（無意識）	系統二（有意識）
位置：舊腦	位置：大腦新皮質
多重系統	單一系統
自動：快速、不費力	控制：耗時、費力
無意的、無法控制	有意為之、可控制
直覺思考	深思熟慮
平行處理	連續處理
同時多工處理	一次只能處理一件事
產能沒有限制	產能有限

◆ 表 1-1 比較「系統一」和「系統二」

偏誤和經驗法則

正如新古典經濟模型所示，人類思考並不是純理性和零誤差的效用最大化，其中充斥理性的偏見：偏誤和經驗法則。認知偏誤（cognitive bias）是思考的系統性（非隨機）錯誤，這種錯誤偏離了形式邏輯和可接受的規範。經驗法則是一種認知捷徑或歸納法，表現在快速簡單的決策上，或者是把困難問題簡化處理。經驗法則的一個例子就是利用價格和品牌作為判斷產品品質的標準。「可得性經驗法則」和「代表性經驗法則」是經驗法則中的兩種常見類型。

「可得性經驗法則」（availability heuristic）是指一些事件的普遍性和機率被高估，這類事件具有以下特點：發生在近期，較為顯著、生動，也容易記得和想起來。我們會因為報章雜誌報導了恐怖事件，進而高估自己被恐怖分子殺死的機率，同樣我們也會低估從樓梯上摔死的機率，這也許會影響我們購買保險的險種和範圍。

「代表性經驗法則」（representativeness heuristic）是指透過事物或事件A和B的相似性來判斷A屬於B類的機率。代表性經驗法則會讓我們忽視基本機率，也就是B發生的一般機率。如果一款金融商品價格不菲且享有盛譽，我們可能會認為這是優質商品，但它可能品質普通而已。品質普通的商品在市場上更常見，且其出現的機率大於高品質商品。

「情感性經驗法則」（affect heuristic）是第三種經驗法則。情感性經驗法則依賴刺激下產生的正面或負面情緒。基於情感的評斷迅速且自動，它根植於經驗思考並且在反應過來前就會啟動。在人們沒有認知資源和時間反應的時候，情感性經驗法則更容易發生。它是直覺思考「系統一」的一部分，類似於刺激下的第一印象或者原發情感反應，比如廣告。情感出自腦幹，而認知（思考）源於大腦新皮質，前者反應比後者要快得多。第一印象總是「影響後續的深思熟慮」。詳見皮特斯和范・拉伊（Pieters and Van Raaij, 1988）的情感與經濟行為相關性分析。

在自我控制系統的結構中，系統一是直覺、自動、以經驗為基礎而且無意識。系統一的反應是認知偏誤和經驗法則的溫床。系統二是受到控制、經過深思熟慮、善於分析和能夠反省的。系統一比系統二反應更快。

偏誤和經驗法則總是習慣性和自動產生，人們卻不自知，即便專家也不例外。偏誤和經驗法則也許會失常，可能導致錯誤發生。賀加斯（Hogarth, 1981）認為這時候就需要分開研究偏誤和經驗法則。在思考的時候，人們的偏誤和經驗法則不會間斷，無論成功或失敗，都會持續得到回饋。隨著時間推移，也許會修正失常。教育節目和警示對「去偏見」效果參半。在「去偏見」節目裡，認知偏誤是有待糾正的判斷錯誤，這種糾正對避免偏誤決策有益處。阿克斯（Arkes, 1991）闡述了錯誤判斷的代價和好處。儘管缺陷很明顯，但錯誤仍然存在。人們在經過訓練後也許能克服這些偏誤，但通常在一段時間後偏誤依舊復發。

人們寧願使用「快而省」的經驗法則（系統一），也不願透過緩慢、困難和複雜的比較選擇，選出「最優」選項，做出決策（系統二）。吉仁澤（Gigerenzer, 2007）認為這些經驗法則並不一定是資訊處理和決策制定的壞方法，從演化的意義來看，也許可以幫助我們在複雜世界中進行快速評估和決策，儘管這些決策經常是無意識的。

前述模型都基於直觀自動（系統一）和深思熟慮（系統二）的個人思考。關於思考的第三種見解是「社會思考（和行為）」，例如合作、信任（詳見第十二章信任），或者競爭、模仿、社會模型、群聚、從眾（詳見第七章羊群效應）。可以發現人們對公平、互惠和合作具備社會偏好。

主要的理論方法

本書提到的主要金融行為理論，源於經濟心理學和行為經濟學／金融學的理論和研究。我列出十一項主要理論概念和解釋，有助於初步了解整體背景。

1 判斷和評價並非絕對，在考慮參照點的條件下是相對的。所謂得失也是相對參照點而言。參照點通常設定在過去，但也可以是對未來的期望。希望成為季軍者卻斬獲銀牌，這就是一種收益。期望問鼎冠軍者卻止步亞軍，這就是一種損失。人們透過調節參照點來適應得失。促進焦點（promotion focus）的人會爭取收益，而預防焦點（prevention focus）的人則試圖規避損失（第十二章）。

2 相較同等收益帶來的正面價值，同等損失的負面價值更強烈。與收益相比，損失顯得更突出。規避損失比追求收益的動機更強。與獲取收益的風險相比，為了避免損失，人們承擔的風險更高。在強調損失的負面框架裡，人們會尋求風險以規避損失。而在一個強調收益的正面框架裡，人們會規避風險（第十二章）。

3 為了控制開銷，人們會利用心理帳戶和不同類別的消費預算。這是一種預先承諾，即自我控制消費，在某一特定時期，一旦花完某類消費預算，人們會減少或者停止消費。很多消費者都不願意讓錢在心理帳戶間轉換（第一章）。

4 自我控制和自我調節是負責任金融行為的重要決定因素。預先承諾便於自我控制，以防意志力不堪一擊。這與未來偏好、延遲滿足及責任感相關（第十六章）。

5 時間偏好是指選擇當下還是未來才消費，或者何時收取金錢的偏好。未來的收支是被打了折扣的。因此，如果延遲現在可得的收入，人們就需要得到補償。如果可以比預期更早取得金錢，他們就願意付費。對當下消費的偏好會給（退休）儲蓄帶來負面影響（第十四章）。

6 人們高估低機率事件，因而會買彩券和保險。人們更容易受到獎金豐厚程度或者潛在的危險／損失影響，而無視其發生機率。

7 風險偏好是對風險或某些選擇的偏好。風險偏好取決於最適刺激程度（optimum stimulation level, OSL）、外向性和衝動性，同時也依賴情境因素，如資訊框架、潛在損失，以及其他人的行為（第十三章）。

8 人們傾向於比較、模仿和跟隨相關人員的行為，這是有意識也可以是無意識的過程。「隨波逐流總沒錯。」人們易於高估與自己觀點相同的人數（社會共識）。由於缺少可信和有效的資訊，投資者容易隨波逐流，製造購買和拋售的瘋狂和泡沫（第十六章）。

9 認知資源並非永無止盡，儘管系統一表明心智功能與生俱來且不耗腦力，但系統二肯定有產能限制。認知資源耗竭的理論認為，已使用的資源無法立即補充。認知資源耗竭和疲乏，對決策和自我控制具有負面影響（第十五、十六章）。

10 信心和信任是基本的情境因素。信心是指關於個人和國民經濟預期的樂觀／悲觀態度。這影響到消費、儲蓄和借貸的程度。如果消費者在購買時不能評估產品和服務的品質，那麼就需要信任個人和機構。信任決定了交易的類型、數量以及忠誠度（第十一章）。

11 認知偏誤是多方面的，例如貨幣幻覺、中間選擇和吸引力影響。這些偏誤很大程度上依賴資訊數量、排列順序和展示。激發效應（priming effect）是指透過明顯的暗示，有意識或無意識地影響行為（第十五章）。福斯和鮑邁斯特（Vohs and Baumeister, 2011）發現，金錢的激發效應，能夠導致更多自我滿足的行為。錢能幫助人們解決問題，變得自我滿足，較少求助他人。因此，錢有助增加快樂。福斯、米德和古德（Vohs, Mead and Goode, 2006）總結道，金錢激發效應激發了自我依賴和自我滿足，鈍化了對他人的社會關心，這是一種負面影響，人們會停止向他人求助。

消費者金融行為相關性

消費者金融行為是金融產品、服務行銷管理以及消費者金融教育和保護政策的基石和起點。本書基於特定領域和大眾應用層面（非品牌層面），描述與消費、儲蓄、借貸、保險、投資、納稅和退休計畫相關的消費者行為，並且討論這類金融行為的決定性因素和結果。

可靠負責的金融行為就存在金融系統之中，並與多樣化產品和服務、大眾媒體、訊息（超載）成功融入現今社會，成為實現個人生活目標、追求個人滿足和幸福康樂的必然條件。消費者金融行為是一項介於微觀經濟學、行為財務學、市場行銷學和消費者行為學的研究和應用領域。它基於認知、經濟和社會心理（認知偏誤、經驗法則、社會影響）的深刻觀點和行為理論，與（理性）微觀經濟學中的消費者、投資者、企業和市場的理論相互呼應，有時又相互衝突。

消費者金融行為與需求和家庭購買力政策相關，和企業在消費市場上的行銷管理相關，與消費者自身及消費者保護政策也存在千絲萬縷的關係。金融行為由不同類型的行為組成，例如（1）日常現金管理：消費、儲蓄和付款。（2）未來的金融計畫，如退休儲蓄和退休金計畫。（3）購買（複雜）金融產品，如保險、房貸和退休金計畫。

坎貝爾（Campbell, 2006）對家庭金融經濟研究作了較好的概述。他認為，一些家庭在家庭財政方面有著明顯的決策錯誤。某些金融產品導致了交叉補貼，使得這種補貼由普通家庭流向富裕家庭，從而抑制了金融創新帶來的社會福利。此外普通家庭的收入和教育程度往往也較低。換句話說，複雜的金融產品和與日俱增的個人財政管理責任，將會導致家庭間的社會福利差距增大而非縮小。這種讓家庭承擔更多金融責任的效果肯定不盡理想。

很多消費者缺乏足夠的預算、金融產品和理財規畫知識和技能（金融素養）。由於這些知識和技能的匱乏，人們也許會做出次一等的決策，比如借款太多、利息太高、沒有存夠退休金、保額過高或者不足，並且在投資時犯下大錯。金融教育或許能夠幫助人們制定更好的理財決策，但是有些學者認為，金融教育使人們變得過度自負，卻不能提升他們的理財行為。如果金融教育對某些人沒有太大效果，他們應該求助專家或數位化專家系統，尋求他們的幫助和建議。

消費者消費、儲蓄、借貸、投資和納稅的行為，在在影響國家的宏觀經濟政策。卡托納[1]（Katona, 1975）第一個意識到，消費者對其可自由支配的支出和儲蓄擁有自

---

1 喬治・卡托納（George Katona, 1901-1981），心理學家，生於匈牙利，惡性通貨膨脹（一九二七年）期間，以記者身份在德國柏林學習和工作。他是最早將心理學應用於宏觀經濟學的學者之一。一九三三年移居美國，並

由，因而也享有權力。一旦消費者們對經濟信心不足，並且延遲或縮減消費，一個國家的經濟便可能陷入停滯。反之，如果消費者對經濟充滿信心，並且花掉他們的收入，那麼國家經濟就會繁榮昌盛。這也同樣適用於全球經濟。根據二〇一五年世界銀行發布的一份世界發展報告《思想、社會和行為》（*Mind, Society, and Behavior*, World Bank, 2015），可以了解人們如何做決定，並且組織怎麼做出對他們有益的介入，如幫助家庭存更多的錢、幫助公司提高生產力、幫助社區減少疾病、幫助父母提高孩子的認知發展和幫助消費者節約能源。

消費者協會和市場需要了解行為背後的原因，例如消費者為什麼消費、儲蓄、借貸、保險、投資和儲蓄退休金，或者為什麼不這麼做？藉此擬訂保護消費者的方法，以免他們受到黑心賣方的傷害。同時，消費者也能避免因無知、瑕疵決策所造成的各種自我傷害，他們將知道管理金融事務的最佳方式、如何避免錯誤風險和難以承擔的損失、什麼是負責任和可持續的金融行為（第九章）、以及家庭如何管控金融行為，以求實現生活目標（第十六章）？

我們可以在市場上買到金融產品。金融機構研發並銷售新產品和服務，推廣產品和提供服務，並建議消費者該購買哪些產品。銀行、保險公司和信用卡公司怎樣才能更以消費者為中心，而不再唯利是圖？它們提供的產品應該符合人們短期和長期需求，並且在不同經濟環境下依舊安全，比如經濟蕭條。賣方義務包括保護消費者免於犯下嚴重錯誤或免遭不可承受的損失。投資性質的金融產品和服務看起來也許有利可圖，在短期內很有吸引力，但是長期看來，在不同經濟條件下，這些產品可能是「危險」的（沒有利潤，甚至造成損失）。例如，高房貸也許對購置房產很有吸引力，但是，如果房價或收入下降，也會導致過度負債。金融事務有個悖論。人們知道好的資金管理和財務計畫對他們的未來和幸福十分重要，但是，大多數人卻很少花時間來增加金融產品知識，以及按目標管理財務。

本書結構

本書主要談的是消費者金融行為、一般和特定領域的金融產品和相關服務：亦即如何選擇與消費某一金融產品或不同種類的金融產品。本書內容並非關於特定品牌的選擇，意指書中不會提到特定金融機構、產品和服務。

本書第一到九章會討論不同類型的金融行為：資金管理（第一章）、儲蓄行為

在密西根大學提出了消費者情緒指數，用以預測消費者消費和儲蓄（第十一章）。他是經濟心理學之父，也是最早使用心理經濟學和行為經濟學概念的學者之一。

（第二章）、信用貸款行為和債務問題（第三章）、保險及預防行為（第四章）、退休金計畫和退休金（第五章）、投資行為（第六章）、稅收行為（第七章）、金融詐騙的受害者（第八章）。第九章是關於負責任的金融行為。本書後七章是與心理學和消費者金融行為的相關主題：個人差異與區隔（第十章）、信心與信任（第十一章）、損失規避與參照點（第十二章）、風險偏好（第十三章）、時間偏好（第十四章）、決策制定、決策架構與預設選項（第十五章），以及自我管控（第十六章）。這些心理學和社會學的概念牽涉到一些不同類型的金融行為。每一章均可獨立閱讀，不一定要按照前後順序。

Part I

Chapter 1

資金管理

Money Management

金融行為的基礎在於人們如何管理日常交易和收支，怎樣利用心理帳戶和規畫預算，以求達到收支平衡。關於複雜金融產品的理財規畫和決策也是資金管理的一部分。金錢可以「買」到快樂和幸福嗎？或者有什麼其他更重要的原因嗎？

資金管理

金錢讓人浮想聯翩，意義甚多。人們認為金錢是愉悅生活之本，亦是萬惡之源。有人認為金錢能夠帶來幸福和快樂，然而，也有人認為金錢只是欲望的始作俑者，而非帶來滿足。在心理學領域，金錢是飽受忽略的題目，儘管弗恩海姆和阿蓋爾（Furnham and Argyle, 1998）寫了一本關於金錢心理學的書。他們的書更關注「金錢的意義」和人們的金錢觀念，而本書則側重行為導向：包含資金管理、儲蓄和借款，以及金錢作為工具，怎麼實現人生目標？

資金管理是個人或家庭的重要任務。金錢是稀有資源，這種資源經由合理消費或儲蓄，進而維持家庭開支和實現期望目標，例如，建立財務緩衝、購置房產、籌畫孩子教育基金、保證退休後收入。資金管理有助消費和享受當下生活：「生命只有一次。」同樣，這對實現生活目標、避免問題與挫折以及最終創造幸福快樂也有幫助。

如圖1－1所示，以下為金融行為的三個主要領域：

1 日常資金管理，如購買商品和服務、支付帳單、儲蓄和貸款。
2 財務計畫和用於未來消費的儲蓄。
3 適當（或者複雜）的金融產品決策。

日常資金管理包括：從銀行帳戶領出薪水、在帳戶裡存錢、從自動提款機（ATM）提領現金、在商店和餐廳付款，以及支付帳單。另外還包括了解價格和折扣，比較產品和品牌，考量產品、服務價格及品質，以及抵抗誘惑。關於價格和品質的權衡是比較常見的現象：什麼樣的品質和價格是能夠接受的？通常，人們會做出中

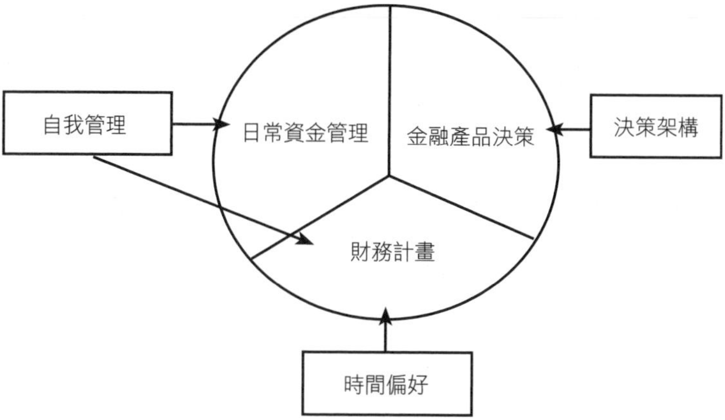

◆ 圖 1-1 金融行為領域

間選擇，因為成本或價格（下限）和品質（上限）中間的選擇似乎是平衡點。免費的產品沒有成本，自然沒有成本下限，消費者也就容易接受免費產品，因為無須權衡（零價格效應，即 zero price effect）。如果要花七歐元獲得一張價值二十歐元的優惠券，或者免費獲得價值十歐元的優惠券，消費者傾向選擇後者。相較獲得十三歐元，免費獲得十歐元的誘因更強。

資金管理是金融行為的基本守備範圍。通常，資金管理並不是目標，而是個人或家庭實現目標的工具。基礎財務目標是收支平衡，並且要避免問題債務（預防目標）。更進一步的目標，可以是購買耐用消費品，或者準備完美假期（提升目標）。有些家庭資金管理能力較差，他們也許不能實現目標，還可能帶給家庭成員壓力，並導致衝突。因此，一個與資金管理相關的重要心理因素，就是藉著財務管理方面的自我控制（請參第十六章自我控制）來實現個人目標。對於窮人來說，日常資金管理需要耗費很多時間和精力。他們將大量時間用於解決緊急財務問題、平衡收支和現金流。正如一位消費者所言：「經常一個月還沒過完，月薪已經花光了。」

許多人對財務問題並不是真的感興趣。消費者們知道財務管理是多麼重要，但又不願花太多時間和精力來研究它，這看上去很矛盾。人們不願意閱讀或者思考金融產品「錢進錢出」的複雜細節，例如房貸、保險和退休金計畫。大多數人對金融產品、服務和交易的認知需求不高。認知需求（need for cognition）是個人了解、思考某一具體主題的動機，這與主題本身的有趣程度相關。很多人喜歡思考關於汽車、運動、烹飪、假期和家庭裝修的主題。這些主題激發了創造性思考和白日夢。想著要變有錢和怎麼花錢的人不在少數，但是想著如何變富有的人卻屈指可數。或許，只有會計、企業家和經濟學家對金融問題的認知有強烈的需求。

在大多數情形下，金融產品對很多人來說是種「低度參與產品」（low involvement product）。人們通常不會想到金融產品，除非遇上財政困難。天災人禍後，保險成為「高度參與產品」（high involvement product）。但是，在保險公司賠付之後，保險可能又變成低度參與產品。產品參與程度可以從四個方面來定義：（1）了解產品重要性，以及誤購產品所產生的負面後果。（2）了解誤購的機率。（3）象徵價值。（4）產品愉悅度。請注意在產品參與程度的定義中，誤購行為扮演了很重要的角色。消費者也許會擔心誤購行為和由此帶來的潛在損失。損失規避（loss aversion）是金融行為中的重要驅動因素（請參第十二章損失與收益一節）。

從勞倫特和卡普費雷（Laurent and Kapferer, 1985）關於參與程度的定義來看，金融產品的象徵價值和愉悅度較低，因為金融產品並不引人注目，很大程度上，這對人們來說是「不可見」的。金融產品（保險策略、退休金計畫）帶來的確定性、舒適及安全感，也許會為個人帶來愉悅。大多數金融產品對消費者很重要，並且消費者通常能夠了解負面結果的風險，這種負面結果來自錯誤決定或可能發生的錯誤。消費者可能在購買數年後才會受到負面結果波及，例如保險公司拒絕理賠、投資基金不能獲取預期收益或者退休金計畫不能提供充足退休金。請注意目前我們關注的只是產品，而非品牌層面。儘管品牌對於信任、愉悅度和象徵價值也同樣重要。

支付方式和消費

支付方式包括現金、支票、簽帳金融卡（debit card）、信用卡，甚至智慧型手機。得益於數位技術的發展，信用卡和智慧型手機使支付變得幾近自動化，支付出去的錢也越來越透明化。相較現金支付（紙幣和硬幣），消費者越來越偏好信用卡支付。許多消費者會利用預先承諾策略來控制自己的現金支付。預先承諾策略（precommitment strategy）算是個人強制的消費限制，用以避免過度消費。預先承諾的例子有：購物時不帶提款卡或信用卡，只帶五十歐元或一百美元的鈔票，避免超額購物。另一個例子是不到萬不得已，儘量不找開五十歐元或一百美元整鈔。消費者在找開一張鈔票之前總是猶豫再三、百般思考，還會感到內疚和試圖晚點消費。消費者就是藉此控制消費。不過要是把薯條分裝成小包，或者把錢分裝成數個信封的時候，消費機率便會上升。對於試圖控制消費的消費者，分離是有效的策略。至於信用卡就沒有分離消費的功能。

鈔票的物理形態也會發揮作用。在掏錢時，人們會先用掉舊鈔，再用新鈔。許多小面額的鈔票比較常被使用，兩年後它們就變得破舊不堪。與這些舊鈔相比，人們往往更不情願花掉新鈔。因此，新鈔票提供了一種臨時預先承諾的手段，不會那麼快就被花掉。

索曼（Soman, 2001）發現，跟現金付款相比，人們更常用信用卡付款。普雷萊茨和西蒙斯特（Prelec and Simester, 2001）發現，購買職籃比賽門票的時候，即使價格翻倍，人們也願意刷卡而非付現。對於許多消費者而言，拿著鈔票和硬幣比拿著一張塑膠卡去櫃台更加有真實感，更加痛苦，他們也就更加厭惡「損失」。信用卡付款真實感不強，並且「損失」還會延遲，付款日推遲到了月底。透過單獨支付和延遲付款，信用卡與購買行為分離。用未來收入進行當下消費，可以說信用卡取消了限制消費的防線。信用卡的另一個功能就是分期付款，比如這個月信用卡消費九百七十五歐元，而當月只需支付四十五歐元，相比九百七十五歐元的花費，四十五歐元就顯得九牛一毛。

金融產品決策

原則上，銀行會提供消費者準確的日常金流清單。但是，這個表單是隱藏在消費者銀行帳戶用戶名和密碼之後。不使用網路銀行和不常檢查財務狀況的消費者，也許無法準確掌握自己的財務狀況。平衡自己的收入和支出，使銀行帳戶保有盈餘並且在月末仍有餘額是一項理財能力。消費者的理財能力參差不齊，上網、及時付款和檢查財務問題的頻率也大不相同。有些人即使收入很低也能做到收支平衡，而有些人似乎有雙「漏財手」，財務問題層出不窮。

消費者也許會為不可預測的事項做緩衝財務管理，比如修理洗衣機或者汽車。緩衝儲蓄的組成可以是二到六個月的月薪。信用貸款也是一種緩衝，當有意外花銷、需要臨時用錢的時候，有特殊需求的消費者便可跟銀行申請貸款。消費者如果要購買價值不斐的耐用品（房屋、汽車、船）或享受假期旅行，便可利用儲蓄或向銀行貸款，事後還本付息。目標儲蓄可能包括孩子的教育經費、養老和退休準備（請參第二章和第五章）。

總的來說，人們要去購買、使用金融產品，當中購買面向的層次不同，或者可說有著某種「排序」，按層級分類後如下：（1）活期存款帳戶。（2）儲蓄帳戶。（3）人壽保險和退休金。（4）投資基金。（5）股票和債券。希格特、霍加斯和貝弗利（Hilgert, Hogarth and Beverly, 2003）發現，美國消費者首先養成現金管理習慣，其次是信貸行為，再次是儲蓄和投資行為。認知資源占用越多的產品和服務，其複雜度和風險越高，流動性越低，在這排序的順序就越往後。這些複雜和高風險的產品需要更高的金融素養和「成熟度」。只有一小部分消費者關心第五步，即私人銀行和財富管理。這是股票、債券和不動產的金融投資，用來維持或增加家庭財富。通常人們會聘請顧問協助適時買進賣出，妥善安排財務甚至利用「避稅天堂」來規避或減少稅收。決策涉及資訊蒐集、可得產品和服務的比較，以及如何在這些產品中選擇。

消費者在做出購買決策之前，會蒐集資訊、比較這些可得產品的成本和收益。決策可以使用「完全理性」的預期效用模型，也可以直觀推斷，即簡單比較過後再做出選擇。

資訊呈現的方式大為影響消費者的決策流程和結果。如果市場上有許多各具特色的金融產品可供選擇，並且資訊難以理解，人們可能面臨資訊超載的問題。資訊超載的結果有：（1）很難處理所有的資訊。（2）很難比較選擇。（3）很難評估哪一個是最「好」的選擇。決策這項任務變得十分複雜，後果就是人們可能推遲或者放棄決定。從經濟學角度來看，選擇越豐富，做出匹配選擇的機會越大。然而，從心理學的角度來說，決策任務可能變得太複雜，以至於人們不能做出決策或者做出次優決策。因此，過多選擇並不總是一件好事。

預算和心理帳戶

關於日常資金管理、消費、儲蓄和貸款，編列預算會變得越來越有效。編列預算是資金管理的一種認知操作（cognitve operation），這種操作是技巧性的，且使用目的性很強，用來平衡收入和開銷（即達到收支平衡），進而能在沒有結構性財政赤字的情況下，實現人生目標。編列預算有助了解不同消費類別的支出。你可以透過以下方式來了解自己的預算：記錄所有花費，分類這些花費（住房、月費、保險費、食物、衣物、教育、醫療服務等），對每類花費設置上限，確保財政盈餘。編預算的目的就是控制和緊縮開銷（參考第十六章），不在必要消費類過度消費，並為日常開銷留存可自由支配的收入預算。對低收入或中等收入的家庭而言，預算對避免財務問題有重大意義。

單是簡單編列預算也很有益處，例如使用家庭記帳簿、不在飢餓的時候購物，或者避免出現在誘人產品面前，購物只用現金支付，且只能攜帶有限現金。這些都是自我控制和限制消費的方法。

如果預算緊張，比如剛生完孩子或者失業，家庭就需要應對高額開銷或低預算的狀況，這就需要自我控制和理財能力。應對這種情況需要具備「前瞻性」，並對債務抱持否定態度。應對的目的是尋找新的收支平衡，使家庭成員的生活維持在可接受的程度。

塞勒（Thaler, 1985, 1999）提出了心理帳戶的概念。心理帳戶是個人和家庭用來組織、評估和記錄他們金融活動的一系列認知行為。按照這種方法，人們為具體花費「開立」帳戶，比如食品和衣物。這些帳戶在一定期間內都有可用預算，比如可以設定期間是一個月。如果預算花光，帳戶將關閉，也許下個月會重新開啟。這樣，人們就能控制花費。假設你設定一個月「外出用餐」的帳戶（預算）是三百歐元，在餐廳吃了四次飯之後，這筆預算可能會花光，那麼你只能等到下個月才能再「出去吃一頓」。購買時尚衣物和其他物品也是一樣。並不一定要設定明確的預算金額，關鍵是觀念。這段時間若是在餐廳消費四次，花光「外出用餐」預算，就要強制等到下一個周期才能去餐廳消費。索曼和拉姆（Soman and Lam, 2002）發現帳戶上先發生的消費對後來的消費有消極影響。關於這一點，問題在於購買或者支付行為是不是必要的？信用卡支付使得購買和支付之間有時間間隔，因此信用卡支付消耗的不是當期的心理帳戶，而是下一期的。

因此，心理帳戶是記錄和控制不同帳戶（類別）支出的一種方法。期間按一個月計算，因為工資是按月發放的。家庭購物按周計算，尤其是在周末。一個月可能有四個或者五個周末用來購物和娛樂。有五個周末的月份比其他月份的開銷更大。

小島（Kojima, 1994）在日本發布了心理錢包研究，心理錢包與心理帳戶的概念類似。在一項對日本家庭主婦的研究中，提及九個「錢包」：**零錢、日常必需品開銷、個人財富、教育和文化、外食、提高生活水平、安全、少量奢侈品和女性用品**。其差異是基於不同收入類型（丈夫收入、妻子收入、日常收入與額外收入）、不同消費類型和時間周期（本月和下個月）的心理帳戶而定。

無論是否明顯，錢具有專款專用的特質。已婚男性對賭贏的錢和賺來交給妻子的錢感覺是不一樣的，妻子對丈夫給的錢和自己賺的錢也有不一樣的感覺。男性養家糊口的思想仍然根深蒂固。丈夫的收入通常被視為家庭收入的主要來源，而妻子的收入則被視為「額外」收入，可用在「額外」開銷。不過很顯然地，對於貧窮家庭而言，妻子的收入急需用來補貼家用。

報告顯示，肯亞的家庭缺少預防性醫療保健和其他投資的錢。當提供當地人一個可鎖上的金屬盒時，他們的儲蓄會增加，因為人們能從可支配收入中分出一部分現金到盒子中。在這種情況下，這個金屬盒相當於一個儲蓄心理帳戶，專為特殊目的存錢。

康納曼和特沃斯基（Kahneman and Tversky, 1984）運用戲票的例子，展現心理帳戶在金融決策中的作用。假設蘇珊丟失了價值五十歐元的戲票，與丟失了五十歐元的現金相比，蘇珊丟票後更不願意重新買票。戲票屬於「劇院帳戶」，買一張新的戲票給該帳戶帶來了損失。而丟失的五十歐元現金屬於「現金帳戶」，並且該帳戶的錢還沒用完。心理帳戶假設錢不是完全可取代的，也就是說，指定專款專用的錢不能輕易轉到其他帳戶。此外，替代性是指錢完全可以替換：因為金錢還是金錢。這意味著現金就不是專款專用，因此還可以輕鬆轉換到其他類別或其他帳戶裡。

阿克斯和布魯默（Arkes and Blumer, 1985）講述了一個故事。喬治贏得了一張免費足球賽門票，他不想獨自看球賽，便邀請保羅和他一起去。於是保羅花四十美元買了一張門票。球賽那天，一場大暴風雪不期而至。喬治因為害怕暴風雪，決定不去了。保羅卻想去，因為他不想「浪費」四十美元。這就是沉沒成本效應（sunk-cost effect）。一旦在一項投資中投入金錢、時間和精力，哪怕這項投資沒有收益，甚至很危險，人們都傾向繼續這項行為。人們認為終止投資專案是對已投入資金的「浪費」，而不考慮繼續投資也是一種資金浪費。在足球比賽的案例裡，繼續投資意味著在暴風雪裡開車的不便和危險。如果喬治支付了保羅那份的四十美元，保羅很有可能不會想在暴風雪中去看比賽。如果喬治和保羅各自花二十美元買了門票，兩個人很可能都會去。一個實際問題是：買二十美元的票或者四十美元的票，會影響看比賽的意願嗎？預付電話卡和商店預付卡會受沉沒成本影響嗎？或者說，預付卡可以視做購買具體產品和服務的「貨幣」嗎？

還有一個關於足球賽和暴風雪的故事。艾倫在一年前買了門票，而伯納德在一周前才買了門票。兩人都想去看足球賽，但是他們的意願強度不一樣。古維爾和索曼（Gourville and Soman, 1998）發現，看比賽的意願強度與門票多久以前買相關。伯納德的票是最近買的，他比艾倫更想去看比賽。沉沒成本效應似乎會受到時間侵蝕。古維爾和索曼稱之支付貶值（payment depreciation）。與最近的支付相比，很久之前的支付（損失）對消費的沉沒成本效應較弱。消費者經常一次購買大量產品，例如幾箱酒、零食和冷凍食品。堆在家中的食品會加速消費。這些產品似乎是「免費的」，因為支付已經貶值。

一個關於沉沒成本效應的解釋是，人們不願意接受已支付的錢就此損失（浪費）。這種支付或損失規避可以用預期理論解釋。許多大型的政府或商業IT項目最終不見效果，即便如此還是會投入更多資金，直到項目完成。正如一位美國參議員所說：「終止一項已投資十一億美元的項目，這是對納稅錢的錯誤處置。」

理財建議

歐洲消費者習慣了政府對他們「從搖籃到墳墓」的關懷照顧。受到金融危機和放寬管制的影響，政府在承擔這項責任和相應費用上越發無能為力。更多的個人責任被轉移到消費者和家庭身上。陷入財政問題的時候，他們不能再期望社會福利系統、免費或者低成本醫療，以及政府退休金編織而成的「安全網」。消費者不得不花費更多的精力，籌集並支付這些原本由政府提供的資金，對他們的收支精打細算，以避免財務問題。

銀行、保險公司、顧問、仲介、投資經紀人和理財規畫師在建議消費者並推銷金融產品、服務上扮演著重要角色。對銀行和其他金融機構的信任，要屬金融行為的重要決定因素。獨立的金融顧問也可以信任，前提是他們能提供符合消費者利益的建議，並且不在交易中利慾薰心。金融危機導致許多人不再相信銀行和其他金融機構，與此同時，他們又需要這些金融機構來儲蓄他們的薪水、支付他們的花銷和購買金融產品。對這些機構和個人的信任，決定消費者怎樣評估其服務、產品和金融顧問。大多數消費者更偏愛「獨立」來源的金融資訊，例如政府機構、消費者協會和比價網站。

各式各樣的人都能提供金融建議，這些人出售金融產品的動機並不一致，有的客戶利益至上，有的自己賺得盆滿缽滿。利益之間總有衝突。傳統意義上，金融顧問代表其所在公司銷售金融產品。與只為一家公司服務的金融顧問相比，獨立金融顧問提供更多種類的金融產品。這牽涉到資訊揭露，其要求就是必須告知顧客中間機構的（非）獨立性和代理商所售金融產品的傭金（利潤）。如果代理商依靠傭金收入，他們可能傾向銷售他們獲利最多的金融產品。如果代理商是根據服務客戶的時間多少獲得收入，他們的建議將會更加客觀。在市場上，理財建議對於消費者是必要的，所以賣方（中間商）必須保證獨立性和公正性。研究表明，客戶經常不經大腦、盲目跟風。因此，有必要小心謹慎地監管理財建議。

在很多國家，另一個要求就是金融顧問必須基於客戶金融知識程度來提供資訊。與金融素養較高的客戶相比，金融素養較低的客戶應該接收更多簡單易懂的資訊。此外，金融顧問還需考慮客戶的風險偏好和時間偏好。

金融產品的銷售者身負銷售任務，同時，也應承擔「注意義務」，幫助和建議消費者用最好的方式組織管理他們的財務問題。注意義務關係到道德，但更是法律義務，它要求賣方必須告知、確保消費者了解金融產品的收益、成本和風險，並提供符合消費者利益的建議，而不是將自己的商業利益擺在首位。注意義務並不只是在消費者購買金融產品的時候重要，在客戶持有保單、房貸，或者其他金融產品時也是如此（永久注意義務）。一般注意義務與家庭金融產品投資組合有關。這意味著，金融機構需要保護消費者利益，以防止消費者沒有理解或考慮到他們決策的長期負面後果。在這些情況下，如果消費者想購買這類金融產品，金融顧問需要提醒消費者不要購買，或者不向消費者出售這些金融產品。為客戶的利益經營，也許會耗費金融顧問和客戶額外的精力和時間，因為客戶需要提供其財務狀況的全部資訊，但是，如果這項工作能做好，將提高客戶忠誠度，並且他們也會推薦給其他消費者。

金融角色和生命周期各階段

社會人口因素，例如年齡、性別、教育程度和類型、家庭收入和工資收入者的數量以及家庭結構，在在決定了金融行為。費伯和李（Ferber and Lee, 1974）定義了家庭財政官（family financial officer, FFO），即家庭中最常處理金融事務的人，如付帳單、儲蓄、借貸和準備納稅申報。夫妻雙方都可以成為家庭財政官。費伯和李發現，如果丈夫是家庭財政官，那麼他將降低買車的頻率，並隨著時間推移增加儲蓄金額。請注意，這發生在四十年前的美國，可能對現代的家庭來說不太現實。一些家庭將收入者的工資作為家庭共同資金，而有些家庭的工資收入者存有「私房錢」，還要協調家庭的各項事務和支出。帕爾（Pahl, 1995）區分出三種家庭：（1）理家的男性，男性主宰決策和消費，這與高收入有關。（2）理家的女性，這牽涉到低收入時妻子面臨更嚴重的經濟貧困。（3）夫妻平等地共同管理家庭共同資金。性別比例影響著消費和儲蓄。性別比例是指生物種群中雄性與雌性的比率，這對動物和人類行為有著強烈的影響。如果性別比例高，雌性稀少，那麼雄性不得不面臨更多競爭。因此，男性會在約會和求婚的時候花更多的錢。格里斯克維西斯（Griskevicius et al., 2012）等發現高性別比例（男性比女性多）會導致男性不為將來準備，並且更偏好即時回報。這樣的結果就是，消費和負債越來越多，儲蓄越來越少。在中國，由於一・二的高性別比例，這些影響可能已經出現或者即將出現。阿拉伯國家如巴林（Bahrain）、阿曼（Oman）、卡達（Qatar）和阿聯酋（UAE），其性別比例高達一・二到一・六。

在提高財務積極參與度方面，生活事件和其他的情境因素經常發揮作用。隨著生命周期的依次演進，會影響人們積極處理財務狀況的態度。根據生命周期的各個階段，人們被迫思考自己的財務狀況，並對自己決策的財務結果更為敏感。生活事件組成了這些生命周期。生活事件經常標誌著一個生命階段轉向另一個生命階段，或者特定的生命階段具有代表性。比如換工作在生命階段的「滿巢期」，就比發生在「空巢期」時更具代表性。

威爾斯和古芭（Wells and Gubar, 1966）定義家庭生命周期有九個階段。雅瓦爾吉和戴恩（Javalgi and Dion, 1999）將與金融行為有關的生命階段減到了七個：

1 單身：年輕、單身、不住在家裡。相關金融產品：活期存款、學生貸款、基礎保險、定期儲蓄和借貸等。

2 新婚夫婦：年輕、沒有孩子。相關金融產品：共同或者獨立銀行帳戶、房屋貸款、償還學生貸款以及額外保險。

3 滿巢期I：最小孩子在六歲以下。相關金融產品：共同或獨立銀行帳戶、房屋貸款、家庭保險等。

4 滿巢期II：最小的孩子在六歲及以上。相關金融產品：銀行帳戶、儲蓄帳戶、房屋貸款、孩子教育基金等。

5 空巢期I：已婚夫婦，孩子已離開家，但自己依然在工作。相關金融產品：投資、退休金計畫等。

6 空巢期II：年紀較長的已婚夫婦，孩子已離家，自己已退休。相關金融產品：儲蓄、投資、退休金計畫、退休及退休金等。

7 鰥寡期：相關的金融產品：儲蓄等。

生命周期的各個階段看起來相當傳統。有些家庭也可能因為離婚和再婚，有著不一樣的生命周期。離異或再婚之後，家裡的孩子也可能有不同的父母，或者與雙親其中的一位生活。墨菲和斯特普斯（Murphy and Staples, 1979）及瓦格納和漢娜（Wagner and Hanna, 1983）在他們的研究中各自強調其與傳統家庭生命周期的「現代」差異。

心理因素

對於資金管理而言，一些心理因素是較為重要的：自我控制和行為的自我管理，以及貨幣幻覺和計數效應。

消費者的自我控制和自我管理程度是不同的。金融知識和理財能力程度較高的消費者更願意堅持自我，獨立處理金融事務並做出金融決策（親力親為）。他們不怎麼光顧銀行辦公室。對於他們來說，網路是主要資訊來源和他們金融行為的操作工具。這種「親力親為」的辦法，適合比較簡單的金融產品和交易，對於更複雜的金融產品和交易，「假手於人」更為普遍。對於大多數的金融產品和交易，金融知識程度較低的消費者更偏愛「假手於人」的方式，並且他們需要個人財務問題方面的建議。

貨幣幻覺（Money illusion）是指注意力集中在收入或者商品價格的帳面價值（數量），而非其實際價值。工人們也許對2％漲薪感到高興，然而通貨膨脹率卻是3％。他們以為2％漲薪是賺，卻忘了3％貨幣價值的損失。同樣的道理，儲蓄者也許會得到2％利息，而通貨膨脹率是3％。實際上，儲蓄價值正隨著通貨膨脹率提高而流失。雖然如此，儲蓄者也許會存更多錢以期「打敗通貨膨脹」。在無通貨膨脹修正之下，享受退休金的人更不滿意每個月退休金（帳面價值）少領。也就是說，收入的帳面價值儘管相同，但是實際價值減少了。

隨著歐洲貨幣在二〇〇一年轉向了共同貨幣——歐元，貨幣幻覺產生了作用。德國馬克價格看上去比歐元價格更高。一個解釋是歐元面值比德國馬克小。面額小通常使人聯想到低價跟「便宜」。相反例子發生在愛爾蘭。愛爾蘭鎊面值小於歐元，因此歐元的價格看上去比愛爾蘭鎊的價格更「昂貴」。

貨幣幻覺是單位效應的一個例子，並且與計數能力（numeracy）或計數經驗法則（numerocity heuristic）有關。一件保固期六十個月的產品，人們認為其保固期比五年保固期更長。以月份為單位，比以年份為單位顯示的數位更大。形容某一範圍的單位量越多，數字就越大。因此人們在做比較時，傾向聚焦在最大差異上，但在其範圍內怎麼測量這些差異，他們卻視而不見。於是，這些差異一比較之下便十分突出。這稱為計數經驗法則。當人們在做快速和直覺的比較和決策時，在參與度較低的條件下，計數經驗法則和單位效應尤其顯著。但當人們想起範圍內不同數量單位的時候，計數經驗法則和單位效應的影響將會降低。經過更多仔細比較和決策，人們會更加了解這種效應，並且對這些差異思考得更為周全仔細。

神經科學研究是行為財務學的新發展，包括解釋行為的大腦研究，研究大腦各區域與發現其特定功能，例如自我控制、享樂、疼痛和後悔。

金錢、社會因素和幸福

支出和儲蓄不僅被收入牽著鼻子走，同樣也受社會因素的影響。許多人被別人買什麼、用什麼和有什麼影響著。杜森貝利（Duesenberry, 1949）描述了相對收入模型（relative income model）：家庭消費程度和支出也受到別人影響，還真是應了那句「看看人家老王」。如果鄰里鄉親誰買了某種型號的車，或者在聚會上揮霍了一把，人們也許會覺得自己也應當做同樣的事情。年輕人也許會購買蘋果手機這類產品，因為其他年輕人也擁有該品牌產品。與收入較高且生活在同社會環境的人相比，收入較低者的消費占其收入比例更高。尤其是在可見產品方面，如汽車、時裝和智慧型手機，社會模仿效應（social-imitation effect）更為嚴重。

弗蘭克、萊文和戴克（Frank, Levine and Dijk, 2013）把相對收入模型發展為支出瀑布的概念。他們認為，人們傾向追隨比自己稍微富裕者的消費程度。隨著收入差距變大，人們可能會追隨收入更高者的消費程度。這意味著，這些追隨者很少有剩餘收入用以儲蓄，更有甚者，利用借款來維持他們的消費程度。弗蘭克等人（Frank et al., 2013）發現，比鄰居平均收入低的家庭更容易破產和離婚。破產和離婚被視為過高消費、過低儲蓄和家庭內部衝突的指標。

消費者參考他人（參考效應，reference effect）或者自己過去的狀況（偏好效應，preference effect）來比較自己的財務狀況和福祉。范・普拉克（Van Praag, 1971）計算了收入的福利功能（welfare function of income, WFI），參與回答者可以表明哪一種收入程度對他們來說是足夠或者不錯的（收入評估問題，即income evaluation question, IEQ）。大部分回答者指出，希望能比自己現有收入再高一些。參照點即是他們當前的收入。如果他們有了更高的收入，參照點就會變成新的收入。他們認為自己的新收入僅是足夠而已，並且渴望得到更高的收入。這被稱作偏好轉移（preference shift），是一種愉悅適應（hedonic adaptaion）：對已適應的現有收入和消費程度，逐漸滋生不滿足感，並且主觀幸福感趨於平緩。同樣，這會萌生擁有更高收入和消費程度的渴望。與此類似的是參照轉移（reference shift），就是擁有同參照對象一樣的收入和消費程度的渴望，通常參照對象的收入程度稍微高一些。人們願意與比自己稍微富裕的人做比較。如果與參照對象的收入相比，個人收入較低，那麼人們通常會覺得自己貧困。

根據這些模型，更高的收入只能提供短期的快樂。人們適應更高收入的同時，同樣會適應與之對應、更高的消費程度。參照點（基準）來到了新的高度，快樂便會持平。人們又會去尋找其他的收入增長，從而讓自己感到快樂。愉悅適應到了更高的收入和消費程度，便開始原地踏步，持續適應新收入和消費程度下的幸福與快樂，卻沒有改變主觀幸福感。

迪納和比斯瓦斯－迪納（Diener and Biseas-Diener, 2002）總結，金錢並不是主觀幸福感的主要因素，健康的身體、有意義的工作、其他活動以及社會融合是更重要因素。然而，在這兩件事中，金錢作為主觀幸福感的主要決定因素是當之無愧的。第一，金錢對於擺脫貧困和保證基本需求（充足消費）是重要的。已開發國家的主觀幸福感要比發展中國家高，因為已開發國家達到了充足的消費程度。第二，物質主義者和貪婪的人是不快樂的，除非他們足夠富裕，可以填滿他們的物質欲望。貪婪的人是貪得無厭的，似乎永遠沒法滿足。對於其他人來說，更多的錢不能、或者只能稍微增加主觀幸福感。金錢對於消除某些不滿意因素來說是重要的，如貧窮、不充足的消費程度，及（對物質主義的人）缺乏物質享受。但是，金錢並不能成為創造更高主觀幸福感的滿意因素。因此，兩個不滿意因素（收入和健康）和兩個滿意因素（有意義的工作和其他活動，如社會融合）影響著主觀幸福感。如果收入和健康低於某個程度，它們會對主觀幸福感產生負面影響。而有意義的工作／活動和社會融合會對主觀幸福感產生正面影響。

夏瑪和奧爾特（Sharma and Alter, 2012）發現，自我感覺經濟困難的消費者，常常試圖獲取稀少品或他人無法企及的昂貴品牌。透過這樣的行為，他們覺得自己不會比經濟條件更好的人差到哪裡去。他們也向他人炫耀自己買得起昂貴品牌。富裕家庭也會消費稀少商品。對稀少、昂貴和地位象徵性商品的收藏，如富麗堂皇的宅邸、勞斯萊斯和遊艇，是為了吸引人們的眼球並成為被他人模仿的對象。這被稱為炫耀消費或示範消費。維布倫（Veblen, 1899）描述了富可敵國的美國家族這一現象，如十九世紀的范德比爾特（VanderBilts）和洛克菲勒（Rockefellers）家族。

文化因素在金融行為中也起到一定作用。在個人主義和集體主義的層面上就有文化差異。西方文化是高度個人主義的：人們自我決策，或與他們的伴侶（和小孩）一同做決定。在集體主義的文化中，集體（親戚、同事）中的成員起了更重要的作用，並且人們可能向親戚借款，甚至房屋貸款，銀行只是親人無能為力或者無意借款時的選擇。在這樣的文化中，跟個人主義文化相比，親人的思想觀念和行為規範，對金融行為和主觀幸福感的影響更大。

貧窮的心理

儘管本章聚焦在已開發國家的消費者和家庭身上，但是我們不應忘記非洲、亞洲、東歐、拉丁美洲和加勒比地區貧窮國家中那些掙扎在金字塔底端的家庭，總共有四十億至五十億人之多。近半數的世界人口生活在絕對貧困中。收入分配嚴重不均，世界上最貧困的40%的人只占世界總收入的5%，世界上最富有的20%的人占有了幾乎75%的總收入。超過十億人沒有足夠的飲用水，近二十億人缺乏基本的環境衛生條件和有效醫療。馬丁和希爾（Martin and Hill, 2012）定義充足消費（consumption adequacy）為滿足生存需求的產品和服務。人們用充足消費來管理和決定自己的生活（自我決定理論，self-determination theory），而不充足消費導致了對他人的依賴（例如依賴發展援助），缺乏自主性和社會融合。這是在極端貧困下的情況。生活在極端貧困下的人們對自身的境況充滿絕望。請注意充足消費和充足收入相關。然而，人們在低收入的情況下卻能夠自給自足，這樣的案例和情形也是有的。居住在新幾內亞高地上的巴布亞島部族就是這樣的例子。部族成員之間的親緣關係，以及自給自足的食物，抵消了低收入帶來的不利影響。

持續增長的消費程度會提高生活滿足感和主觀幸福感至某個臨界點，隨後，滿足感和幸福感會持平，甚至會下降，低於臨界點。這個臨界點對於貧窮的人來說，似乎遙不可及，但對於西方社會的消費者而言，這個臨界點還算實際。在擁有了太多商品、過量資訊、過多選擇及隨之而來的選擇問題之後，這些消費者可能會被消極心理作用籠罩。

需要有更多研究者關注貧困和收入金字塔的底端。哈赫納爾斯和范．普拉克（Hagenaars and Van Praag, 1985）研究並定義了歐洲家庭的貧困線。絕對貧困線是指個人或家庭購買生活必需品並在社會上生存所需要的最低收入。經濟增長可以減少貧困。相對貧困線是指在收入分配中低於基準。更平等的收入分配會減少貧困。哈赫納爾斯和范．普拉克綜合了絕對貧困線和相對貧困線。就此而言，哪些商品和服務是必需？貧窮家庭如何生存？在這些家庭中丈夫和妻子扮演著怎樣的角色？世界（聯合國、世界銀行）怎樣幫助這些家庭和社會保障充足消費及減少貧困呢？請注意貧困線和充足消費也同樣與已開發國家的窮人相關。此外，貧困線與以下領域也相關：國家間貧困線的比較、國家內部的收入分配以及政府的收入政策。

窮人無法掌控自己的狀況和未來，缺乏對意外事件的金融緩衝，對不可知的生活無能為力。因此，他們必須把注意力集中在預防負面事件發生，而非正面事件的實現。預防焦點、現時偏好、缺少對未來的規畫、不確定性、貧困、絕望及宿命論都是負面結果。

穆來納森和沙菲爾（Mullainathan and Shafir, 2013）推斷，在經濟困難的情況下，會占據許多心力，因為窮人大部分時間都在擔心錢、食物以及要為必要開支籌錢。在發展中國家，人們將大量精力用來確保獲得食物和乾淨的水源，較少精力用於審慎思考和決策。瑪尼等人（Mani et al., 2013）分別在收穫前（高財政壓力）和收穫後（低財政壓力）測量了印度甘蔗蔗農的認知功能，發現後一階段得分更高。這些農民在收穫的時候，迎來一年一度的收入期。收穫前的狀態與認知功能失常相關，就像每天的睡眠品質一樣。「貧窮奪走了人們的注意力，導致人們胡思亂想，進而減少了人們的認知資源。」政策制定者不應只關注財政稅收，還應該減少窮人的「認知稅」。政策制定應該便利化，或者外包給那些沒有經歷貧困認知稅的人。

小結

資金管理對實現家庭生活目標很有幫助，資金管理包括日常消費、支付和預算、選擇複雜金融產品及理財規畫。消費者想擁有充足的可支配收入，然而他們參與資金管理的情況卻略顯矛盾。毋庸置疑，資金管理和理財規畫是重要的，但是消費者的參與度及對金融產品和預算的知識（素養）通常略顯不足，而且消費者也不會積極增加金融知識。這意味著眾多消費者需要幫助，才能妥善管理他們的資金。分類各種支出及心理帳戶，有助預算和「收支平衡」。生活事件和生命周期各階段在在影響著金融行為。在這些事件和人生階段中，許多消費者必須重新思考並管理他們的消費。心理因素包括自我控制和貨幣幻覺。人們需要自我控制以規避衝動購物，並控制在預算限制和可自由支配收入的範圍之內。社會因素包括與其他家庭消費程度的比較和調適。貨幣幻覺是指只關注收入或預付價格的帳面價值（數量）而非其實際價值。對於低收入和貧窮的家庭，資金管理是為了生存的日常掙扎。窮人對資金管理的參與度總是比較高。對於活在一國之內的家庭而言，貧困線決定了什麼樣的收入能滿足其生存和充足消費程度。在第九章，我們將討論負責任的金融行為、金融教育、完整的理財計畫和解決問題的建議。這些建議將幫助金融素養較低的消費者，並教他們避免錯誤。

Chapter 2

儲蓄行為

Saving Behavior

本章關注儲蓄行為、其決定因素和結果。消費者之所以儲蓄是為了金融緩衝、某些特定交易、未雨綢繆、撫養孩子和退休計畫。消費者需要藉著未來偏好和自我控制手段，避免即時消費，並為「將來」存錢。

儲蓄的歷史

對於中世紀的普通人來說，他們認為儲蓄是道德高尚的行為，而消費卻相反。中世紀頒布了「禁奢令」，用來禁止第三社會階層（農民和市民）過度消費。顯然，這些法律並沒有限制神職人員和貴族，即第一和第二社會階層。喀爾文主義提倡節儉，認為這是一項為未來和孩子及其他繼承人提供保障的理想行為。傑文茲（Jevons, 1871）則認為，對痛苦和快樂的預期是尋求安穩未來的強大驅動力。未來很大程度上是不確定的，而儲蓄為負面事件（例如失業、家裡或其他耐用品受損）提供了緩衝。

奧地利經濟學派的馮・龐巴維克（Von Böhm-Bawerk, 1888）提出了儲蓄焦躁理論（impatience theory of saving）。人們會迫不及待地消費，因此要抑制消費，提高儲蓄，就必須有所補償（即提供利息）。馬歇爾（Marshall, 1890）指出，要儲蓄的決定和實際行動涉及現在和未來滿足之間的權衡。人們不得不決定是要現在消費，還是為了將來存錢。費雪（Fisher, 1930）贊同馮・龐巴維克的觀點，認為儲蓄是根據耐心缺乏與否，這是一種個人特質，從某種意義上說，缺乏耐心的人比有耐心的人錢存得更少。費雪（Fisher, 1930）認為這種缺乏耐心，不僅是由收入程度和時間偏好導致，同時還受到以下六種個人特質的影響：

1 目光短淺。
2 缺乏意志力和自我控制。
3 隨意消費的習慣。
4 強調人生苦短，世事無常。
5 自私或者缺乏奉獻他人的意願。

6 盲目跟風。

也有人是為了儲蓄而儲蓄，儲蓄成了他們的一種習慣，有時這甚至是一種貪婪或節儉。老年人的儲蓄可能依然如故，到了該花養老錢的時候卻捨不得花，並且仍然在為他們的孩子（孫輩）存錢。這就是儲蓄的遺產動機。

收入與儲蓄

凱因斯（Keynes, 1936）在其著作《就業、利息和貨幣通論》（*General Theory of Employment, Interest and Money*）中引入了「心理法則」（psychological law）：人們傾向存起他們實際收入和習慣性經常支出之間的差額。這類似剩餘儲蓄。儲蓄隨著收入變化而改變，但是它們並非完全同步變動。收入增加常伴隨儲蓄增加，因為消費支出並不會馬上增多。而收入的下降常伴隨著儲蓄的減少，因為消費支出也不會立刻降低。由於契約、義務和習慣的存在，消費支出不會隨收入增減而靈活變化。因此，在收入和儲蓄的變化中，存在短暫的間隔。凱因斯的儲蓄理論建立在絕對收入模型（absolute income model）上。這個模型假設收入和儲蓄會成正比，不過還是會有短暫間隔。

杜森貝利（Duesenberry, 1949）創建了相對收入模型（relative income model）。家庭透過其他家庭的收入狀況來看待自己的收入狀況，而非他們的絕對收入情況。他們會比較自己的家庭收入和參照家庭收入來決定消費和儲蓄。請注意杜森貝利用家庭收入這樣的詞替代了個人收入，原因是一個家庭裡可能有不止一位出外工作者（丈夫、妻子或年長孩子）。通常情況下，其他家庭的收入是未知的。然而，消費程度卻更顯而易見（相較收入程度），很容易比較。進而，一個家庭的支出由參照家庭的消費程度決定。人們根據他們對參照群體的「正常」理解來消費商品和服務。因此，儲蓄主要是一種剩餘儲蓄。依照相對收入模型的預測，與收入低於參照群體的家庭相比，收入高於參照群體的家庭儲蓄更多。

傅利曼（Friedman, 1957）詳盡闡述了永久收入模型（permanent income model）。消費以及儲蓄，參照的不是現有收入，而是中期收入（三到五年）。人們會估算他們三到五年的平均收入來決定他們的消費程度，進而決定他們的儲蓄程度。莫迪利安尼（Modigliani 1966, 1986）在他的生命周期模型中更進一步，他認為個人傾向將其一生資源平均分配到生命周期中，以逐步提高消費程度。當人們現有的收入低於其一生收入的適當份額時，人們會借錢。這種行為在人生第一個階段十分典型，例如利用房貸買房。當人們現有的收入超過了一生收入的適當份額時，人們會儲蓄。這在人生的第

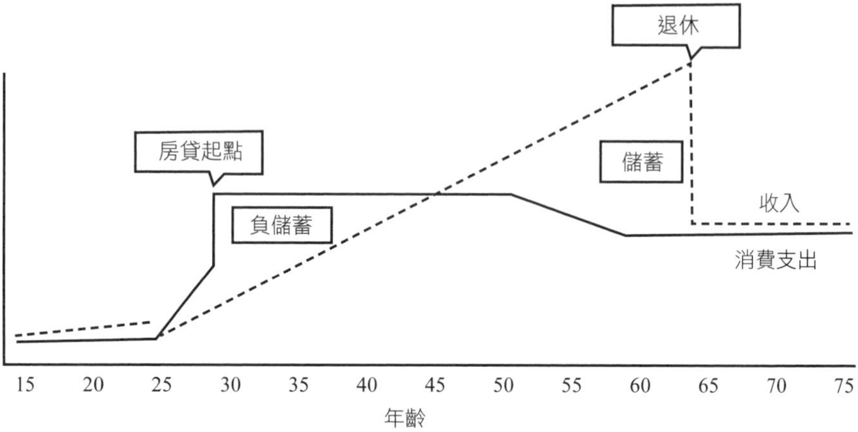

◆ 圖 2–1 家庭理財生命周期

二個階段具有代表性，例如償還房貸。生命周期模型可以用圖2－1來說明。在家庭生命周期中，收入和支出的發展並不一致。研究者認為收入會隨著生命周期而增長，尤其是對於上班族和成功企業家而言。在前半生，即三十到四十五歲的時候，消費支出比實際收入高，而在後半生，四十五到六十五歲的時候，消費支出低於實際收入。三十到四十五歲是入不敷出（負儲蓄）的，主要是因為房屋貸款，而在四十五到六十五歲時，家庭會還房貸並存退休金。在生命周期的後期，消費也許會減少，因為孩子們已經離開家，並且耐用品更換得也不是那麼頻繁。這表現在圖2－1中，五十到六十歲的消費支出減少。退休後，負儲蓄也有可能發生，從某種意義上看，人們利用其儲蓄滿足消費性支出。圖2－1的意義不只在於儲蓄，對於整個生命周期中的借貸、房屋貸款、退休及財富管理同樣具有一定意義。生命周期理論帶來一個啟示，人們在生命周期中消費維持平緩，並試圖維持穩定的消費程度。

崛岡和渡邊（Horioka and Watanabe, 1997）在日本找到支持儲蓄生命周期模型的依據。在生命周期的各個階段中，人們為不同目標儲蓄，而這些目標與各個生命周期相關。在第一個階段（二十到四十四歲），人們為教育、房屋和娛樂儲蓄。在第二個階段（四十五到五十九歲），人們為孩子的婚姻和退休儲蓄。在第三個階段（五十九歲及以上），人們主要為退休儲蓄。

謝弗林和塞勒（Shefrin and Thaler, 1988）闡述了行為生命周期模型。行為生命周期模型有其基本假設，家庭會區分三種心理帳戶：當前收入帳戶、當前儲蓄（資產）帳戶和未來收入帳戶。對當前收入帳戶的消費意願是最高的，而對未來收入帳戶的消費意願是最低的。這是一種自我控制和預先承諾，從而不花掉當前儲蓄和未來收入。溫尼特和路易斯（Winnet and Lewis, 1995）總結，家庭會利用消費分類和儲蓄的心理帳戶，而非收入的心理帳戶，正如謝弗林和塞勒的行為生命周期模型預測，已由消費者支出的資料和金融資產資料給予了支持論據。

儲蓄的定義

不同國家的儲蓄率有著天壤之別。家庭儲蓄的定義是家庭可自由支配收入與消費支出的差額，其中家庭可自由支配收入主要是指工資和自營收入。家庭儲蓄率是用家庭儲蓄除以家庭可支配收入，並抽樣所有家庭之後再合計得出。有些國家儲蓄率保持穩定，而有些國家的儲蓄率卻已下降，如澳大利亞、加拿大、日本、匈牙利、韓國、英國和美國。低利率、寬鬆的信貸標準、貸款和房貸利息稅減免、易得的貸款和房貸，都刺激著借貸，進而削減儲蓄。投資帶來的可觀收入也會擠壓到儲蓄。在許多國家，房價已達史上新高。例如在美國，以負債和可自由支配收入比率計算的家庭負債率，在二〇〇七年超過130%。其他國家，如英國、波蘭、匈牙利和韓國，也一同經歷著房屋泡沫和儲蓄下降的情形。

二〇〇七年到二〇〇八年的金融危機逆轉了這一趨勢，二〇〇九年許多國家的家庭儲蓄率上升了。然而，在二〇一〇年的時候，一些國家的家庭儲蓄率又開始下降，並且下降趨勢有望持續到二〇一五年。高儲蓄率的國家有：比利時、中國、法國、德國、日本、南韓、葡萄牙、西班牙和瑞士。

負儲蓄率意味著家庭消費超出正常收入。自二〇〇五年起，丹麥和美國就出現了負儲蓄率。有著負儲蓄率的家庭會利用一些方法為他們的支出籌措資金，例如信用貸款，或者變賣資產以及減少現金或存款。然而，這僅是權宜之計，短期內或者為了某項特定的支出加以運用，並非長久之計。家庭儲蓄率可按照稅前或稅後兩種基準計算。在西班牙和英國，家庭儲蓄率是按照稅前儲蓄率計算，自然不可輕易與採取稅後儲蓄率的國家（如比利時、德國和瑞士）相比。不同的社會保險、退休金計畫和稅收系統也影響著家庭儲蓄率，這些都對可自由支配收入和儲蓄有一定影響。進一步而言，人口的年齡、貸款容易申請與否、總體財富和社會文化因素都影響著儲蓄率。其中，文化和社會因素有：引人注目的炫耀性消費、消費主義、物質主義、宗教和融入現代社會的物質需求，如汽車、手機、平板電腦、時裝等其他消費品。這些因素有可能促使人們在其能力範圍外消費。

長期經濟增長需要資本投資，而資本投資主要的國內資金來源是家庭儲蓄。持續大量的家庭儲蓄能夠為投資和擴張提供可得資金。另一方面，國內的消費（和較少的儲蓄）促進了GDP的增長，這是經濟復甦的重要因素。如果多數消費者用更多儲蓄來還（房屋）貸款，也許會抑制消費者需求，進而抑制經濟復甦。

通常，高收入家庭傾向存更多錢。同時，有著更高「感知財富」（perceived wealth）的家庭傾向花得多、存得少。這被稱為財富效應（wealth effect）。由於不動產價值膨脹，人們認為自己「富有」，結果導致他們降低儲蓄需求。在經濟蕭條削減了人們房產和退休金價值之後，家庭意識到自己不再富有，於是開始增加儲蓄。同樣，失業率的上升和消費者信心的低迷，也可能導致儲蓄增加，因為家庭在可自由支配消費品和服務中消費得更少。

儲蓄的種類

儲蓄並不是利用現有的收入、財富或預算進行現時消費，而是限制消費，從而能在未來某一情形下消費。儲蓄也許只是在某個特定時間區間沒有花費的部分可用收入，因為消費者的收入超出了他們的購買力，或是想要的產品現在尚不可得，但在未來可以購買。不花光個人所有收入被稱為剩餘儲蓄。剩餘儲蓄通常沒有什麼特別的動機或原因。大多數人喜歡現在就花錢（即刻滿足需求），而不是以後。這意味著，剩餘儲蓄對於大多數人來說比較困難，需要較強的意志力來限制消費，以未來儲蓄取而代之。許多經濟學家認為儲蓄是一種剩餘儲蓄（資金剩餘）行為，卡托納（Katona, 1975）則認為儲蓄是消費者的目的性行為，是為了應對緊急事件，並保護自己的未來消費。因此，儲蓄可能是用來應對未來財務不確定性的一種策略。

儲蓄的種類可區分成以下七種：

1 把錢放入存錢筒（無息），就像孩子的那種存錢方式。
2 剩餘儲蓄：不消費可用預算或收入的剩餘部分。
3 可自由支配儲蓄：有目的性地將錢存入儲蓄帳戶。
4 契約儲蓄：例如，為未來某一時期自動預先儲蓄。
5 貸款和房貸的還款：之後再存錢，以求減少負債。
6 購買促銷商品：購買短期低價商品達到省錢的目的。
7 購買更加經濟實惠的商品：往後這些商品在使用和保養上更加便宜。

本章我們將不會討論第五到第七類型的儲蓄，這些儲蓄類型是關於償還貸款和降低消費程度，本章我們把焦點放在其他類型儲蓄上。英文「儲蓄」（saving）一詞同樣也有「囤積」和「為將來保存」的意思，例如囤積糧食或存檔，我們同樣也不會討論。

小額儲蓄計畫旨在幫助貧窮家庭儲蓄小額資金。該計畫的參加者主要為女性，並且小額儲蓄者通常會組成互助團體（具社會控制功能），以支援成員儲蓄，並在需要的時候，偶爾向團體基金申請借款。匈牙利的吉卜賽家庭，以及歐洲和發展中國家的其他貧困團體都有小額儲蓄計畫。通常，小額儲蓄與小額信貸相關。在公共政策領域，儲蓄通常成為邁向獨立、普及互惠金融和發展的重要一步。適時提醒可以使儲蓄目標更加顯著。在玻利維亞、秘魯和菲律賓一系列調查研究顯示，適時提醒人們儲蓄的簡訊會提高儲蓄率。預先承諾的方法同樣有效：消費者也許會放棄儲蓄的機會，直到完成特定儲蓄目標。與控制組相比，得到並使用儲蓄帳戶的人多儲蓄了82%。在肯亞，給人們儲蓄盒，也能幫助他們儲蓄。

儲蓄動機

卡托納（Katona, 1975）認為儲蓄是兩組因素的作用結果：

（1）經濟因素，即儲蓄的能力和機會，高（充足）收入的人比低（不足）收入的人更有能力儲蓄。

（2）心理因素，即儲蓄的意願和動機，有著未來偏好和願意放棄即刻需求滿足的人，儲蓄意願更高。

基於凱因斯和卡托納的研究，可以把儲蓄動機分為以下六種：

1 交易動機：為未來大筆支出預先儲蓄，比如房屋、汽車和假期。
2 預防動機I：緩衝儲蓄，用來沖銷非預期的收入損失或大筆支出。
3 預防動機II：為了保持均衡的消費程度，用儲蓄來平衡收入，特別是對於非穩定收入的人，比如企業家。
4 未來動機：作為退休金計畫的一部分，為年老和退休儲蓄。
5 遺產動機：為孩子或者孫輩儲蓄。
6 投機動機：為了增加財富儲蓄，例如，投資房產、股票和債券。投資與未來相關，但並不一定是儲蓄。

為購買一輛價值三千歐元的二手車存錢，似乎是很難完成的任務。但是如果將其細分（拆分）成一年之內每周存六十歐元，就變得容易達成。這樣的每周目標，不要外食就能實現，甚至少喝一杯五歐元的拿鐵，也能促進每周目標實現，儘管這種貢獻對於總目標三千歐元來說微不足道。不過科爾比和查普曼（Colby and Chapman, 2013）發現，闡明儲蓄的子目標，會提升儲蓄的效益，增強儲蓄的個人動機。

兩種預防動機分別是緩衝儲蓄和長期平衡收入。在緩衝儲蓄中，某筆資金的儲蓄是為了彌補非預期的損失。購買保險也是出於這種考慮，儘管不是所有的潛在損失都能得到保障。大蕭條時期，消費者信心較低，預防儲蓄將會增加，因為人們對未來感到悲觀，認為失業、收入損失和高賦稅會接踵而至。

長期的收入平衡並不是一種緩衝，而是盡可能地保持穩定消費。人們在「豐年」儲存部分收入，以備「荒年」的到來。正如約瑟對埃及法老的建議：

> 請注意，埃及將迎來七個豐年，隨之而來的是七個荒年。埃及將會遺忘所有的富饒豐盛，大地會被災荒吞噬。法老需指派官員管理這片土地，在第七個豐饒之年接管埃及五分之一的土地，並讓他們聚集這個好年景所有糧食，收歸於法老手下，貯存於城市之中。所有糧食必須貯存在埃及以備七年之荒，以免這片土地在災荒中隕滅。

卡羅爾（Carrol, 1997）發展出所謂緩衝存貨儲蓄模型（buffer-stock saving）。在此模型中，緩衝存貨儲蓄者會設定一個目標比例，即財富與永久收入比。如果財富（緩衝存貨）低於目標值，人們就會儲蓄。如果財富高於目標值，負儲蓄（消費）則占主導地位。該模型包含了以預防動機為目的的儲蓄，旨在預防突發狀況。

投機動機不只依賴儲蓄，同樣也需要投資股票和不動產來增加財富。通常情況下，投資收益率比儲蓄帳戶的利率高，尤其是長期投資（十五到二十年）。

卡諾瓦、拉塔齊和韋伯利（Canova, Rattazzi and Webley, 2005）闡述儲蓄是一種階層式目標結構。這個結構的最低層級是指涉具體的交易目標，如為了更好的房子、新車或者假期儲蓄。貨幣的可得性（金融緩衝）是另一種具體目標。中間層級更為抽象，如獨立、自主及優良的生活標準。最高層級的目標和價值是安全、自尊和自我滿足。

政府鼓勵家庭存足夠多的錢，用於孩子教育、醫療保健和退休。這幾個儲蓄目標會促使人們開始儲蓄。有這三個目標總比沒有要好。但是，三個目標會比一個目標好嗎？索曼和趙（Soman and Zhao, 2011）發現，在增加儲蓄方面，單一儲蓄目標比多儲蓄目標效果更好。在同時多個目標的情況下，人們不得不做出取捨，進而延遲儲蓄目標的達成。單一儲蓄目標更容易付諸現實。換言之，如果同時多個儲蓄目標之間沒有競爭，而且能相互整合，那麼儲蓄也會變得更加容易。

對於大多數人來說，儲蓄可能會成為一種低度參與的習慣，比如剩餘儲蓄和自動儲蓄。但是，儲蓄絕不只是消極抑制消費。通常意義上，儲蓄是更加積極主動的一種行為，並且展現了自尊和自我滿足的愉悅面，甚至能盡情享受未來的快樂。也許對於某些人而言，儲蓄是強制性的，不為交易，也不為未來的快樂，僅僅是為了儲蓄而儲蓄，他們貪婪或吝嗇，一如查爾斯·狄更斯（Charles Dickens）在他的《聖誕頌歌》（*Chrismas Carol*）中描述的吝嗇鬼埃比尼澤·斯克魯奇（Ebenezer Scrooge），這要放在現代就是迪士尼的虛構角色唐老鴨。

丹尼爾（Daniel, 1997）發現儲蓄具有年齡差異：年長者比年輕人更願意、更習慣存錢。人老了便會儲蓄得更多嗎？也許是因為退休而使儲蓄一事變得更加迫切與重要，或者是同輩效應，年長一輩就是錢存得比年輕一輩多？長輩可能是因為經歷過經濟蕭條，或者已培養出儲蓄行為，並將其變成了生活習慣。

自我控制和自我管理是儲蓄重要的決定因素。布朗恩、克德戴克和波納爾（Broumen, Koedijk, Pownall, 2016）發現，嚴格管理家庭開支，進而控制消費，此舉有利儲蓄。金融素養高、具備左翼政治偏好、正面的經濟預期態度和內部控管也有利儲蓄。這裡存在一個矛盾：儲蓄需要正面的經濟預期態度，然而卡托納卻認為負面的預期態度和不確定性才會引發儲蓄行為。為了實現更加獨立、自主和安全的生活，儲蓄在當下會顯得更加有吸引力。

定期儲蓄和總儲蓄

倫特和李文斯頓（Lunt and Livingstone, 1991）發現，必須把定期儲蓄跟總儲蓄分開看待。一些消費者漠不關心他們的總儲蓄，也不會定期儲蓄，這與非儲蓄者相似。主動定期儲蓄的消費者，和消極被動的儲蓄者、非儲蓄者不一樣。從可自由支配收入和社會人口變數來看，年齡（年長的人儲蓄得更多）會有差別、性別（男人比女人儲蓄得多）和孩子數量（有孩子的家庭儲蓄更少）也會有差異，在在都會影響人們儲蓄總額。保險較多的消費者，儲蓄也會較多。出於預防動機或謹小慎微的態度，都會是金融行為的基礎。消費行為同樣也是儲蓄預測器：在衣服上花越多錢的人儲蓄得越多，而在食品上花越多的人儲蓄越少。買衣服也許可視為長期使用商品的投資，而非（即刻）消費。一系列心理因素影響著人們定期儲蓄的金額，這些心理因素包括自我控制（越會自我控制，儲蓄就越多）、重視享樂（越重視享樂，儲蓄就越少）、對負債的態度（對負債的態度越負面，儲蓄越多）、購物行為（衣服、食物）以及社交網路（朋友間越常談論金錢，儲蓄也會越多）。儲蓄者的金融行為獲得了社會支持，而非儲蓄者不喜歡和朋友談論他們的金融行為，他們更傾向保密。

儲蓄者和非儲蓄者之間的差別很有意思。儲蓄者傾向投資家庭耐用品，包括他們的衣櫃（服裝），而非儲蓄者則樂於享受，購買廉價品，以及即時食品消費。儲蓄者更偏重實用性、節儉化和未來導向，而非儲蓄者則是接近享樂主義，並享受當下的生活。

儲蓄與通貨膨脹

只有在利率高於通貨膨脹率的時候，儲蓄才算得上是吸引人的一項經濟選擇。許多消費者在考慮儲蓄和利率時，容易「忘掉」通貨膨脹率。他們對所得的利息喜聞樂見，卻沒有意識到通貨膨脹帶走了這些收益。這稱作貨幣幻覺：一種考慮貨幣（儲蓄、財富）帳面價值（數額）勝過實際價值的傾向。在高通貨膨脹率的情況下，人們減少儲蓄是理性的，而儲蓄行為會以其他形式出現，比如購買黃金。然而，亦有研究認為，面臨高通貨膨脹時人們甚至會存更多錢，以期「打敗通貨膨脹」並保證他們的儲蓄完好無損，這是一種預防動機。在高通貨膨脹的情況下，儲蓄的高利率看上去就會更誘人。這可能也會刺激儲蓄。但通貨膨脹率高於利率的時候，如果增加儲蓄，人們便會是貨幣幻覺的犧牲者。他們太在意貨幣的帳面價值，而不是實際價值。

小結

儲蓄是收入與消費之差，但是定期存下部分收入，此舉也可以是自由和有意識的決定。重要的儲蓄目標有：建立並維持金融緩衝、未來交易、「未雨綢繆」以及年老和退休保障。儲蓄需要長遠的目光和自律，定期將錢存入個人的儲蓄帳戶（可自由支配儲蓄）。像自動儲蓄和持續計畫這樣的預先承諾，也許能夠幫助消費者自我控制，以期達到他們的儲蓄目標。

儲蓄也會出現一些怪象，消費者可能會為了某些特定交易（利率會比較高）借錢，同時（以較低利率）存錢。有自知之明、知道控制不了自己的消費者，會透過借貸來保持他們儲蓄的完整。這可以用心理帳戶來解釋，在心理帳戶中，儲蓄和借貸帳戶是分開的。當意識到自己缺乏重拾儲蓄的意志力時，這就是一種自我保護。

另一種異象（貨幣幻覺）是指儲蓄的利率可能低於通貨膨脹率。從經濟學的視角來看，這時儲蓄是不理性的，但是消費者甚至可能增加他們的儲蓄，以期「打敗」通貨膨脹，維繫自己的金融安全。

Chapter 3

信用貸款行為和債務問題

Credit Behavior and Debt Problems

信用貸款是吸引人的消費手段，因為它可以使人們享受即刻購買，而不是先儲蓄後購買。信用貸款的缺點是消費者的信用卡和個人貸款可能會使他們負債累累。幾種心理因素比如衝動、現時偏好、缺乏整體觀和自我控制能力，都能解釋為什麼某些人會濫用信用貸款，進而陷入財務問題。

消費者信用

在大多數富裕國家，消費者信用貸款通常當作消費融資的一種方式。新一代的人更容易接觸到信用貸款，並且人們對債務的態度也越來越寬容。錢和德瓦尼（Chien and DeVaney, 2001）將當代社會描述成一種「負債文明」（culture of indebtedness）。許多人覺得，如果大家都在使用信用貸款，那一定就沒有什麼大礙。這是一種共識經驗法則（consensus heuristic）和羊群效應（herd behavior）。信用的可得性、使用和管理已經成為美國和其他已開發國家消費者的「常態」。在具備穩定收入、多樣產品和服務的前提下，社會的信用制度才能發揮其作用。在美國，一位大學畢業生的學生貸款是二萬九千美元，平均一張信用卡債務是二千三百二十七美元。在紐西蘭，所有學生貸款總額高達七十億美元，並且有評估指出，其中10%借款者到六十五歲才有能力還清他們的貸款。申請學生貸款通常都會先審核，原因在於這算是對貸款者未來賺錢能力的一種投資。學生很有可能在畢業後獲得高薪，但即便如此，也很難及時還款。

為學習、買房借錢，並在往後的人生階段還款，這與生命周期模型相一致。不僅學生會貸款，一般消費者也想「與他人攀比」，購買他們「所需」的耐用品，以便適應其社交圈，融入現今社會。對特定產品的個人和社會需求，如房子、汽車和智慧型手機，似乎是更重要的購買動力，而不是先考量支付能力和可自由支配收入。

消費者信用貸款是指從銀行或其他金融機構（貸款人）借錢，並以合約形式規定還款日期及特定期間的利息，例如分期付款。在許多文化中，人們可能優先向親戚借錢，但是這種行為不會有官方紀錄，並不計入消費者信用額度。消費者信用貸款有一種類型就是分期付款，銀行為某一特定商品（如汽車或輪船）的購買提供資金，並且該物品成為銀行的抵押品，如果借款人不能償還貸款（信貸違約），貸款人將獲得抵押品並有權將其售出以清償債務。分期付款使得銀行的風險更低，故利率也比較低。

消費者信用貸款的類型有以下幾種：

1 學生貸款，提供學生的學費、書本、衣物和生活費。
2 房屋抵押貸款。
3 房屋二次抵押貸款，屬交易融資用途。
4 固定還款的個人借貸行為。
5 循環利率貸款（易致財務危機）。
6 發薪日貸款，即個人在發工資之前貸款。發薪日貸款的期限只有幾周，直接用工資還款，通常利率極高。
7 使用信用卡並陷入「卡債危機」：不在信用卡還款期內償還到期金額，而是之後還本付息。信用卡的利率維持在每年15%到20%之間。就信用卡而言，還款期是指沒有利息費用的全額還款期限。還款期通常始於帳單日，約二十一到二十五天之後到期。申請延期還款可以提供更長的還款時限，在消費者這端就能避免利息費用。

8 郵購或其他零售商的消費，可以延遲一段時間付款，或者還能分期付款。這類消費的利率高達20%。

9 購買耐用消費品的分期付款，如汽車、船。以每個月還本付息的方式償付貸款，分期付款的利率高達15%。

10 去當鋪典當商品：商品以抵押物的形式寄存在當鋪，從而借得一筆資金，合約期間可以是六個月，六個月內的任何時候都可以全額還本付息，贖回抵押物。

11 用信用卡租車，不僅可以付租金和保險費，也可以作為防盜、防損壞的擔保。在這種情形下，潛在信用成了租車公司的擔保品。

消費者信用主要用於消費，與之相對的是商業信用，主要用於投資。消費包括耐用消費品，比如汽車和輪船，也可以是服務，如醫療和假期旅行。大多數耐用消費品會隨著時間貶值，用房貸買房則是例外，房屋可能會升值。當房價上升的時候，房屋貸款就可以被視為一種消費者投資信用。

信用甚至可以用來投資，比如人們用借來的錢買股票。如果景氣好，也許是有利可圖的，投資報酬率高於還款利率。但如果景氣差，那麼這就是災難性的金融行為，股票的報酬率會低於還款利率。

信用對於經濟增長來說不可或缺。信用使人們可以持續購買需要的商品和服務，即使在經濟遭受些微挫折時亦然。信用為家庭提供了靈活運用的空間，一旦出現緊急狀況，如汽車壞了、物品損壞或失竊，信用使得物品維修或汰換變得可能。請注意，持有緩衝儲蓄同樣是為了應對這些緊急狀況。但儲蓄不足或消費者不想用儲蓄應對緊急狀況的時候，信用便行之有效。信用的缺點就是某些家庭貸款太多，信用卡債臺高築，使自己負擔過重。他們的可自由支配收入可能不足償付貸款。

房屋抵押貸款

房子是家庭最重要的財富來源，大多數屋主需要貸款買房。房屋抵押貸款通常是家庭最大筆負債，相對應的，房屋也是家庭持有的最大筆資產。房屋抵押貸款的合約類型，對家庭管理終生財務資源有著極其重要的影響。加瑟古德和韋伯（Gathergood and Weber, 2015）在英國研究了不同類型的房屋貸款。標準房屋抵押貸款（standard mortgage）是一種抵押貸款，家庭在房屋貸款期間（分期）償還到期的利息和本金（借款）。替代房屋抵押貸款（alternative mortgage）有著更高的貸款－收入比（loan-to-income），並且家庭通常只需按期償還利息。本金（借款）並不會減少（非分期償還），甚至可能從期初一直增至到期日。替代房屋抵押貸款的預付成本比標準房屋抵押貸款少。預期收入增長的消費者也許更偏愛替代房屋抵押貸款，因為替代房屋抵押貸款的初始成本更低。值得注意的是，替代房屋抵押貸款的本金在貸款期後依舊存在，要麼繼續抵押貸款或用新的抵押貸款代替，要麼賣房還款。固定利率和可調節利率也有很大差別。規避風險的消費者可能會選擇固定利率以避免受「驚嚇」，儘管這樣一來會比可調節利率付更多利息（期限溢價）。加瑟古德和韋伯發現，低金融素養和現時偏好型的人更容易選擇替代房屋抵押貸款和可調節利率。他們認為，這是次優選擇，因為決策沒有充分考慮到未來。與標準房屋抵押貸款相比，替代房屋抵押貸款的違約率要高得多。這意味著替代房屋抵押貸款不太適合不成熟的借款者。

在荷蘭，科克斯、布朗恩和內特博姆（Cox, Brounen and Neuteboom, 2015）的發現恰恰相反。高金融素養和尋求風險的消費者更有可能選擇替代房屋抵押貸款。更富裕、年長和成熟的家庭更能理解替代房屋抵押貸款的風險和利益，會選擇替代房屋抵押貸款。如果所付利息能夠從收入所得稅中扣除，那麼對富人來說，替代房屋抵押貸款比標準房屋抵押貸款更好。范・奧延和范・羅伊（Van Ooijen and Van Rooij, 2014）發現，精明的家庭更可能使用替代房屋抵押貸款，那些向顧問機構諮詢的家庭亦是如此。當房價下降或收入縮水的時候，替代房屋抵押貸款的風險就會更大。在這裡，金融仲介機構承擔的角色很重要，仲介機構應該告知消費者利息，並且認真查核潛在借款人是否有能力承受替代房屋抵押貸款的風險。

另一種抵押貸款就是人壽保險抵押貸款。在人壽保險抵押貸款中，家庭透過投資基金償付利息和「人壽保險」。作為投資的收益，將在到期日償付本金，並且作為高報酬投資，還可以得到一筆額外資金。由於人壽保險抵押貸款的預期收益比股票市場低，人壽保險抵押貸款並不能在到期日提供全額本金，便給家庭的房產遺留下剩餘的債務問題。房價下跌也導致了剩餘債務。用通俗的話說，這些房子是「虧了」。人壽保險抵押貸款的提供者被要求補償其持有者，以彌補人壽保險增值的差額。如今人壽保險抵押貸款風險太大，已不再提供給家庭。

需要注意的是，二〇〇八年的金融危機就是始於美國的次級房貸。次級房貸是用來提供給信用等級較低、無法得到傳統抵押貸款的人。次級房貸的利率比標準房貸的利率高，因為次級房貸面臨著更高的借款人違約風險。低信用等級牽涉到不穩定的收入（企業家）或不良借貸歷史。通常，次級房貸的起始利率相對較低，但是數年之後，其利率將「適應市場」，因此變得更高。隨後，一些家庭會換成標準房貸，因為他們的信用等級有所提高。然而，另一些家庭的月付額變得太高，使得這些家庭違約，不得不把家門鑰匙還給銀行（在美國是這樣）。儘管替代房屋抵押貸款和次級房貸被視為金融危機（有毒抵押貸款）的罪魁禍首，但這些貸款對於需要更低首付額和期望更高收入的家庭來說，還是很有價值的金融工具。透過房屋貸款，他們的可自由支配收入能在整個生命周期中穩定下來。

信用可得信

以學生為例，人們期望未來獲得較高收入，就會去跟銀行借貸，並且希望當他們收入更高時能夠還清貸款。韋伯利和尼許斯（Webley and Nyhus, 1998）發現，債務人通常預期他們的收入會在中期增長，短期內則不會。某種意義上，消費者信心對承擔更多貸款起著一定作用，影響對借貸的樂觀信心或積極展望。經濟蕭條的時候，隨著股票和不動產價值的下跌，負債可能會增加。這樣，家庭可能陷入負債狀態。隨著經濟蕭條和負面預期，只要有可用的資金，人們就會償清貸款以為減少借貸。

這也跟銀行因素相關，例如輕鬆容易取得的低息貸款，也發揮著作用。如果很容易就可以獲得貸款，那麼使用貸款（未來收入）進行消費和購買耐用品就輕而易舉。輕鬆易得的信用也造成了一種印象，即舉債貸款很普遍，並且算是融資購物的常見方式。信用卡公司提供的「無息貸款」，通常會有嚴格的還款條款，一旦違反了這些條款，信用便十分昂貴。消費者可能自以為比現實中的自己更自律，正是這些「無息貸款」引誘消費者陷入負債。

信用卡公司提供了一個簡單的還款機制和信用。二〇〇四年，一・六四億的美國人使用了十四億張信用卡，平均每個信用卡使用者擁有八・五張信用卡。美國家庭平均承擔著一萬二千美元卡債。信用卡付款的簡易性（無須現鈔和找零）容易導致消費金額增加。在交易的時候，消費者通常不會完全意識到自己用卡消費了多少錢，他們把更多注意力放在怎麼在機器上輸入正確密碼。信用卡似乎解除了用未來收入滿足現在消費的限制，使得許多消費者更難在消費中自我控制，尤其是當他們沒有在期限內還款的時候。他們將自己信用卡的信用額度等同於他們被允許消費的金額，然後就去消費了。

生命周期與信貸

窮人可能會被迫借貸，因為他們缺乏金融緩衝，無從應對始料未及的開支。低收入的家庭更容易欠債，而高收入的家庭也有可能因為過高消費和信貸而欠債。男性比女性更有可能負債，相較於女性，男性通常承擔著更多金融風險，對未來收入也更為樂觀。年輕人也容易欠債，因為他們正處於未還清房貸的生命周期階段。人生的逆境，例如失業、離異、事故和疾病（高醫療費和低收入）可能會迫使人們借貸，不過也從中提供如何使用信貸和避免債臺高築的經驗。

杜森貝利（Duesenberry, 1949）的相對收入模型表明，當個人和家庭將自己的消費狀況與其他個人和家庭相比時，他們會感受到相對匱乏。這可能會誘使他們不惜借貸也要消費更多，從而與參照家庭「不相上下」。相對收入模型解釋了為什麼有些人消費得太多、儲蓄得太少，或者根本就不儲蓄，並且還會借錢買東西。

永久收入模型和生命周期模型闡釋了消費者和家庭試圖隨著時間的推移，維持均衡和平穩的消費程度。這意味著當收入無法滿足支出的時候，消費者會借錢，而當收入高於支出的時候，消費者將會儲蓄或清償負債。學生會在他們有工作和薪水較高的時候償還學生貸款。消費者借錢以便募集資金，支持他們生命中的早期消費，尤其是購買房產和念書，而在以後高收入階段還清負債。因此，生命周期模型解釋了整個生命周期的儲蓄和借貸。

信貸決策

信貸決策關係到可供選擇貸款的資訊取得方式和比較。在做決策之前，消費者也許會蒐集可選信貸的資訊，並比較其成本和收益。決策可以思慮周延和理性，也可以直觀推斷，透過簡單和相對容易的步驟完成比較跟選擇。

總利息變化通常以年利率來計算。如果每年貸款統一收取的年利率是12.5％，且未償還貸款的餘額因還款而減少，那麼實際的年利率是26％。因此，年利率某種程度可能是在誤導。金融機構收取的總利息費應該如實呈現，並告知消費者信貸的真實成本。二〇一〇年美國頒布《信用卡業務相關責任和資訊披露法案》（*Credit Card Accountability Responsibility and Disclosure*, CARD），要求金融機構公布信用卡還款的時間期限，以及當消費者僅還最低還款額時實際產生的利息。

大多數消費者會注意每月的還款金額，並且在考慮可自由支配收入的前提下，檢查他們是否能還清貸款。貸款期限可以折中選擇。短期貸款的總利息較低，但是每月還款額較高。長期貸款的總利息較高，但通常每月還款金額較低。儘管短期貸款比長期貸款划算，但消費者可能還是會選擇長期貸款，因為每月還款金額更低。斯坦戈和辛曼（Stango and Zinman, 2006）提供證據，證明許多美國消費者有還款／利息認知偏誤。他們系統性低估利率和貸款的還款期限，專注每月還款金額。非銀行債權人，例如零售商，通常會強調月付金額：「你可以以每個月一百九十五美元的價格駕駛一輛日產Altima。」消費者可能會想說付得起這個金額，他們考慮到可自由支配收入，而忽視利率和貸款期限。

心理因素與信貸

在許多方面，借錢是儲蓄的對立面。儲蓄會讓付款發生在購買那一刻，而信貸會發生在購買之後某個還款日。預先付款比事後付款產生更多的正面情感，這些正面情感與消費相關。相較於事後付款，消費者更滿意預購產品和服務。

影響儲蓄和借貸的心理因素是相似的，比如金融素養、自我控制、時間偏好和滿足感延遲。使用消費信貸的人更樂於現下消費而非未來消費，不接受延遲滿足感。濫用信貸並且陷入財務問題的人，通常缺乏資金管理技巧和自我控制能力，而低金融素養的人更容易使用高成本信貸，例如家庭還款貸款、郵購債務和發薪日貸款。其他與負債相關的心理因素有：時間偏好、自我管控和資金緊張時的一籌莫展。某些心理因素可能是問題性負債的起因，而另一些因素可能是後果。

豪頓、肯普和切爾努申科（Haultain, Kemp and Chernyshenko, 2010）研究紐西蘭學生群體後發現，對負債的態度不是簡單的非黑即白，而是兩種獨立的態度：負債效用（debt utility）和負債恐懼（fear of debt）。負債效用（贊成負債，持正面態度）包括以下方面：不改變生活方式，享受生活，延期付款，無息貸款和隨心所欲的貸款。負債恐懼（反對負債，持反面態度）包括以下方面：繼續念大學可能會身負債務或缺錢，因此推遲大學教育。債務效用牽涉到對事物的理解能力，卻跟情感狀態相關，如享受。負債恐懼聽上去極為感情用事，卻會影響到人對事實的判斷，如推遲大學教育。當使用信貸並享受其好處的時候，負債效用會占主導地位。而當還款困難的時候，負債恐懼是主要的影響因素。負債恐懼會提前發生，對負債恐懼的預期也許會阻止人們借貸。這兩種態度也同樣適用於信用卡使用者：正面看待信用卡效用（簡易付款）和負面看待使用信用卡的恐懼（負債預期）。

在就學期間，學生對信貸抱持肯定態度，因為他們透過貸款來付學費。畢業後，他們對負債的態度恰好相反，因為他們不得不償還貸款。博丁頓和肯普（Boddington and Kemp, 1999）研究學生貸款和衝動購買之間的關係，並認為理財不當並非學生貸款的主要動因。

處理債務問題是一項很好的學習。就有研究指出，能夠成功應對資金緊縮的人，更能做好教養工作。身陷債務且能在收入和消費中找到新的平衡，成功解決財務問題，對提高財務管理能力也起著一定作用。安東尼德斯、德・格羅特和范・拉依（Antonides, De Groot and Van Raaij, 2008）發現，並不一定要親身經歷資金緊縮，就算只是去了解一兩個親戚或朋友經歷（解決）的財務問題，也可以幫助一個人避免債務和財務問題。

時間偏好是人們對現在和未來的價值喜好。一筆貸款的當期收益往往遭到高估，而債務的預期成本卻被低估了。前景理論（prospect theory）和雙曲貼現模型（hyperbolic discounting model）都可以解釋非穩定貼現率和未來成本的貼現。邁耶和施普倫格（Meier and Sprenger, 2010）發現，偏好當下與信用卡借款相關。享受當下的人更可能持有信用卡債務，並且卡債金額更高。

有些人雖然在儲蓄帳戶存有二萬五千歐元，但還是會貸款買車。這是非理性的行為，因為儲蓄利息比貸款利息低很多。然而，人們覺得區分儲蓄與借貸，有助他們控制並維持儲蓄，而且人們可能覺得自己缺乏重新儲蓄二萬五千歐元的意志力和自我管控能力。用儲蓄買車比心理帳戶更經濟實惠，不過心理帳戶可以控制消費，並且不會動到儲蓄帳戶。借貸就是這樣一種預先承諾：銀行強制借款者還款，同時維持其原先的儲蓄。

人們需要自我控制來克服遠超其預算限制的過度消費和過多債務。儘管許多人是債務厭惡者，但是無處不在、隨手可得的個人信用貸款，在當下很容易就能花掉未來的錢。在許多國家，儲蓄率很低，甚至為負。低儲蓄率和高貸款率是導致信貸緊縮的原因之一，並且也不利於經濟環境發展。許多消費者不得不（重新）認識儲蓄，並且考慮未來可能的經濟和財務狀況。自我控制是可以學習的嗎？自我控制只能藉由意志力、理財技術及避免誘惑的訓練才能實現。不受誘惑包括不去購物狂歡，避免出現在吸引人的產品和服務面前。在購買的時候，限制信用貸款的可得性和延遲得到資金的時間，也是控制衝動消費和緩解消費者自我控制問題的其他方式。

過度負債

貸款和債務是一體兩面。貸款是借款人可以花的錢，而債務是欠貸款人的錢。債務包含借款人必須付給貸款人的利息、費用和管理成本。大部分消費者的借貸方式都很負責任，藉著信貸先購買商品，而不是先存錢或等到以後再購買。他們遵守合約並按時還款。然而，有些人卻濫用消費者信用，陷入財務問題，還無法償還貸款。

請注意，這裡提到的某些因素也是家庭過度負債、進而陷入債務危機的決定因素，比如因為失業／收入減少或離婚導致收入意外下降，以及對個人收入發展和未來收入預期過於樂觀。過度負債是家庭信貸（貸款、房貸、循環利率貸款和延遲還款合約）、可自由支配收入不足以支付利息和清償貸款的結果。這打亂了正常的家庭財務管理狀態。一旦家庭不能償還貸款，信貸機構可能會採取法律措施，家庭可能會流離失所或者破產。

財務問題對家庭健康、快樂和幸福有著負面影響，並且可能阻礙正常家庭生活和互動交流，還會帶來衝突。加瑟古德指出，有債務問題的英國人其心理健康狀態不佳，會表現出焦慮、悲痛和抑鬱。伯格、柯林斯和奎斯塔（Berger, Collins and Cuesta, 2013）發現，美國人的短期債務問題可能導致憂鬱症，但是長期和中期背債的家庭並不會。這一點在五十一到六十四歲、教育程度較低的老年人身上尤其明顯。短期債務為現在帶來了問題，而中期和長期債務會給未來帶來麻煩。如果家庭不能獨立解決信貸問題，也許可以透過債務諮詢專家來獲得專業幫助。

在放款給消費者之前，銀行和其他的貸款人會採納一套評分標準和平衡計分卡。他們也可能透過資料庫查詢消費者信用紀錄和還款資訊。評分標準包括：信用紀錄、房屋所有權、穩定的婚姻狀態、穩定的工作和收入。按時還款、有房子、有穩定婚姻、穩定工作和收入的消費者更有可能償付新申請的貸款，因此更有可能透過銀行或其他貸款人的審核。只是隨著金融機構之間的房屋貸款和貸款合約交易的貨幣證券化，也削弱了銀行對潛在借款者的查核，這對二〇〇八到二〇〇九年的金融危機起到推波助瀾的作用。

債務清償

在紐西蘭的一項質性研究中，沃森和巴爾瑙（Watson and Barnao, 2009）研究學生如何清償債務。他們將還款行為分成四種類型，其中兩種十分相似，這裡只介紹主要三種：

1 臨時借款人和傳統主義者試圖儘快還清他們的學生貸款，以避免未來的麻煩。這些人寧願省吃儉用也要儘早還債。他們不喜歡貸款，也不太可能承擔任何更長遠的債務。他們利用信用卡來規避銀行交易費用，並在還款期間內還清卡債，以免產生利息。這些消費者的自我管控能力很高，他們的金融、財務行為都屬於深思熟慮和認真負責型，並且在合理範圍內設法減少其債務。

2 企業家不會馬上繳清他們的學生貸款，而且手頭還有能償債的現金。他們選擇不償還學生貸款，是因為手上這筆錢拿去投資的回報要比還錢高得多。他們對債務抱持著正面態度，並且視債務為其商業活動的一項投資。

3 終生負債者按期支付其學生貸款的最低還款額。他們清償債務的時間相當長（二十到四十年不等），並且他們視還款為額外稅金。在某些情況下，他們的每月最低還款額比利息還低。即便他們還在還款，債務卻增加了（債務陷阱）。相比之下，企業家把貸款當作融資，而終生負債者卻給自己製造了財務問題。

也許可以從心理帳戶理論來思考分期貸款。分期貸款必須在幾個月內按期清償，因此，當中牽涉到一個固定預算帳戶。每個月的預算帳戶裡頭包含還款金額或利息，或者在某些情形下兩者兼有。貸款期數也同樣重要。蘭亞德和克雷格（Ranyard and Craig, 1995）調查了人們對分期貸款的看法。他們建議消費者基於總帳戶和定期預算帳戶間的差異，多加利用分期貸款的雙重特質（dual representation）。人們也許過於在意當下，忽視了未來問題，進而延遲還款。然而，另一些人更願意立刻支付保證金或儘早還款，儘早了事。沃森和巴爾瑙在研究中比較臨時借款人。平托和曼斯費爾德（Pinto and Mansfield, 2006）總結，學生貸款金額較高的美國大學生，無論已經畢業還是將要畢業，通常信用卡卡債也比較高。他們面臨財務風險，這也許會對他們的學業產生負面影響，導致憂鬱症或輟學。如果強制他們擇一還債，與沒有財務危險的學生相比，這些有財務風險的學生表示，在還學生貸款之前會先償還信用卡帳單。

如果消費者有多筆信用卡卡債，並且想償還一部分債務，通常他們會先還金額最低的那筆債務，減少債務的數量。然而，優先償還利率最高的債務，才是更明智的選擇。表面看來，優先償還金額最低的債務跟償還高額債務的一部分相比，似乎進展更大。如果這些債務是分開的，與償還部分高額債務相比，全額償還小筆債務移除了更多的負面價值（情緒，擔憂）。艾瑪爾等人（Amar et al., 2011）還發現，限制消費者完全清償小筆債務的能力，把注意力集中在每筆債務的累計利息上，可以幫助消費者更快減少總體債務。

消費者保護

應該保護消費者免於掠奪性貸款之害，掠奪性貸款的定義是某些貸款人強行施加在借款人身上的不公平、欺騙或欺詐行為。例如發薪日貸款在消費者收到薪水支票之前，放款人就先貸款給消費者。這些短期貸款利率較高，並且必須用薪水支票清償。伯特蘭和摩斯（Bertrand and Morse, 2011）用三百美元發起對申請人公開的發薪日貸款，並與三百美元的信用卡借款相比較。結果發現，發薪日貸款比信用卡借款貴了十八倍。在獲得對照資訊之後，人們向發薪日貸款人借款的機率小於11％。

信用卡卡債可能利率較高。使用這類信用貸款的消費者通常教育程度較低，或者多是貧窮和年長者，不過掠奪性貸款的受害者遍布整個社會，大學生亦然。貧窮的消費者對於債權人來說，償債風險較高，因此利息會收得比較高。

掠奪性貸款往往具備擔保品、產品或期權，借款人會把這些拿去當成抵押品。如果借款人還款違約，債權人將取回抵押品或取消抵押品贖回權，再出售抵押品來盈利。

以下是文獻中提到的幾種掠奪性貸款：

1 不合理的風險定價（所謂不合理是指債權人的風險低於標準）。
2 不告知借款人可以協商貸款價格。
3 貸款的條款和條件不透明。
4 短期貸款的相關費用高得不合理，例如發薪日貸款、信用卡滯納金和活期存款帳戶透支費。

這些貸款是否總是具備掠奪性質，其實是個值得商榷的問題。舉次級房貸來說，家庭不能獲得房屋貸款，是由於未來收入不確定，創業者便是如此，他們迫於現況，只能申請比普通房貸利率更高的次級房貸。

風險定價（risk pricing）是貸款人向更可能違約的借款人收取高價，並視作貸款人承擔更高風險的補償。如果貸款人對借款人（無論其是否可能違約）都收取同樣的費率，那麼他們將吸引過多的「風險」借款人，同時他們等於對「風險」較低的借款人收取過多費用。這是不公平的行為，不過在保險業很常見：好比風險較高的消費者和風險較低的消費者要繳一樣多的保險費。另一方面，付高額（利息和費用）的「風險」借款人通常是貧困和弱勢者。這樣看來，信用系統更青睞富人，向富人提供的價格往往低於窮人所能得到的。

債務免除

近年來，許多已開發國家的消費者債務已經變成大問題，這要歸咎於容易取得的銀行信用貸款。據估計，平均每個美國家庭擁有一萬九千美元的非抵押貸款。背負著如此龐大的債務，許多人根本就沒有足夠的自由支配收入來還款，他們需要幫助。一些公司會提供債務整合服務，但是這些服務並非專為消費者考量，還牽涉到自住房屋的抵押貸款。一旦債務有問題，最好一開始就向消費者協會或者地方政府尋求建議，因為消費者協會和當地政府有處理債務問題的經驗，也許能夠為債務免除計畫提供最有效的建議。基爾伯恩（Kilborn, 2005）便在研究中討論到北美和西歐的債務免除計畫。

信用卡公司應該透過相對傳統的方法，基於客戶的現實條件，幫助他們的客戶清償債務。在不考慮破產的情況下，從信用卡公司的角度來看，讓他們的債務人主動、持續還款、尚不至於對日益增長的負債感到絕望，才是利益最大化之所在。有些債務人因為害怕負面消息，甚至不再打開銀行和信用卡公司寄來的信函。從心理學的角度看，消費者應該要理解到，自己並非處於絕境，要是能免除部分債務或者延期還債，他們就有機會改變自己的財務狀況，逐步脫離債務。

小額信貸

小額信貸與貧困借款人相關，這類借款人的特點是缺少擔保品、穩定工作和可證實的貸款紀錄。貧困的借款人主要是女性，通常生活在開發中國家，並且沒有機會申請銀行常規信貸。這些窮人通常是「高利貸業者」（掠奪性貸款）的犧牲品。小額信貸的主旨就是要支持企業家精神，減少貧困，為家庭固定提供食物，並且賦予女性權利，進而提升整體社會發展程度。一般來說，女性之所以缺少穩定工作和貸款紀錄，是因為她們往往為了照顧老人和孩子而離開職場。

小額信貸的借款人通常是某群體的成員，這個群體負責管理可貸款資金和債務清償的業務。小額信貸和小額儲蓄同屬一體，因為群體成員也會在群體資金中少量儲蓄。群體資金的資金儲存地點通常比借款人家裡更安全。孟加拉的格萊閩銀行（Grameen Bank）是非營利組織，從一九八三年開始開展小額信貸業務。格萊閩銀行的創始人穆罕默德・尤努斯（Muhammad Yunus）的貢獻是向窮人提供小額信貸服務，他因此獲得二〇〇六年的諾貝爾和平獎。據估計，二〇〇九年有七千四百萬男性和女性持有總額達三百八十億美元的小額貸款。格萊閩銀行報告稱，小額貸款的還款率高達95%以上。小額信貸的發源地就是孟加拉，並且風靡印度、巴基斯坦、印尼、撒哈拉以南的非洲國家和拉丁美洲。如今小額信貸不再是非營利組織的專利。一九八四年印尼人民銀行農村銀行事業部成立時，也開辦了小額信貸業務，後來他們的小額信貸業務量超過總體的20%。

福法納等人（Fofana et al., 2015）發現了微型金融對收入和女性賦權起了作用。成功的新商業活動及自雇者有賴於不斷經濟成長的市場。在這種情況下，小額信貸也許會幫助窮人利用市場成長的優勢，給家庭和社會帶來繁榮。不僅是小額信貸，增加儲蓄便利、保險、小額退休金、企業發展（管理培訓或者市場支持）和福利相關業務（素養和健康服務）也有助計畫成功。

社區儲蓄計畫，例如民間互助會（rotating savings and credit associations, ROSCAs），在進步國家較普遍。民間互助會的成員每月將固定一筆錢放在共用帳戶，並且每月輪流由隨機選出來的個人保管。因此，儲蓄成了一種公共行為，社區成員利用民間互助會其他成員的社會壓力達到期望的儲蓄程度。這類微型金融是小額儲蓄和小額信貸的綜合體。

然而，微型金融也可能導致借款人落入債務陷阱，即無法清償其債務。儘管小額信貸為發展中國家的人們帶來了許多益處，但是它不是減少貧困和經濟依賴的唯一靈丹妙藥。所得重分配也是戰勝貧困的另一種成功方法。此舉在非洲和拉丁美洲地區稍加緩解了收入不平等，包括加勒比地區，尤其是阿根廷、巴西和墨西哥。

一八六八年，弗烈德里希．賴夫艾森（Friedrich Raiffeisen）成立首家合作金庫，目的是要支持德國鄉下農民。這創舉與微型金融、小額貸款的自助發展目標相似。在印度，自助團體的成員不超過二十人，包括來自最貧窮種姓的女性。成員在群體資金中存入少量盧比，並且可以出於各種各樣的目的跟群體資金借款，從支付醫藥帳單到學費皆然。如果這些自助團體能夠好好管理他們的資金，他們也許就能夠進一步跟當地銀行借款，投資小型企業或農業活動。印度自助銀行模式現在已經成為世界上最大的微型金融項目。

近年來流行群眾募資（crowd funding），通常是許多低息小額貸款的集合，並非單一資金來源。網路平台可召募大眾互相幫助，共同參與減少貧困的行動。總部位於美國的非營利組織Zidisha，便是群眾募資微型貸款網路平台的例子，它超越國界，將貸款人和借款人聯繫起來。被銀行或信用卡公司拒絕的潛在借款人，也許會透過這些組織，從私人貸款者手中獲得貸款。然而，債務人可能無法償還債務，對貸款人和借款人都帶來負面的後果。貸款人以低利率貸款將錢借給借款人的動機是什麼？這近乎把錢捐給慈善機構。熱涅夫斯基和克努森（Genevsky and Knutson, 2015）發現，給慈善機構捐款和小額放款涉及同一個腦區（依核）。依核（nucleus accumbens，位在兩個半腦的前腦）的活動狀態也與喜悅、獎勵的處理有關。由此推論，人們可能從慈善捐獻和對特定個人或專案的小額貸款中得到正面的獎勵。

小結

借貸算是容易的籌錢方式，這種方式不需要推遲消費的時間，好比儲蓄就是之後才消費。信用卡是項吸引人的付款工具。對於大多數人來說，不辦房貸要買房簡直就是天方夜譚。在生命周期早期負債的家庭會在後期清償負債。因此，消費者往往需要為房產和耐用品辦貸款。學生同樣也會申請助學貸款，並且（過於）樂觀地認為他們在完成學業後，能利用高收入清償其債務。消費者需要自我管理和自我控制，從而使自己不因貸款和衍生問題性債務而負債累累。

與貸款相關的心理因素與儲蓄的心理因素相關：時間偏好、時間貼現和自我控制。消費者應該知曉自己所付的利息，以及為未來財務狀況所帶來的負擔。自我控制是保護自己、應對過多貸款和財務問題的一種手段。透過他人幫助和個人努力進行自我管控，也是繼續償還債務、一步步解決債務問題的一種方法。這做起來並不容易，至今許多人依舊身陷債務中。

在許多西方國家，信貸是被廣為接受的消費者文化。但是信貸依然是一種危險的融資方式，因為過高的債務程度會導致未來可自由支配收入方面的問題，並且導致衝突、憂愁和幸福感降低。消費者應該從掠奪性貸款中得到保護。

小額信貸也許是幫助發展中國家的人們創業或者得到工作的一種方法。小額信貸和小額儲蓄通常並存。社區的社會控制是幫助人們有目的地使用貸款並清償的關鍵。

Chapter 4

保險及預防行為

Insurance and Prevention Behavior

保險及預防行為能保護潛在財務損失。人們要麼保額不足，要麼超額保險，不清楚自己保險條款的涵蓋範圍。重要的天災家庭保險經常不保，而不怎麼重要的保險（如產品保固延長險）卻普遍加保。道德危機與消費者濫用保險、過於頻繁看醫生或過度索賠相關。

為什麼買保險？

保險是消費者用來保護自己、避免傷害或者潛在損失的方法，並且在喪失賺錢能力時能提供收入或資金。保險增加了財務安全。保險分為損失保險和資產（人壽）保險兩大類。當經濟發展和家庭財富累積到一定程度的時候，人們需要面對這些潛在的損失，並且有能力和意願投保。以下為損失險：因火災、地震或其他災害導致的房屋損毀；因入室盜竊或其他偷盜行為導致的物品損失；因車禍導致汽車損壞或報廢。保險還可能包括對他人的法律責任，比如被保險人對他人造成了損失，諸如交通事故之類。其他納保項目有：醫療費、喪葬費，甚至假期旅行時遇上了壞天氣。第二主要的險種是壽險，一旦被保險人去世，活著的親人可獲得一筆錢。退休者可從養老保險中得到資金或月收入（退休金）。殘障人士或者喪失勞動能力者可從勞動傷殘保險中得到收入。

不同國家消費者可購買的保險等級截然不同。在貧窮和開發中國家，人們通常只享有交通強制險。

保險類型可區分成以下十一種：

1 人壽（資產）保險：付給被保險人一筆資金或者年金（月付或年付），例如：養老保險，或者付給被保險人的在世親人。

2 損失險：比如財產保險、車輛保險，償付房屋或其他物品的損失，或者是失竊物品的現值。

3 醫療保險：為被保險人支付醫療帳單。如果醫療保險公司與醫生、醫院有合約，醫療保險可以實支實付。

4 勞工失能保險：為喪失（身體、心理）工作能力的被保險人提供月收入。

5 收入保障保險：為暫時失業的人提供月收入。

6 法律責任保險：為被保險人償付法定求償權的損失。

7 旅行保險：會賠償假期旅行或其他旅行中被偷或丟失的物品及醫藥費。

8 喪葬保險：通常是儲蓄和保險的組合，償付喪葬費用，是種實支實付的保險，喪葬保險公司會舉辦葬禮並承擔所有或大部分的費用。

9 產品保險：修理或替換功能故障產品的免費保險，通常購買時就會提供。

10 信貸和房貸保險：補償貸款人因債務人無法償還貸款風險的保險。

11 特殊保險：例如寵物保險，或者惡劣天氣旅行保險。

由於氣候變化和災害頻發地區人口的增長，自然災害頻傳，如颶風、洪水和地震。不是所有消費者都能意識到風險和潛在損失，進而採取保護措施以降低潛在損失，例如房屋維修和保險。許多消費者無法理解到災害和不投保背後的風險和潛在損失。昆路德等人（Kunreuther et al., 1978）發現，在加州災害頻傳的區域，60%未投保的屋主完全沒有意識到，投保可以彌補洪水或地震所帶來的房屋損失。另一方面，許多密西西比州的屋主相信自己的保險範圍涵蓋卡翠娜颶風引發的洪澇，然而事實並非如此。屋主通常不清楚他們的承保範圍，並且缺乏正確的投保策略，來應對無法獨自承受的傷害和損失。另一方面，沒有意義的保險充斥著市場，例如電子設備的維修費用和保固服務。消費者應該被告知，這些損失險相當昂貴，並且通常用不到。

保險

保險是建立在兩方之間的合約，其中被保險人向保險人購買保單，當某個事先定義的事件發生的時候，如身體或財產受損，可以憑這份保單要求賠償。被保險人獲得經濟賠償，或由保險人償付醫療費用，這是賠償性保單。實物給付保單是指保險人補償被保險人時並不牽涉到金錢，而是提供服務，比如喪葬服務。因此，醫療保險可能涉及賠償性保單，這樣被保險人保留了選擇醫療服務的自由，也可以是實物給付，由保險人為被保險的一方選擇並給付醫院和醫療費用。醫療保險公司可能與醫院、醫生之間訂定合約，就醫療品質、價格和給付區間有一定共識。

購買保險是為了降低或消除家庭面對風險的經濟後果，這些風險是由不確定事件導致，例如事故、盜竊和死亡。這些不確定事件是「不可抗力因素」，不受被保險人控制。如果發生特定的傷害或損失，保險公司會賠付被保險人一約定數額的金錢。

保險並不會完全排除個人因素，比如危險駕駛可能會導致更多交通事故，習慣這種駕駛方式的人，比如年輕男性駕駛，通常得支付更高保險費，甚至保險公司會不受理保單。近來發展是在車裡安裝器材，監控駕駛者的駕駛方式。如果駕駛方式正確安全，那麼保單也許還可享優惠。

保險可以視為一項投資，這項投資保證恢復不確定危害所引發的可能損失。在這裡，預期效用理論（expected utility theory）發揮了兩種作用：機率和損失價值／大小。為了不太可能發生（機率低）但損失代價高的事件投保是理性的，例如遇上事故，以及承擔其他當事人的醫療責任。為了輕微損失或低維修費用的事情投保則是不理性的，例如新買電子設備的維修保固。大部分的保單便介兩種極端之間。

在做保險決策的時候，多數消費者對負面結果和潛在損失大小的關注程度，超過對結果／損失機率的關注。與彩券如出一轍。人們更在意他們能贏到什麼獎品，而不是贏得這些獎品的機率。在大眾媒體和社交媒體發布竊盜新聞之後，人們也許會高估偷盜的發生機率，會更傾向買保險。這就是人們關注機率並高估機率的例子。這稱為可得性經驗法則（availability heuristic）：最近才發生、印象深刻、容易理解和容易浮現在腦海裡的事件，其發生機率通常高估。

保險始於人與人之間的團結互助系統：倖免於難的幸運兒伸出援手，幫助遭受損失的不幸人們。許多鄉村的農民啟用當地的保險系統，用以重建焚毀的農莊。貧困地區的醫生也會啟用病患基金。如果一位醫生的所有病人每周或者每月支付小額費用，那麼醫生就能夠幫助更多生病的人。如今，這種團結互助的想法似乎已經不再那麼普遍。現在個人更可能用保單與自己的潛在收益做交換，而非考慮他人。於是，保險成了個人給付保費和承兌索賠的私有資產。

在某些類型的保險中仍然存在團結互助的因素。比如，人們可能會形成一個群體，群體中的成員組織起來、共同承擔損失的風險。如果保險有年度收益，成員會得到一筆保險費折扣。因此，群體便有動力去吸引那些損失一向不多的成員。從這個意義上來說，團結互助具有一定限制，人們僅接受對保險群體來說「行為良好」的成員，而將那些「笨手笨腳」的人剔除在外。有些新型保險，如果一年之內的總損失索賠低於一定標準，則將「剩餘」保費還給被保險人（成員）。

在一些群體裡，例如美國阿米什人（Amish）沒有保險。如果這類群體裡的成員遭逢災難，比如火災，人們會幫助他重建穀倉。許多國家出現團結互助的新趨勢。對於許多自雇者來說，從保險公司購買勞工失能保險太昂貴，於是自雇者開了合作基金，用以支付他們的最低保費，並且每個人都能享有勞工失能保險，這樣比保險公司的成本更低。這些基金有時又稱為「麵包基金」（bread funds）。

保險的動機

購買保險的主要目的，是為不確定的未來事件的潛在損失獲得經濟補償。動機就是保護自己和家庭免於負面事件的經濟後果，讓自己和家庭在面對這些事件時，經濟上不再不堪一擊。損失險和產險都包含其中。透過這種行為，人們投資未來，使他們的未來更安全。講到損失規避（loss aversion），便與調節焦點理論（regulatory focus）中的預防焦點（prevention focus，規避或減輕負面後果）相關。

康納（Connor, 1996）發現，保險被消費者當作一種投資，這種投資可以把負面事件（損失）轉化成正面事件（收益）。預期後悔（anticipated regret）也發生了作用。面臨損失時，人們常常後悔自己沒有適時保險。人們過去可能因為滿懷悔恨，於是給自己投保，以免將來後悔。海斯和昆路德（Hsee and Kunreuther, 2000）發現，對特定物品情有獨鍾的人，比如郵票、老汽車或古董家具，更有可能為這些物品投保。

保險行為也可能受個人或社會規範影響，個人或家庭認為購買某些保險是負責任的行為。比如結婚生子的同時，應該要有與之相對應的經濟保障措施，好比保險。這不僅是一種社會偏好、個人或社會規範，甚至還有社會壓力。從模仿他人行為的意義上看，當中存在一種社會效應。如果你的鄰居購買了水災保險並且談及該保險，那麼你有可能也會買一份水災保險。這與預期後悔有關。如果你的鄰居水災後有拿到補償，你卻沒有，這可是十分折磨。

因此，主要的保險動機有：

1 應對潛在損失的損失規避或經濟保障措施。
2 預防焦點，規避和減輕負面後果。
3 預期後悔，想到沒有投保會有何等損失。
4 減輕憂慮，以求心安。
5 購買保險的鄰居帶來的社會效應。
6 遵守個人或社會規範。
7 克服或控制環境威脅的滿足感。
8 寄望安全的未來。
9 將損失轉化成收益（投資驅力）。
10 對納保物件的依戀。

保險偏好

針對保險而不是損失來設計問題，能夠提高投保需求。昆路德和寶利（Kunreuther and Pauly, 2005）提出以下例子。如果問一個人是否願意支付一百四十美元來保護自己免遭損失一萬美元，且損失機率為○・○一，許多人不會接受。如果同樣問題設計為是否願意購買價值一百四十美元的保險，人們接受的比率會更高。

經濟學理論中的許多異常現象，在保險行為中也都看得到。許多消費者更喜歡無自負額或免自負額比較低的保險，儘管這些保單比高自負額的保單更加昂貴。自負額越低，保險公司償付已付保險費的機率越大。在這種情況下，人們就會有一種印象，這是一場用已繳保費交換回報的公平交易。許多消費者為了免除自負額付保險費，但他們自己完全可以輕鬆負擔這筆自負額。如果這些保險單的預設選項是無自負額或低自負額的話，維持現狀偏見（status quo bias，不敢偏離現狀的認知狀態）或許可以解釋這一現象。

當自負額選擇更具有經濟吸引力的時候，許多消費者傾向事後拿回折讓保險費的保險。如果選擇有自負額的保險，消費者為保單支付的費用更少。折讓保險費是指，如果消費者沒有索賠，那麼消費者事後可以拿回他們的錢。顯然，不付這筆錢，比一年甚至幾年之後才能拿回這筆沒有利息的錢，要來得實惠。把錢拿回來像是一種「贈予自己的禮物」，因此是一種吸引人的意外收益。同樣，許多納稅人喜歡在會計年度的年末從納稅機關收到退稅，而不是每個月繳付更低的所得稅。

另一個維持現狀偏見的例子，是新保戶和舊保戶對醫療計畫的選擇差異。薩繆爾森和澤克豪澤（Samuelson and Zeckhauser, 1988）發現，一項更優惠的保險費和免賠額的特定醫療計畫，在新員工的市場占有率持續成長，而在老員工的市場占有率較低。這些老員工已經有其他的醫療計畫，並且沒有轉換到更好的醫療計畫。老員工可能對他們原有的保險計畫依戀不捨，從一而終，因此更換的機率較低。因此，維持現狀偏見也許會妨礙人們選擇更加優質的保險。這解釋了為什麼老公司在市場上擁有大量忠實的客戶及特許經營客戶，即便其他新進公司的產品更好也是如此。

資訊的設計和形象生動程度在決策制定中起了一定作用。詹森等人（Johnson et al., 1993）針對一份航空險，比較群體的支付意願，這份航空保單有三種方案：第一種方案是一旦遭遇恐怖攻擊，導致飛機乘客死亡，可以得到十萬美元賠償金。第二種方案是任何機械故障導致飛機乘客死亡，可以得到十萬美元賠償金。第三種方案是任何其他原因導致飛機乘客死亡，可以得到十萬美元賠償金。儘管第三個選擇比前兩者的納保範圍更大，但是支付意願並沒有差異。恐怖攻擊或機械故障的印象，比平淡無奇的

「任何原因」引起人們更高的投保意願。

關於保險的奇思妙想，還有一個案例。人們認為，如果他們不未雨綢繆，比如採取保險和保護措施，就是在冒險。而不做防範措施的人相信，不如意之事十有八九。關於這種命運冒險效應有一種解釋，相比有保險和防範措施的人，沒有保險和防範措施的人對負面結果的擔憂更加頻繁和具體生動。想像並擔憂這些負面結果，提高了對事發機率的認知。有防範措施的人對負面結果的思慮較少，他們的保險帶來了「心靈平靜」。第二個效應稱為保護效應（protection effect）。光是擁有防毒面具，似乎就能降低導彈襲擊的機率，投保似乎能夠降低負面事件的主觀機率。這有些奇怪，因為擁有防毒面具或者保單，只能減少負面事件的影響力，而不是發生機率。

水災保險

有關風險評估和保險決策的一個案例是水災保險。波蘭的布熱斯科（Brzesko）、烏希切索爾內（Uście Solne）和克沃茲卡低地（Kotlina Klodzka）在一九九七年和一九九八年發生了嚴重水災。對洪水歷歷在目、記憶猶新，便成為購買水災保險的主要決定因素。洪水過後，許多屋主購買了保險，大概是因為他們後悔沒有在洪水來臨之前就買保險。但是，這僅是一種短期效應。洪水過去後的四年，購買水災保險的家庭數量開始下降。人們要麼已經「忘記」了洪水，要麼認為沒有洪水的若干年後，發生水災的機率較低。一些投保人認為保險費比預期收益高，而另一些人甚至認為保費都「打水漂」了，因為一點洪水的影子都沒有。損失的兩個組成因素（事件機率和損失的大小）和保費價格導致了以下結果：

1 投保屋主所推估的水災發生機率和損失規模均比未投保屋主高。根據命運冒險效應，投保屋主可能對洪災的思慮較少，但是當被問及這一點的時候，為了合理化他們的保險，他們會提出一個更高的水災機率。

2 投保屋主認為，自己關於洪災後果的個人知識不及未投保的屋主。

3 未投保屋主認為，以他們可能得到的收益而言，保險費過於昂貴。

這也許意味著，未投保的屋主對於自己的水災知識過於自信。他們也許對政府的防洪措施深信不疑，比如河堤。與投保屋主相比，未投保的屋主過於樂觀，認為未來洪災發生的機率更低，因此取消了他們的水災保險。在另一場洪災後，他們也許會再度購買。結論就是人們更有可能在災害發生之後才購買保險，而不是防患未然。關於屋主是否認為水災是隨機事件也很有意思，比如有人認為洪水是特定年份的隨機事件，或者認為洪水是某種趨勢，例如是氣候變遷的結果。如果是後者的話，那麼他們也會預期未來有更多洪水，繼而更有意願購買水災保險。

保險中的維持現狀偏見

維持現狀偏見（status quo bias）是指對個人已有或市場上現有選擇的偏好。它意味著消費者缺少改變選擇的意願。精簡保險條款，可能會導致因「精簡」而不在納保範圍裡的風險損失（損失規避），並將潛在損失的起因歸咎給自己。增加保險條款，則使保單變得更加昂貴，對消費者來說更難負擔得起，因此他們會更加興味索然。

詹森等人（Johnson et al., 1993）研究了汽車保險。法律允許美國紐澤西州和賓州限縮其鄰州駕駛起訴的權利，因為他們保費更低。在紐澤西州，鄰州駕駛都採便宜的基本保單（限縮起訴權），如果起訴則需要承擔額外費用。在賓州，基本保單是昂貴的，但選擇限縮起訴權就能享折扣，因此，這種保險政策更加經濟實惠。在紐澤西州，23%的人選擇全權起訴。在賓州，53%的人保留了全權起訴的權利。其預設選項就是「推薦」之選嗎？還是說，一想到改變選擇方案帶來的麻煩，人就會產生慣性、懶惰和貪圖方便的心態？市場上提供的預設選項，許多消費者往往認為是比較推薦的選擇。

提供預設選項給消費者預留了選擇的自由，但是對於他們來說，接受這個選項更方便輕鬆。在保險公司看來，一條資訊對他們的客戶來說足夠。如果客戶沒有在期限內做出反應，將視同接受其保單方案。

與保險相關的防護措施

無論保險與否，都有可能採取防護措施。保險公司可能會要求他們的消費者採取一些防護措施。防護措施能夠預防或減少潛在損失。這些防護或避險措施的例子有：（1）在家裡安裝煙霧探測器。（2）在家裡安裝防盜監控系統。（3）為汽車購買方向盤鎖。（4）在非強制性的情況下，在汽車後座使用安全帶。（5）在門和窗戶上安裝防盜鎖。（6）在家裡或院子裡養一條看門狗。

投資防護措施，涉及初始成本（投資）和潛在收益，後者隨著時間的推移，會表現在預期損失減少的情況上。對避險措施的投資意願，則取決以下六個因素：

1 對災難（竊盜、火災）機率的認知。
2 潛在損失的大小。
3 採取防護措施的成本。
4 防護措施的預期效果。
5 採取防護措施的持續時間。
6 對災難（偷盜、火災）的焦慮和恐懼。

昆路德等人（Kunreuther et al., 1998）發現，美國消費者通常願意出資採取防護措施，但不考慮這些防護措施的有效時限。即使這些措施的有效時限更長，支付意願也不會因此變得更強烈。為了避免危及生命和健康，投資汽車防護措施的意願通常更高。同樣可以預見，高收入的消費者比低收入的消費者更願意為保險和防護措施買單。

道德風險

保單消費者可以分為兩種。第一種是小心謹慎的人，他們購買保險是為了減少潛在身體或經濟損失，並加強他們的經濟安全。這是正面的選擇，保險公司比較喜歡這樣的顧客。第二種是愛冒險並且更可能索賠的人，這對保險公司來說是負面或不利的選擇。

被保險人會因為可以獲得經濟賠償、從而接受更多風險嗎？被保險的學生會將他們的自行車放在公共場所而不鎖嗎？請注意，經濟賠償並沒有多到可以購買另一輛自行車，也許僅是一部分而已，更何況在保險公司賠償之前，也是要花費精力和時間處理（行為成本）。這就涉及道德風險的討論。

當服務成本包含在保單裡，而非消費者自掏腰包的時候，消費者可能會使用更多次服務。舉個例子，如果人們有全額醫療保險，那麼他們生病時更可能去看醫生。如果他們有「自負額」，必須自己支付四百美元的醫藥費，他們看醫生的機率就會降低。有旅行保險的人會更容易丟行李嗎？這個例子可能不合適，因為在假期中行李不見，會帶來許多不便和不適，還要努力補救現狀。如果人們假稱，他們在假期中丟失相機，並要求保險公司賠償，那就是在濫用他們的旅遊險。道德風險可以定義為被保險人提高損失程度的行為。

道德風險基於資訊不對稱。保險公司不可能對被保險人的情況瞭如指掌，比如這些人是不是真的病了，或者是他們疾病的嚴重程度。保險公司希望被保險人小心謹慎地行事，但不能控制被保險人的行為。由此來看，道德風險可分成三類：

1 關於被保險人風險行為的事前道德風險，例如在開車的時候冒險增加事故機率，進而增加保險公司的損失。保險公司可能會對有「過多」事故的被保險人徵收更高保費，比如排名前10%的索賠者。為了避免支付更高保費，被保險人可能會隱瞞一些資訊，比如家族病史、抽菸、吸毒和飲酒。

2 關於申請保險賠償服務的事後道德風險，比如更加頻繁看醫生，而非「真的需要」。在這種情況下，保險公司很難評估什麼是「真的需要」。比如看醫生次數有其上限，某些人還是用到上限，而他們可能不是真的需要看醫生。他們認為自己已經為這些服務付費，並且不使用這些服務就是一種金錢損失（浪費）。請注意，消費者可能認為他們的醫療保險費是「預付醫療費」，而不是保險費。在這種情況下，可以參考沉沒成本的概念。

3 保險詐欺也是一種道德風險，因為保險公司無法完全核查被保險人的索賠是否合理。預謀詐欺是指系統性地偽造事故、竊盜或傷害，獲得保險公司的償付。投機詐騙是指企圖從被保險事項中獲取過度的賠償（誇大索賠或息事寧人的「太平錢」），並且這種過度的賠償是不合法的。在被調查的消費者中，25%

到35%的消費者聲稱，可以接受過度索賠。坦尼森（Tennyson, 2002）發現，有投保經驗和了解保險業的消費者接受保險詐欺的機率更低。沒有經驗的消費者，也許因為誤解了保險合約和條款，可能會對欺詐行為抱持著贊同態度。女性、接受過高等教育的人和年長者接受保險詐欺行為的機率也比較低。

人們傾向認為自己是誠實之輩。但是不誠實，比如投機保險詐欺，可以獲得優厚賠償。人們如何解決這一問題呢？許多人極為虛偽奸詐，並以此牟利。或者極為誠實正直，以堅守他們的誠信。要欺騙他人時，通常人們會自私地解讀真相，再重新包裝成半真半假且利己的說法，比如：「我們大可帶上更貴的相機，掉了可以獲得更多理賠。」「我們之前從來沒有拿車申請賠償，這次事故之後，不如把之前的修理費用都一起索賠了吧。」自私的重新解讀有利於消費者平衡個人權益，同時也兼顧了其內心的誠信。如果人們滿腦子都是規範和道德標準，不誠實行為將會大大減少。保險公司可以要求消費者在購買保險的時候，同時簽署一份誠信原則聲明。儘管如此，消費者索賠時可能都已經忘記他們簽署過這份聲明。但在索賠必填申請表上，消費者同樣可以得到誠信原則的提醒。

小結

保險始於社區的團結互助合作，旨在幫助蒙受損失的人。如今，保險已然成為一種更利己的私有財產，這種私有財產包括已付保費和承諾兌現的索賠。損失規避是為健康和傷害損失投保和採取防護措施的主要動機。

決定投保的時候，事件發生機率和損失大小（以及保險費的成本）是比較不同保單的基準。由於可得性偏差（指我們更容易被自己所看到或聽到的東西影響，而不是用統計學知識去思考問題。）的存在，也許會高估發生機率（例如竊盜、火災）。消費者通常按照現有的（預設）保險單投保，而且不改變承保條件（維持現狀偏見）。一旦損害不在納保範圍之內，改變納保條件會使他們承擔個人責任。

道德風險基於保險公司對被保險人的行為和誠信不完全了解。保險詐欺是指索賠金額高於實際損失。許多人似乎能夠接受誇大賠償的投機詐欺，並且將真相往利己方向「解讀」。

Chapter 5

退休金計畫和退休金

Pension Plans and Retirement Provisions

大多數人都贊同以下觀點：退休金計畫和退休金至關重要。儘管如此，人們卻沒有為此花費太多心思，或者並沒有為他們的退休金存夠錢。這也許可以歸咎他們的時間偏好，尤其是現時偏好，因為退休遠在未來。延遲退休儲蓄的原因和影響先前已經討論過，主要問題在於，退休儲蓄要如何才能提高消費者和社會的利益？

退休金計畫

一八八一年，德國首相俾斯麥（Otto Eduard Leopold von Bismarck）向德國議會提議，為七十歲以上的人提供退休金，於是七十歲就成了退休年齡門檻。而在當時，德國人的平均壽命是七十歲，因此能領退休金的期間平均是零。隨後，歐洲和北美將退休年齡門檻降至六十五歲。如今在許多國家中，退休年齡逐漸增至六十七歲或者更高。要注意的是，西方國家的平均預期壽命已大幅提高，其中男性的平均預期壽命高達七十八到七十九歲，而女性高達八十二到八十四歲。出生預期壽命，是指未來每個年齡層死亡率不變的情況下，一個人在特定國家的生存平均年數。日本是其中的佼佼者：男性的預期壽命是八十·二歲，女性的預期壽命是八十六·六歲。撒哈拉以南的非洲，由於愛滋病毒感染，預期壽命最低：男性五十三·一歲，女性五十五·三歲。就退休金而言，存活率（六十五歲及以上的人口比例）和六十五歲的預期壽命是正相關。大多數西方國家的存活率是83%，而在撒哈拉以南的非洲則是45%。在西方國家，六十五歲之後的預期壽命為十八到二十年，也就是說，六十五歲的人可能活到八十三到八十五歲。領取退休金收入的平均期限為十八到二十年。

退休金計畫有四大支柱：

1 政府（基於個人在國內生活的年限）提供本國居民國家退休金。
2 企業雇主（基於個人為雇主工作的年限）提供員工退休金。
3 基於保險、儲蓄和／或投資，由個人自己支付的退休金。在退休時這些退休金收入可以提供一筆固定金額的資金，或者提供一份月度、季度或年度的年金。

4 與退休金和退休金相關的其他金融財富，例如繼承財產、房屋或待售的私人公司，以及在退休期間可用作年金或支付開銷的其他財富。

顯然，這四大組合為退休提供收入來源。退休金系統的優勢，在於人們不會只依賴一個支柱。如果這些支柱中，其中一個不能提供充足的退休金收入，其他支柱也許可以彌補。

房屋所有權通常被視為退休金計畫的（第四個）支柱，因為屋主可以透過賣房獲得退休金。或者，如果屋主依然想在他們的房子裡生活，「反向抵押貸款」（reverse mortgage）也許是一種解決方案。「反向抵押貸款」是將房屋資產淨值轉化為現金，用以支付退休者的生活和醫療開銷。之所以稱為「反向抵押貸款」，是因為付款金流的方向反過來。不同於傳統房貸，即每個月向貸款人償付貸款，取而代之的是貸款人向借款人償付。隨後，借款人在房屋售賣或騰出的時候，便能清償貸款。在傳統房貸的情況下，借款人在抵押貸款期間，其房屋貸款餘額是逐漸減少的。而在反向貸款中，借款人在其退休期間的房屋貸款餘額是逐漸增加的。德爾法尼、德肯和德維爾德（Delfani, De Deken and Dewilde, 2014）發現，房屋所有權和退休金之間存在負相關。尤其是在自由主義福利國家，房屋和退休金都已「商品化」，房屋所有權和退休金互為替代品，兩者都自願暴露在市場風險之下。因此，消費者可以在投資（撤資）房產和／或退休金上做出權衡。基本上退休金計畫分成兩種方案。

首先是確定給付制（Defined benefit, DB）：無論個人為退休金繳付了多少保費，退休金收益是固定的。在許多案例中，現在的勞動者支付養老保險金，因此是他們在支付退休者的退休金收入。國家退休金就是這樣設計，稅務機關會一同徵收養老保險金和所得稅。確定給付制依賴養老保險金的勞動者繳費數量，以及領取退休金收入的退休者數量。如果對於退休者的數量而言，勞動者數量過少，要麼養老保險金必須提高，要麼退休金收入就要降低。連帶需要現在的勞動者支付退休者的退休金收入，而現在的勞動者則指望下一代勞動者支付他們的退休金收入。

接下來可以談談確定提撥制（Defined contribution, DC）：一份特定的退休金收入，其收益取決退休者在他／她工作年限中繳納的養老保險金（分期攤繳養老費）。企業退休金就是這樣設計的。這是一個完全端乎個人的系統：分期攤繳的養老保險費越多，得到的養老金收入越多。為了增加退休金計畫的價值和收益，企業退休金機構會投資退休金。新的退休金計畫，更多屬於確定提撥制，而非確定給付制。這同樣也歸因於新的會計規則。員工在確定提撥制中承擔更多責任，需要為退休儲蓄多少做出決策。許多員工並未參與確定提撥制，即使參與也沒能存夠退休金。這會是一個巨大的社會問題。對這種低儲蓄程度的解釋是時間偏好，尤其是現時偏誤，寧願現在花錢也不願意存起來等到以後再花，以及缺乏自我管控能力，無法放棄消費，甚至認為退休儲蓄是種金錢「損失」。

根據美國《國內稅收法》（Internal Revenues Code）對401（k）計畫的定義，401（k）計畫是具有稅收優惠的固定繳款帳戶。按照該退休金計畫，員工進行退休金儲蓄，並且雇主會按比例調整撥款金額，這些退休收入會從員工稅前收入中扣除。因此，員工不需要為這些退休儲蓄繳納稅金，且這些退休儲蓄額的最高限額為每年一萬八千美元（2015）。退休後要提領這筆退休儲蓄額時，必須支付所得稅。在其他國家，退休儲蓄也是可以延遲納稅，以便刺激退休儲蓄。

退休儲蓄和退休金計畫對個人和國家都極為重要，它關注退休後個人或家庭的收入。退休金計畫是長期合約，對退休金機構的信任也需要訂立這樣一份合約。通常，人們並不會主動花時間去獲取和了解退休金計畫的相關資訊，人力資源部的員工往往是公司員工了解他們的退休金權利和收入的首要資訊來源，媒體關於退休和退休金建議的資訊，以及他人的退休金計畫和收入，也都是不可或缺的經驗。幸運的是，人們越老，離退休越近的時候，對這方面的參與度和積極性越高。不幸的是，許多消費者那時已太老了，不能透過額外保險或儲蓄大幅提高他們的退休金收入。

退休金意識和動機

許多人認為退休金計畫是為了「以後」才購買的金融產品，也就是當他們六十五歲及以上的時候。人們不願意考慮「年邁」一事，以及隨之而來的疾病、不利和不便。退休與退出勞動市場時，人們擁有的權利更少，社會地位低、貶值感和失去自尊往往聯繫在一起。年輕人有其他更優先的事情需要考慮，比如工作和事業、買房、婚姻和組織家庭。曼德爾（Mandell, 2008）發現，「退休窮」的想法，是人們考慮退休、準備退休金的一劑強心劑。在訪談節目中，為了讓人們參與並主動改善自身的狀況，引發其對「退休窮」的恐懼，其效果非常顯著。赫什菲爾德等人（Hershfield et al., 2011），向人們展示一組他們隨著年華老去的圖片，讓他們看到自己將來退休的模樣。這刺激人們去思考退休和退休金。這種個人化的行銷方法可以運用在實驗和網路傳播上。對於大眾傳播而言，可以製作期待或恐懼的未來畫面，並用於退休金機構的廣告和傳播。這些期待和恐懼的未來本身可以千變萬化，如健康（疾病與健康）、社會（孤獨與聯繫）和經濟（貧窮與富有）方面。布呂根等人（Brüggen et al., 2013）發現，效果很有意思。觀看這些畫面的人，會想要在退休後過得更有安全感，並且一些參與者聲稱現在他們願意消費更少，從而為他們的退休儲蓄更多。

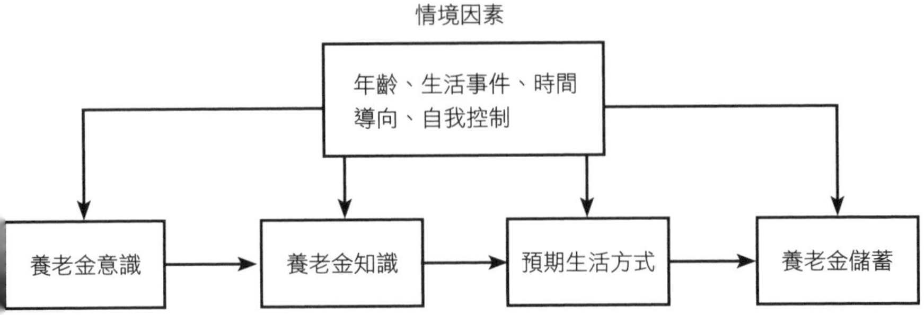

◆ 圖 5–1 意識、退休金知識（素養）、預期生活方式和退休金儲蓄之間的關係

意識和動機是退休金知識和退休金儲蓄的起點（圖5－1）。意識是指人們會想到退休金收入可能是一個問題。把這個話題放上台面，並且提供相關資訊，可以讓人們意識到這個問題。由於金融危機，退休金機構對於原先承諾的退休金收入已是心有餘而力不足。相關的資訊已經揭露在媒體平台上。這將必然提高對退休金的問題意識。從意識到動機並不是一步之遙，隨後才能有行動的動機，進而採取措施、解決問題。

退休金知識

退休金知識包括跟退休相關的動機，與退休金計畫、自我控制和自律、時間偏好和拖延症相關的知識和消費者態度，以及對退休金計畫未來價值有何預期。

對於多數人而言，低度意識和動機，導致缺乏對退休金計畫和收入相關知識的興趣。因為退休金計畫是為了「以後」才發生的事，在資訊獲取和政策制定方面，都很容易遭到推遲和延後，對有現時偏好的人而言更是如此。退休金計畫依賴許多政策和社會動向，而這些都是不確定因素，因此理解起來很不容易。同時制定退休金計畫的政策需要大量的時間和精力。

要了解退休金，可以分為三個步驟：

1 在退休之前，將退休收入作為收入一部分進行估算。許多人過於樂觀，對他們的退休收入估算得太高。

2 認識退休收入之後，接下來的問題就是這些收入是否能夠滿足其退休後的支出和生活方式。退休後，是否有旅行或者移居到氣候宜人之處的計畫？有哪些活動是在退休後進行的？這與六十五到七十五歲的老人尤為相關。至於個人健康狀況如何？醫療開銷有多大？這與七十五到八十五歲的老人極其相關。亞當斯和勞（Adans and Rau, 2011）總結，許多人沒有做好準備，對於他們人生最後十五到二十年的資金籌備毫無計畫。

3 如果退休收入不足以支撐其退休後的預期支出和生活方式，怎樣增加退休收入呢？人們需要相關的知識和建議，比如怎樣才能透過儲蓄或保險，在第三個退休金支柱中獲得更好的退休收入。人們應該在四十五歲之前採取措施，以獲取更高的退休收入，否則代價將變得十分昂貴。消費者需要以未來為目標，及時採取這些措施，並且不應高估現在的收益會超過未來的收益。

許多人退休金知識不足，他們沒有意識到，即便有退休保險的人在退休前去世，退休金計畫是包含其伴侶的生活，一些退休金制度還包含喪失勞動能力者的補貼。人們可能也不知道，許多國家的退休門檻年齡已經從六十五歲漸漸變成六十七歲。人們抱怨退休金資訊過於複雜。一方面，資訊過多（資訊超載）。另一方面，相關資訊也匱乏。人們意識到退休遙遙無期，而他們的事業和收入、經濟和財務狀況可能會隨時間發生巨大變化。

大多數員工都會參與其雇主的退休金計畫。對大多數員工而言，這通常會是勞動合約的一部分和預設標準選項。馬德里安和謝伊（Madrian and Shea, 2001）比較退休金計畫中選擇性加入和選擇性退出的隨機變數。如果在一項退休金計畫中，其預設選項是非註冊、可以選擇性註冊登記，人們會猶豫再三，而在三個月之後，僅有20%的員工選擇加入計畫。如果退休金計畫提供選擇性退出的預設選項，90%的員工會參與退休金計畫。在選擇性退出變數中，所有的員工自動加入，除非他們不想這麼做。如果退休金計畫是預設或者標準選項，並且員工可以選擇退出，那麼參與率會比選擇性加入的情況高出得多。這是一個維持現狀偏見的例子。在選擇性退出變數的情況下，人們在計畫的一開始就參與進來，而不是幾個月之後。同時選擇性退出變數也更為有效：請員工參與退休金計畫所耗費的溝通、說服和金錢成本更少。貝希爾斯等人（Beashears et al., 2009）提到一間公司，它更改新進員工的退休金註冊政策，將自動非註冊（選擇性加入）改為自動註冊（選擇性退出）。在自動非註冊的情況下，參與率由開始的60％逐漸上升到80％。而在自動註冊的情況下，參與率立刻接近100％。預設選項通常被認為是推薦選項。從這種意義上看，自動註冊有一定缺陷。如果預設低儲蓄率，員工也許會選擇該儲蓄率，而在自由選擇下，一些員工可能已經選擇了更高的儲蓄率。因此，需要事先測試預設值，並且也要考慮到員工可接受的上限。高儲蓄率是符合員工長遠利益的。然而在短期內，他們也許會選擇低儲蓄率，以免現在「失去」太多的錢。但要記得，假使群體之間差異很大，那麼可能無法找到滿足所有人的預設值。

塞勒和貝納茨（Thaler and Benartzi, 2004）發展了SMarT計畫，想要增加員工的退休金儲蓄。SMarT是「明天儲蓄更多」（Saving More Tomorrow）的簡稱。如果要求員工現在就為他們的退休開始儲蓄，許多員工可能不會接受這項提議。他們也許會認為這是一種「損失」，因為當下剩下的可自由支配收入變少了。然而，如果要求員工將未來調薪的一部分分配到他們的退休金計畫中，更多的人會欣然接受。舉個例子，薪水增加4％，可以平均分配，將2％用於退休儲蓄，另外2％用於更高的可自由支配收入（不考慮稅收）。塞勒和貝納茨發現，在SMarT計畫下，退休金儲蓄增長率由3.5％升至13.6％。員工參與計畫的比例（78％）較高，其中80％的員工沒有退出，依舊留在計畫之中。關於這項計畫成功的解釋有：（1）人們寧願從「明天」開始儲蓄，而不是「今天」。這種等待「明天」的心態有其負面後果，就好比人們寧願胖到一定程度時才開始減肥。（2）預先承諾更容易被「未來時間」接受，而不是「當前時間」。一月一日對許多優質計畫而言，都算是不錯的開端。（3）從現有收入中撥一部分去儲蓄，會被認為一種損失，而從未來增長的收入中撥一部分去儲蓄，會被認為一種小幅收益（前景理論）。（4）從現有收入中拿出的儲蓄越多，意味著消費程度下降，而未來增長的收入中拿出的儲蓄越多，卻意味著消費程度（小幅）上升。

在圖5－2中，從現有收入中拿出的儲蓄2％，被視為2％的價值損失，其價值為−150。從增加4％未來收入中拿出的儲蓄2％，被視為價值的「小幅增加」，價值為100−125＝−25。損失一百五十跟損失二十五相差六倍。因此，人們才會主動從薪酬上漲部分中增加退休儲蓄，而非從現有薪酬中為退休增加儲蓄。於是，漲薪這件事就

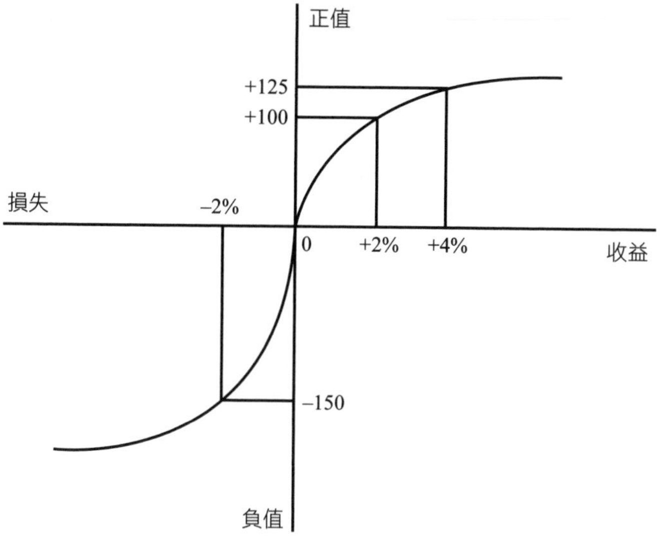

◆ 圖 5-2 SmarT 計畫與前景理論的關係

成了增加退休儲蓄的良好開端。

SMarT 的家長式專斷作風為人詬病，因為 SMarT 計畫的預設選項，並沒有為那些尚未參與的人們留下空間。塞勒和桑斯坦（Thaler and Sunstein, 2008）稱之為「自由家長主義」，因為員工依舊保留了不參與 SMarT計畫的自由。SMarT計畫幫助員工克服了他們退休儲蓄不足的惰性和意志力的缺乏。到退休的時候，員工也許會感謝這些預設選項幫他們儲蓄了更多。要是沒有 SMarT 計畫，他們可能會儲蓄不足，並且之後可能會後悔。事實上，預設選項和預先承諾不僅限制了個人當下的自由，而且幫助他們意識到未來的美好可能。

人們經常延遲準備充足的退休收入，若能在人生早期階段就採取一定措施和承諾，便能夠給退休收入帶來巨大的收益。多數人知道退休金比較重要，並且也有心為他們的退休收入儲蓄更多，但是儘管如此，人們還是會延遲實現。要是認識到好退休金計畫有多麼重要，也可能會使拖延行為更加嚴重，因為當人們知道他們必須在這項艱巨的任務中花費許多時間，並且現在他們可能沒有足夠的時間，便會延遲這項任務，直到他們有足夠時間來完成。關於這個拖延症問題的解決之道就是拆解艱巨任務，將其分割為更小和難度較小的任務。執行一系列較小且相對容易完成的任務，比完成重大而艱巨的任務要簡單得多。崔、萊布松和馬德里安（Choi, Laibson and Madrian, 2006）把參與401（k）計畫細分成兩步：首先決定參與，然後在數月之後決定儲蓄多少和其他具體事項。事後證明它比一步到位的決定更加成功。另一種選擇則是，提供協助給那些缺少時間和／或意願親力親為的消費者，讓金融顧問或理財規畫師幫助他們執行艱巨的任務。如今，人們越來越認為退休金是個人責任，不能交由其他人決定，如雇主或政府。

范・羅伊、盧薩迪和阿萊西（Van Rooij, Lusardi and Alessie, 2011b）發現，較有理財知識的人更可能籌畫退休。較有理財知識的人通常也擁有較高的退休金知識。這與教育程度，尤其特定金融財務教育相關，如會計和金融經濟學。通常來說，男性知道的退休金知識比女性多，這可能是因為傳統意義上男性是家庭的主要工資收入者。單人家庭比多人家庭中的人擁有更多的退休金知識，因為在單人家庭中不存在任務分工，單身者必須自己做所有的決定。收入更高和財富更多的人們比收入較低和財富較少的人們擁有更多退休金知識。收入和教育的關係呈正相關。

退休金知識會隨著年齡的增長和退休年限的臨近而增長，這些知識也變得越來越精準，關聯性也越來越強。有理財計畫（理財規畫）的人也有著更豐富的退休金知識（理財計畫的一部分）。社會因素和經驗在其中發揮作用。如果認識一個退休金收入較低的人（社會經驗），比如一位親戚或朋友，會激發對個人狀況的思慮，並且增加個人的退休金知識。曾經擁有風險性金融產品的人（個人經驗），如投資性產品，似乎能從自身的經歷中得到教訓，更可能擁有較正確的退休金知識。關於這一點有另一個解釋，無論是購買風險性金融產品，還是退休金知識，都牽涉到協力廠商因素，比如，金融單位對金融產品和理財規畫的參與度。

加入退休金計畫

生活中的某些事件可能會成為退休金儲蓄和預先承諾的起點，比如：得到第一份工作、結婚、買房、有第一個孩子、換工作、升職加薪、失業、離婚、搬家。大多數事件發生在人們二十五歲至四十歲之間。在之後的生命周期裡，工作和家庭的狀況更加穩定。每當遇到變動，人們通常不得不重新安排他們的財務，比如為他們的房屋購買新的保險和申請新的房貸。在生活事件中，他們的可自由支配收入也可能發生變化，於是人們必須重新思考生活方式、支出、儲蓄和信貸。因此，生活事件會影響人們為退休金儲蓄的許多時刻。SMarT 計畫利用了調薪這一生活事件，引導人們處理自己的退休儲蓄。

低現時偏好和未來時間偏好，以及擁有較高的自我控制和自律程度的人更有可能籌備他們的退休和儲蓄。退休金計畫可能是理財計畫中最為重要的部分，它包括對預期壽命的估算，對收入和財富的預期，對退休時健康狀態的期待，以及退休後生活的計畫。人們對這些估計存在認知偏誤。男性傾向高估他們的退休收入，而女性傾向低估她們的生活開銷。退休金資訊傳播計畫可以改變這些預估認知偏誤，進而改善退休金計畫。

小結

年輕人不喜歡考慮關於年老、退休和退休金的事情，這些對他們來說還很遙遠，其他關注事項如事業和家庭更為緊迫。這是導致退休金收入、退休後生活方式及額外退休儲蓄等知識貧乏的主要原因。總而言之，退休儲蓄的比例通常極低。

退休金動機是要獲取更多退休金知識、思考退休後預期的生活方式和支出，以及最終儲蓄（更多）退休金的起點。

人們傾向推遲退休儲蓄的決定（拖延症）。克服拖延症的方法之一，就是將重要任務分解成數個小而簡單的任務。另一種方法則是選擇滿意度而非最優化來減輕任務壓力。滿意度意味著，可接受的選擇只需夠好即可，不一定非要是最優選擇。第三種方法是當下做出承諾，承諾在不遠將來開始儲蓄。第四種方法是在調薪後開始儲蓄。

增加退休金知識和儲蓄的途徑通常與生活事件相關。生活事件是改善資金狀況的有效情境和適當時機點，包括退休金儲蓄。和其他金融理財產品一樣，未來偏好和自我管控能力對退休金儲蓄而言是比較重要的。有著良好的自我管控能力、未來偏好，並且承認其個人責任的人，更有可能為更高的退休金收入進行儲蓄。通常，人們需要預先承諾和協助來進行自我控制，從而增加退休金儲蓄。

Chapter 6

投資行為

Investment Behavior

投資行為基於未來的不確定性，因此具備一定風險。新聞資訊、謠言以及資訊傳播的速度和資訊的可得性，在投資市場上發揮了重要作用。風險傾向、風險偏好和態度是詮釋投資行為的主要概念。在決定是否投資以及投資多少的問題上，投資者會運用偏誤和經驗法則。從眾是另外一個因素：人們傾向模仿並跟隨其他投資者，原因可能是缺乏相關的可靠資訊和與眾不同的勇氣。

股票市場

由於人們的可自由支配收入不斷增加，在西歐、北美、澳大利亞、中國、日本和紐西蘭，許多人開始投資股票和債券。因此，大多數消費者也是個人投資者。長期來看，投資股票和債券比儲蓄的回報更高。因此，消費者也許會為了更高收益而投資，即便伴隨更高的風險。他們還投資股票和債券以創造退休金收入。在這些個人投資者中，有些人享受股票交易、買進和賣出的刺激，以及期待利潤實現。對他們而言，股票市場交易像是金錢遊戲。通常情況下，與機構（專業）投資者相比，個人投資者（消費者）獲得的股票資訊較少，對股票市場走向的反應遲滯（通常太遲）。機構投資者通常認為個人投資者幼稚，並視為「噪音交易者」，而且這些個人投資者為其利潤的創造提供了機遇。股票市場是一場零和遊戲。每一位傑出的投資者背後都站著一位蹩腳的投資者，而個人投資者通常就是蹩腳的投資者。

一些個人投資者可能在收集資訊及股票、債券的交易上表現十分活躍，而其他個人投資者則比較消極，可能會投資基金，但不親自交易。如果投資基金表現得比道瓊指數或其他股票市場指數更好，參與者便心滿意足。然而，他們必須支付基金管理費，因此收益通常比積極交易者少。但是，積極的個人交易者可能會冒高風險，犯嚴重錯誤，血本無歸。巴伯和奧丁（Barber and Odin, 2011）總結，個人投資者的表現不佳。個人投資者在交易成本產生前就先有損失，並在過度交易中承受高額交易費用（傭金和買賣差價）。股票和債券都是證券。兩者的主要差異，在於股票持有人或者股東擁有公司的股權（他們是公司的「所有者」），而債券持有人擁有公司的債權

（他們是發行債券的企業或者政府的借款人）。另一個差異，即債券通常有到期日，而股票可能沒有到期日。債券投資者從債券中收取年利息，並能夠到期日還本。股票投資者從股票中獲取年度分紅，但是這種收益並沒有保障，如果公司遇到財務問題，可能就不會發放股利。股票的價值瞬息萬變。投資者在「對的」時間買賣股票、獲取利潤。股票可能帶來比債券更高的收益，但是比債券風險更高。與低風險或無風險資產的投資者相比，對於接受股票附加風險的投資人而言，風險溢價是一種補償。

但是，債券之間也存在著差異。正式成立並且獲利豐厚的公司，其發行的優良公司債券，或者獲得AAA評級的國家債券，對於投資者而言，基本上沒有違約風險。有著3A評級的國家，信用評級最高，有著按時還債的歷史紀錄，比如德國。因此，與不成熟且利潤不穩定的公司、低信用評級和高違約風險的國家（比如希臘）發行的債券相比，這些債券支付的利率較低。風險債券支付較高的利率，這是對投資者的風險溢價（回報）。

投資動機

投資股票和債券的動機有：

1 為孩子和退休儲蓄。
2 變得富有（投機動機）。
3 維持家庭財富。
4 在投資中取樂，找刺激，冒風險（將投資視為娛樂和遊戲）。
5 對特定的公司予以經濟支持，比如本國的公司（在地偏誤）。
6 綠色投資，關注可持續發展和環境面向，支持特定公司。

因此，投資具備一定風險，儘管長期投資（五到十年）是財富增長的有效途徑。長期來看，投資回報比儲蓄收益大得多。這同樣可以當作一場遊戲，用來避免損失，獲取收益，以及試圖獲得比指數更高的投資回報。一些投資者投資他們熟悉的公司，他們對這些公司了解更多，並且想給予支援。許多個人投資者偏向購買本國公司的股票（在地偏誤），因為相較外國公司，他們更了解本國公司。抑或是出於民族主義的原因，這些投資者想支持這些本國公司。購買熱門公司（如蘋果、臉書和推特）的股票，或許也是一件時髦的事情。綠色投資是投資那些創造可持續產品，或者不涉及童工和軍工的公司。這些公司的價值觀與投資者的價值觀不謀而合。這被稱為價值一致性理論。這些投資者不僅想從投資中獲得回報，並且想支持那些與自己價值觀一致或者相似的公司。

心理因素

在過去十五年裡，出版了大量投資者行為的介紹書籍，主要涉及「投資心理學」——的系統性說明。其中經常提及的作者包括里弗森和蓋斯特（Lifson and Geist）、謝夫林（Shefrin）、瓦爾內呂德（Wärneryd）、諾夫辛格（Nofsinger）、貝克及瑞恰迪（Becker and Ricciardi）。我們只討論與投資者行為相關的幾個重點。

金融素養影響著金融決策。大多數人擁有基本的金融知識，知道負利率、通貨膨脹和貨幣價值。然而，很少有人能夠超越這一程度，了解股票和債券的差異、股票價格和利率之間的關係，以及風險分散的基礎。金融素養程度低的人投資股票的機率較小，他們可能無法做出明智的決定，也無法充分利用股票市場。由於越來越多的人不得不開始投資，為退休做決定，金融素養程度較低可能會導致低劣的多元化證券組合和其他風險。

自負與金融決策、風險承擔相關。隨著日漸增長的經驗和熟悉度，決策者傾向關注自身能力和成功與否，而不是把注意力放在情境的影響上。他們憑自己的經驗判斷，並且選擇過程中，也不會處理所有的相關資訊。自負的後果，就是他們容易低估實際風險，而高估自己解決這些不可預知問題的能力。巴伯和奧丁（Barber and Odean, 2001）發現，男性投資者比女性投資者更加自負，並且男性進行的金融交易比女性多出45%。自負投資者交易過多。男性投資者的年交易成本使得淨收益減少了2.65%，而女性投資者只有1.72%。考量到交易率和交易成本較低，女性是更好的投資者。

自負展現的方式有所不同。自負的人會：

1 認為他們的知識比實際更加精準。
2 相信他們的能力在平均程度之上。
3 幻想著成功，高估個人成功，並選擇性記得個人成功（傲慢自大）。
4 誤解控制的意涵。
5 對未來過於自信。
6 高估個人資訊的精準度，或者低估不確定性。

自負是不理性的。根據傅利曼（Friedman, 1953）的觀點，非理性的「噪音交易者」會製造高額交易損失，最終將被逐出市場。奧伯萊特納和奧斯勒（Oberlechner and

Osler, 2012）發現，有經驗和沒經驗的貨幣交易者都同等自負[2]。自負不一定是負面特質，在貨幣交易市場中它對生存還是頗有益處，並且能夠帶來新趨勢或者逆轉趨勢。過度自信的交易者承擔了更多的風險，因此能夠獲得更高的收益。他們對成功的幻覺，可能會增加其鎖定利潤交易的機會。在高壓、高風險的職業類型中，也許自負對存活來說非常必要。

尋求感官刺激是過度交易的另一個罪魁禍首。感官刺激的尋求與高度的最適刺激程度（Optimum Stimulation Level, OSL）、賭博和冒險有關。這些投資者對類似彩券風險收益的股票有一定偏好。

時間偏好與金融決策相關，尤其適用未來三十到四十年的金融決策，如房屋貸款、退休金計畫，以及為年老和退休金儲蓄和投資。具有現時偏好的人把注意力集中在當下，寧願現在就花掉錢，而不是等到以後。具有未來偏好的人更願意延遲享受產品和服務帶來的滿足感，他們寧願為未來儲蓄，並為不可預見的支出構築一道緩衝。時間貼現[3]這個術語，能用來表示對未來收益的低估。

後悔是一種情感，說明對於決策後果的感覺，而且決策結果還很糟糕或者顯示判斷錯誤。後悔是與金融風險決策相關的情感。當消費者決定把所有積蓄都投資到股票市場的時候，他們也許會設想，股票市場可能會崩盤，損失慘重。這或許會與另一種情形做比較，那就是他們的錢安全躺在銀行帳戶裡，不涉及任何風險。當想到股票市場崩盤並且血本無歸時，抑或是沒有獲得股票市場更高回報的時候，消費者也許會預期後悔。預期後悔可能會誘導消費者不去選擇後悔機率最高的那項選擇（後悔規避）。當消費者的錯誤決策變得一目了然，他們可能就真的會後悔。後悔與負面情感相關，因為消費者的金融決策通常基於未來不確定的資訊和預期，其次，金融決策可能影響到他們未來的財富和生活方式。一旦結果偏離了正軌，重要決定會引發更強烈的後悔。

早期的生活經驗同樣也會影響現在的行為（同輩效應）。瑪爾門迪爾和納格爾（Malmendier and Nagel, 2011）發現，經歷過股票市場低回報（例如大蕭條時期）的人，承擔金融風險的意願更低，參與股票市場的機率更小。即便參與股票市場，他們也只會拿出很少一部分投資股票，對未來股票回報比較悲觀（信心程度低）。而對更年輕的一代來說，影響他們風險承擔的因素，只有最近的投資經驗。

---

2 請注意，這一段論述不是基於個人投資者，而是基於經驗豐富和缺少經驗的專業貨幣交易者。如果缺少經驗的專業交易者表現自負，那麼便可以推斷個人投資者也同樣自負。

3 時間貼現（Time Discounting）指個人對事件的價值量估計，會隨時間流逝而下降。

處份效應

謝夫林和史塔曼（Shefrin and Statman, 1985）定義了處份效應（disposition effect），即投資者往往太晚拋售貶值（虧損）的股票，而過早拋售增值（盈利）的股票。大多數投資者不喜歡損失。通常，所有股票被視為獨立的心理帳戶。出現收益的時候，投資者偏向關閉其心理帳戶。出售虧損的股票，就意味著投資者必須接受其心理帳戶以虧損的狀態關閉。這是一個令人感覺不舒服的事實，因為個人必須承認，購買該檔股票是個錯誤。這些投資者希望這檔股票的價值能夠回復以往，達到損益平衡、甚至略有盈餘的狀態，然後再愉快關閉該心理帳戶。投資者過早拋售已經增值（盈利）的股票，也是同樣的道理。如果在心理帳戶中意識到收益，投資者傾向迅速關閉心理帳戶並出售股票，甚至可能放棄更大的收益。因此，投資者對他們的投資行為了解得太少。後悔規避可以解釋過早拋售盈利股票的行為，但並不能解釋為什麼投資者持有虧損股票過久。自我控制和預先承諾的方法建議拋售價值大幅下降的股票，比如，永遠會「自動」拋售價值跌10%及以上的股票。然而，若分析股票的基本特徵，可以得出結論，那就是股價下跌只是一次「暫時下降」，股票價值還是會恢復。拒絕出售虧損股票對投資者而言有其吸引力，因為他們規避了損失的負面情感。另一個解釋是預期後悔。在股票出售後，股票價值可能會上漲，而這將導致後悔。拒絕出售虧損股票，投資者就能規避了未來的後悔。

處份效應對於非本人購買、贈予或繼承得來的股票失去效力。要是股票持有者手上的股票不是自己買來的，便會認為這樣的投資組合不是自己的決定，無須對這些股票的價值負責。與他們已經購買且獲得收益的股票相比，股票持有者很少調整這些投資組合。薩默斯和達克斯伯里（Summers and Duxbury）補充，情感也在發揮作用：對損失的後悔和失望，以及對收益的歡欣與喜悅。處份效應的發生需要前景理論、個人責任及這些情感。根據奧丁（Odean, 1998）的結論，投資者出售的盈利股票比投資者留在手上的虧損股票表現更為出色，投資者需要更多自我控制的練習，拋售虧損股票並保留盈利股票，進而克服處份效應。

與處份效應相反，德邦特和塞勒（De Bondt and Thaler, 1985）認為投資者對股票的小幅價值變動反應過度。安德莉亞森（Andreassen, 1990）研究了投資者是如何推斷趨勢，以及忽視基準利率而對小幅變動反應過度。股票價值的小幅變動並不必然意味著正面或負面的價值走向。如果許多投資者在小幅貶值時拋售，並在小幅增值時買進，那麼股票價值可能會因為這種行為出現大幅下跌或增長。這就變成了一種自我應驗預言。股票價值變化的方式，通常在大螢幕上以紅綠背景的顏色顯示，這可能會刺激投資者的反應，哪怕股票價值的變化微不足道。代表性經驗法則在這裡也許能夠運用。紅色和綠色的應用是一種圖像定位。變成紅色的負面情感，比起變成綠色帶來的正面情感，前者的影響預計要強烈得多。

風險規避會使得人們避開那些隨時間積累而有利可圖的投資機會，也可能在某個時間點害自己利益受損。與傳統的風險和回報的觀點相比，人們對風險資產的投資太少。風險規避是如此強烈，以至於許多投資者完全不持有風險資產。處份效應對損失的高估和對收益的低估，導致了福利損失。投資者越是受到表面的損益影響，其在經濟福利指數中的得分越糟糕。遇到損失時，要是提高風險容忍度的政策，對投資者和社會都頗有助益。這些政策應該勾勒出這樣一個畫面：短期損失不會那麼明顯，而長期收益會更清楚。顯然，這些政策不應該鼓勵人們承擔過高風險，尤其短期投資是為了退休或其他目的。

資訊、資訊與謠言

個人投資者受價格表現和貨幣幻覺影響。斯韋德薩特、甘布勒和耶林（Svedsäter, Gamble and Gärling, 2007）做了一個實驗，內容是關於投資者對公司公報的反應。他們發現，與股票票面價格低的時候相比，票面價格高的時候，投資者期望股價的變化較小。投資者似乎相信，票面價格受潛在的基本要素（例如公司利潤）變化的影響較小。股價是用歐元還是瑞典克朗標價也有一定影響。瑞典克朗標價的數字更大，投資者認為瑞典克朗的價格受基本要素（例如利潤變動）的影響更小。低股價似乎與公司表現不佳有關，而高股價似乎意味著公司表現良好。

在股價持續上漲或下跌的時候，公司有時分割股票分割或反向分割股票，恢復股票的票面價格。於是，股票所有者在既有投資金額下，得到更多（或更少）的股份。在股票分割後，股票重新回到了便宜股票之列。研究發現，股票分割後（低票面價格），股票的買家和賣家都更願意交易，也許是因為股票「不貴」。反向股票分割後（高票面價格），交易的意願則更低。這種交易增加／減少的原因並不是十分明顯。股票分割也許是股價上升的信號，或者是促使投資者要更了解該股票資訊。

個人投資者容易受新聞資訊影響，傾向購買那些新聞提到過的股票，例如：股票分割、交易量高得不正常的股票，以及單日報酬率極高的股票。投資者似乎很難在成千上萬的股票中搜尋和比較差異，進而集中注意力在新聞資訊上。新聞資訊中的股票抓住了他們的眼球，成為他們買股票時的選項。

資訊其實很容易取得。相關個人投資者可能每周甚至每天都會檢查其投資組合的價值。股票價值的小幅變動，也許會大大影響到其股票交易。過度交易的交易成本和稅費變高，對投資者的投資回報也會有負面影響。巴伯等人（Barber et al., 2009）研究了臺灣投資者的交易紀錄，發現這些投資者因為過度交易和過量下單導致了系統性損失。相反，無論是積極還是被動交易，機構投資者都能從中盈利。

金融市場中的新聞和謠言並不會只往一個方向傳播。交易者、雜誌、時事媒體和部落客，都加入了提供和處理市場訊息的迴圈。交易者認為，新聞資訊的傳播速度和參考價值，以及對市場參與者的預期影響，比新聞資訊對準確性的把握還來得重要。新聞資訊和謠言是如何被市場參與者認知和理解的？這種認知對市場的發展又有何影響？交易者試圖預測其他交易者是怎麼應對新聞、謠言，以及新趨勢、發展和炒作又是如何形成。「你得到的消息越多，你越不知道何去何從。」資訊的迴圈，同樣或類似資訊不斷反覆出現，使人們進一步產生錯覺。「我之前聽過這個消息，這肯定是真的。」在資訊超載的情況下，投資者／交易者傾向鞏固其預期的資訊，而忽視與他們想法相反的消息。因此，投資者受制於確認偏誤（confirmation bias）[4]。投資者對新聞資訊和謠言的反應，也許導致金融市場的羊群效應和不穩定。

羊群效應

羊群效應（herding）在群體心理學中的歷史源遠流長。維布倫（Veblen, 1899）就社會影響對經濟領域的羊群效應做出解釋，他稱之為「效仿」（emulation），即消費者模仿其他社會地位更高的消費者。弗蘭克、萊文和戴克（Frank, Levine and Dijk, 2013）將其解釋為支出瀑布（expenditure cascades）。消費者模仿受歡迎的人，比如明星。他們跟風參加銀行擠兌。在股票市場中，個人投資者模仿其他投資者，這就會被稱為羊群效應。重要的股票市場趨勢通常始於狂熱的購買期（泡沫），終於瘋狂的拋售期（崩盤）。這種瘋狂的買進賣出，就是羊群效應的例子，受到泡沫中盈利的貪婪和崩盤中損失的恐懼驅使。個人投資者模仿其他的投資者，匆忙進入或逃離市場。銀行擠兌或瘋狂的股票市場都有自我應驗預言的一面。羊群效應強化了市場的震盪，可能使市場變得不穩定，進而增加金融系統的脆弱性。如果多數投資者相信價格會下降，並出售特定股票，那麼這檔股票的價格將會下降。如果多數投資者相信特定股票的價格會上升，並且買進，那麼這檔股票的價格將會上升。席勒（Shiller, 2000）證實了不理性的集體投資者中存在羊群效應。

4 指個人選擇性地回憶、蒐集有利的細節，忽略矛盾或不利的資訊，來支持自己已有的想法或假設。

比克錢達尼和沙瑪（Bikhchandani and Sharma, 2001）研究金融市場中的羊群效應，並且闡述謠言和錯誤資訊造成的資訊瀑布。如果投資者發現決策錯誤，他們也許會反向行動。聲譽性羊群效應（reputational herding）是指聽從專家、報紙專欄，或者知名部落客的建議。這些資訊來源的分析和建議不一定正確。股票市場充斥著各種選擇、建議、推薦和搖擺不定的結論。請注意，羊群效應也可能出於正確資訊，許多投資者幾乎會同時意識到這些資訊的正確性。這被稱為假性羊群效應（spurious herding），是市場有效性的結果。比克錢達尼和沙瑪總結，羊群效應在新興市場更為普遍，因為新興市場公告的標準很低，會計標準較低，監管執行鬆懈，而獲取資訊的代價昂貴。

海伊和莫羅內（Hey and Morone, 2004）發展出以市場為架構的羊群效應模型。許多投資者僅透過股票的價格（漲跌）了解股票的價值，他們對小幅價格變動過度反應，買進賣出股票時，增加了股價變動的幅度，導致更高或更低的股票價格。投資者根據個人資訊和對其他投資者行為的認知採取行動。羊群效應可能是因為過度採信公共資訊，包括謠言以及不充分的個人資訊。

羊群效應是基於別人怎麼做（共識經驗法則），而不是基於股票或貨幣價值的基本分析（例如貨幣或外匯的投機炒作）。其他人的所作所為也許是出於正確的分析，因此，按照其他消息靈通投資者的判斷行事，搭便車或許會是不錯的戰術（假性羊群效應）。如果其他人也不知情，模仿就是一種拙劣的戰術，這對所有的人都是百害而無一利。如果證明羊群效應有誤，那麼對於個人投資者來說，合理化他們跟隨趨勢或隨波逐流的錯誤，比反其道而行來得更容易。表6－1提供了四個選項。正確或錯誤的行為產生了不對等的影響。在隨波逐流的情形下，失敗可以歸因於外部：其他人也犯同樣錯誤。而在不隨波逐流的情形下，失敗只能歸咎於自己（內部）。在這種情況下，任何藉口都不可信。

	成功	失敗
跟隨趨勢或主流（羊群效應）	正面趨勢下，自我應驗預言（內部歸因偏誤）	其他人也犯同樣錯誤（外部歸因）
遠離趨勢或主流	對獨立思考引以為傲（內部歸因）	錯誤歸咎自己（內部歸因）

◆ 表 6–1 羊群效應中成功和失敗的歸因

羊群效應可能會導致股票市場的泡沫或崩盤。比如鬱金香狂熱（荷蘭鬱金香價格極高，在一六三七年達到峰值），以及二〇〇〇年網路泡沫都是羊群效應的例子，像是高估某檔股票或某個產品。次級房貸和信貸危機（二〇〇七到二〇〇八年）是虛假羊群效應的例子，像是低估銀行和保險公司股票價值。虛假羊群效應意味著在此情形下，所有的投資者都接收到正確資訊，就是這些房屋抵押貸款「有問題」，並且這些股票的價值被高估了。

風險分散

風險分散可以減少投資風險。投資者不應該把所有的資源都分配在同類型的股票上，而應該多樣化投資組合，投資許多不同產業或不同國家的股票。如此一來，單一種類型股票的損失，可以由另一種類型股票的收益來彌補。同樣，各種各樣的預設選項，天真的投資者亦步亦趨地遵守。分散會減少風險，但投資者應該先想的是，自己要承擔多大風險，進而分配這些資金到各式各樣的選項中。在分配的時候，不應該選擇投資會共變（covary，同時增加或減少）的股票。如果投資者不想承擔風險，他們應該投資更多債券，而不是股票。風險分散應該要基於投資者的自身情況和目標戰略。

資訊總是會先經分門別類。分類也許對選擇及分散有重要影響。例如，要是提供不同的投資分類，人們傾向平均分配投資金額到不同類別中。清單中要是出現北美（加拿大、美國）和南美（阿根廷、巴西、智利、烏拉圭和委內瑞拉）這兩類股票，投資者更可能投資更多美國股票。

人們往往會盲目利用資訊的分類。貝納齊和塞勒（Benartzi and Thaler, 2001）發現，許多個人投資者付款給提撥制退休金計畫的同時，也會對等投資不同類型的股票、股票與債券的組合。這被稱為N分之一法則。如果提供天真投資者N種選擇，他們會把資金平均分成N份，並投入這N個選擇中。如果這些選擇中40%是股票而60%是債券，他們就會將40%資金分配給股票，60%資金分配給債券。因此，股票資訊是如何提供給投資者的，這一點十分重要。

行為組合理論（behavioral portfolio theory）是基於投資者行為和行為財務學的投資分配理論，風險分散和股票的共變規避具有相當的重要性。投資者也許會按照不同的風險等級，在他們的心理帳戶中把投資組合分類。最簡單的分類就是無風險和風險。無風險項目受預防損失和維持財富的想法驅動，而風險項目的投資動機則是要獲取收益。在不同風險等級的投資組合中，不應該忽視共變。對於投資者而言，共變是一個比較難的概念。許多投資者認為，選擇不同產業和國家的各類股票已足夠減少風險。海德斯特倫、斯韋德薩特和耶林（Hedesström, Svedsäter and Gärling, 2006）研究基金投資中的共變忽視，發現最小化風險，或者教導何謂分散風險，會幫助人們分散風險，並從天真變得實際。

米切爾和烏特庫斯（Mitchell and Utkus, 2002）討論到，要是員工在雇主資助的提撥制退休金計畫中持有公司股票，其風險和收益會是如何？許多大公司會給員工股權，員工成了公司的「擁有者」，於是會對「他們」公司的財務表現更有意識。然而，公司股票並不必然有利分散投資組合的風險。

小結

股票市場的資訊可能是謠言，也可能誤會其他投資者的行為。市場中的個人投資者有著很高的不確定性，不能遵守最佳經濟行為的規則。投資者會受到認知和情感偏誤影響，他們會運用經驗法則快速做決定。由於個人因素、投資類型和目標有異，投資者的風險傾向也就有所不同。通常，投資者試圖投資債券（而不是股票），或者分別購買股票和債券，從而控制、減少投資風險。另一方面，為了得到更高的投資回報，他們也許會接受高風險的投資。

投資者傾向將股票當作分開的心理帳戶，儘管遭遇損失（損失規避），投資者也會避免終止（關閉）股票的心理帳戶。許多投資者會受其他投資者的影響，對股票價值的變動反應過度，效仿其他投資者的行為（羊群效應）。這會導致股票市場的不穩定，甚至是泡沫和股市崩盤。

Chapter 7

稅收行為：遵從與逃避

Tax Behavior: Compliance and Evasion

稅收行為，無論是照規矩繳稅還是逃稅，對納稅人和稅務機關來說都很重要。傳統意義上，納稅人和稅務機關玩著「員警與小偷」的權力遊戲，當中充斥著不信任、監管和控制。而現代則是變成「客戶與服務」的關係，彼此之間有著更多的信任。稅務機關也許會提供納稅人預先填好的納稅申報表和其他服務。公平、公正及正義是信任和配合繳稅的重要驅動因素。

徵稅

大多數公民不喜歡納稅，可能還會認為，納稅是可自由支配收入的損失。尤其人們不信任政府的時候，更會反對徵稅，如果可能的話，他們會避稅或者逃稅。信任、公平（公正）和正義是配合繳稅的必要因素。

所謂一個國家的影子經濟（shadow economy），是指部分沒有徵稅的經濟活動。某些領域的生產，例如家庭小工廠或志工，無須支付正式工資，因此無須扣繳所得稅。這是非正式經濟，是影子經濟的合法部分。黑市經濟（black economy）中，業主在工作完成後所支付的報酬中，並不會扣繳所得稅和社會保險費。這對於雇主和工人來說，是非法的逃稅。影子經濟的相對規模，可以說是國家逃稅的指標。瑞士的影子經濟規模可能在9％低空徘徊，而辛巴威的影子經濟規模高達60％。在大多數進步國家，影子經濟在12％到22％之間，經濟合作暨發展組織（OECD）成員國的影子經濟規模平均為16.8％。

提高稅率通常會提高避稅和逃稅，因為隨著稅率提高，不納稅變得更加有利可圖。這種效應可以用拉法爾曲線（laffer curve）來表示稅收收入與稅率之間的關係（圖7－1）。在A點，逐漸增高的稅率會導致更高的政府賦稅收入。在均衡點E點，政府將達到最高的賦稅收入。而當稅率繼續提高超過E點的時候，則適得其反。在B點，逐漸提高的稅率會導致更低的政府賦稅收入，因為就會出現避稅和逃稅。拉法爾曲線點出了稅收收入彈性。該曲線的拋物線狀並沒有經過實證分析，曲線可能是非對

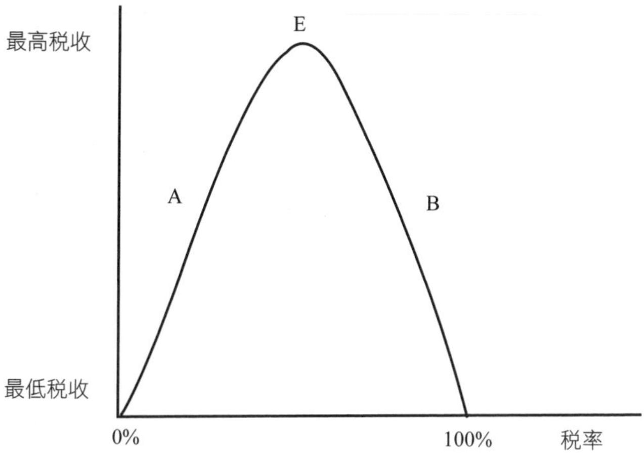

◆ 圖 7–1 稅收的拉法爾曲線

稱的，因為照規矩繳稅所產生的稅收收入和相應稅率產生的逃稅稅收並不完全一致。估算均衡稅率點比較難，100%的稅率是不太現實的。

除了所得稅，其他的稅收包含針對商品和服務徵收的增值稅（通常在4%和25%之間）以及碳排放（二氧化碳）稅，例如對航空旅行徵稅。對於許多人而言，「稅」這個詞有著負面意義，因此，「碳稅」經常被貼上「碳補償」（carbon offset）的標籤。哈迪斯蒂（Hardisty）、詹森（Johnson）和韋伯（Weber）發現，美國共和黨和無黨派人士更願意為「碳補償」買單，而不是「碳稅」。而民主黨則覺得這些標籤沒有區別。

財政行為

與守法納稅相關的行為研究不是什麼新鮮事。早在一九五九年，施米爾德斯（Schmölders）發表財政心理學的相關論文，創造了術語「稅收道德」（tax morale），即指遵守社會或個人規範的納稅行為態度或者納稅動機。稅收道德難以定義，因為它可以是出於納稅的態度，或者遵守規則的動機，因此願意繳付特定金額或一定比例的稅金。因此，最好運用「稅收態度」（tax attitude）和「納稅意願」（willingness to pay taxes）這樣的術語。稅收知識、稅收態度、社會規範和稅收道德是守法納稅的決定因素。

財政行為可以分為三種：

1 守法納稅：申報所有應稅收入，僅扣除實際可扣除稅項，如贈與和醫療費，並且按時繳納既定稅額。守法納稅是納稅人誠實的行為。

2 避稅：利用稅法中的漏洞，以合法途徑繳納較低稅金。正如字面上說得那樣，避稅仍屬稅收行為，只是和法律精神不一致。這種行為可能會引起納稅人、稅務稽查員和稅務機關之間的爭論、協商和衝突。

3 逃稅：欺詐行為，例如不申報所有應稅收入，或扣除沒有實際支付的費用。逃稅是納稅人不誠實和非法的行為。

避稅和逃稅是不誠實的行為，但避稅徘徊在合法邊緣。以不誠實的態度來說，人通常不會有意識地衡量物質收益以及被抓到、懲罰的風險。許多納稅人會重新詮釋其不誠實的行為，讓他們看起來不那麼不誠實，或者比較誠實。如果提醒人們想起行為規範和道德標準，他們就更有可能意識到自己的不誠實，欺騙的機率也會比較低。人們必須在納稅申報表上簽字，並且聲明納稅申報準確無誤、毫無欺瞞。為了提醒人們保持誠實，最好在填寫納稅申報表之前就讓他們簽下聲明：「本人聲明誠實並如實填寫該納稅申報表。」如果人們承諾誠信，他們更有可能會如實填寫納稅申報表。

收入、教育、年齡與稅收行為

納稅人的收入、教育程度和年齡可能會決定稅收行為和守法納稅的程度。收入程度決定了稅率。對於高收入者而言，薪資所得扣除額（捐款給慈善機構，以及與工作相關的成本）減少的稅務負擔，收益比低收入者的薪資所得扣除額更高，而且高收入者還有可能從稅務顧問那裡得到建議和幫助。

教育程度和職業類型，也與稅務知識和素養呈正相關。受過經濟、財政和會計教育或工作經歷的人，比從事其他工作的人，有著更高的稅務素養。這類人不需要別人幫助，就能自己填寫納稅單，甚至可能樂在其中。從事其他工作的人可能沒有能力填納稅單，並且也不願意自己動手，但是在稅務機關「客戶與服務」的途徑下，他們更願意親力親為。

隨著年齡增長，人們的見識增加，並且會習慣納稅單和納稅申報。他們已經學會如何去做，也許會認為新的納稅申報是「重複」的，或者是把去年的納稅申報稍加變化。對於稅務稽查員來說，穩定的稅收申報模式是守法納稅的好現象。要是邁入生命周期的新階段，可能也意味著收入和所得扣除額的變化，因此稅收申報變化也很大。當個人或家庭經歷某些生活事件和轉變，比如得到一份工作、結婚、生小孩、離婚和退休，通常稅率也會跟著改變，因此需要重新考慮或改變稅收行為。

稅收行為的心理決定因素

通常人們視稅收為收入的損失，損失規避可能應運而生。對於每年繳納全額稅金的企業家來說，這種感覺再真實不過了。如果自營工作者按照分開的（心理）帳戶，分別繳納增值稅和所得稅，那麼在繳稅的時候，他們的損失規避感會減少，因為這樣稅金不會被當作其收入或財產的一部分。對於已編入預算的開銷，損失規避不起作用或者作用非常小。

領取月薪的員工，其所得稅已由他們的雇主代繳，並且不再是他們的財產。對於他們而言，淨收入和可自由支配收入才可用於消費。有些人知道他們每個月的稅負太高，但是他們可以得到年度退稅，便會視此為意外收益（windfall gain）。少量的意外收益可能會被當作當前可自由支配收入。而大筆的意外收益則被認為是意外收入，並不屬於當前的收入帳戶。因此，意外收益也許會用於額外（特殊）花銷、額外儲蓄，或者償付債務。

如果視納稅申報為一項艱巨的任務，人們可能會拖到快截止時才完成。匆忙之間，人們可能會犯錯，忘記了可扣除稅額，進而多付稅款。

稅收道德帶有一種社會成分：牽涉到人們對納稅社會規範的理解。個人納稅者會受到其他納稅人和媒體資訊的強烈影響。如果納稅人認為逃稅是家常便飯，稅收道德就會下降，逃稅行為會增加。如果納稅人認為其他納稅人是誠實的，稅收道德就會提升，逃稅現象會減少。在東歐國家（俄羅斯、白俄羅斯、烏克蘭和波羅的海國家），公民的稅收道德低於中歐國家，如匈牙利、捷克、斯洛維尼亞、保加利亞、克羅埃西亞和波蘭。對政府的信任，以及對政治機構和稅務機關服務品質的理解，例如沒有暴力、控制腐敗、政府效率、監管品質以及問責制度等，都影響了稅收道德。在不信任的環境中，稅收道德低下，且逃稅率通常比較高。

稅務機關

總體經濟和政治因素包括政府的稅收政策。對政府的信心和信任程度影響了稅收行為。如果政府是清廉的，稅收用於有效的公共產品供給，稅收準則和稅收程度是公平的，且稅務機關給納稅人提供了正確的資訊和服務，一個國家自願的守法納稅程度，普遍來說都會比較高。

稅務機關可能會根據他們的可得資訊、服務以及個人建議，試圖影響消費者的動機和決策。一個國家的「稅收道德」會影響稅務機關稽核的數量和嚴格程度。稽核是對公民納稅申報真實性的檢查，只有一小部分的納稅申報會被稽核，會被特別抽出來稽核的納稅申報，通常基於隨機抽樣，或者來自稅收稽查員的質疑，通常是出於對過去不正常現象的判斷。領薪族逃稅的機率比較小，而企業家通常更有可能逃稅。這只是說企業家避稅和逃稅的機率較高，絕不是說大多數企業家是逃稅者。

納稅人，尤其是避稅者和逃稅者，對稅收稽核尤其感到恐懼，當他們有事情隱瞞時，或者害怕他們的錯誤會被當成稅收詐欺、可能會遭受罰款時更是如此。在義大利的一項實證研究中，莫爾巴赫等人（Mühlbacher et al., 2012）發現，等待稅收稽核，會提高守法納稅程度。這意味著，如果稅收稽核和罰款的目的都是為了提高守法納稅度，就應該仔細安排納稅申報、退稅和稅收稽核的時間和間隔。

公平與公正

納稅人與稅務機關的互動十分重要。納稅人會以公平和公正為判斷標準。施米爾德斯（Schmölders, 1960）已經意識到這點。要構成稅收道德的公平性，標準分成兩種：

1 認為個人稅負的公平與其他納稅人的稅負有關（水平公平）。

2 認為稅負的交換公平（exchange equity）牽涉到納稅人從公共產品中獲取的利益（垂直公平）。

稅率可以是比例稅率或累進稅率。在比例稅率的情況下，所有的納稅人，無論富人還是窮人，都繳納同樣比例的稅金，比如課稅所得的30%。而在累進稅率的情況下，相較於窮人，富人繳出去的稅金占收入比例更高。較高的收入程度對應著較高的稅率。如果高收入人群為此繳納了較高稅金，稅收就變成了一種重新分配淨收入的方式。亞當斯（Adams）的公平理論（equity theory）關注的是納稅人的輸入（支付的稅金）和納稅人的產出（獲取的利潤）（垂直公平）。隨後，水平公平作為另一種公平，被加到公平理論中。

公正比公平更加複雜。公正包括三種類型的正義：

1 分配正義（distributive justice）：與成本和收益的交換（公平）相關。如果納稅人認為他們的公眾貢獻，與他們的應得收益平衡（垂直公平），並且與他們的貢獻平衡（水平公平），那麼就達到了比較高的分配正義。

2 程序正義（procedural justice）：與支付費用和獲取利益的規則和過程相關。納稅程序應該是一致、準確、零錯誤，不偏向特定人群，並且一旦出現錯誤，也可以更正。程序正義作為誠信正直的一部分，是信任稅務機關與否的重要因素。

3 報應正義（retributive justice）：在犯錯和打破規則的情況下，對制裁適當性的理解。牽涉到責任歸屬、損害恢復以及對犯錯一方（例如逃稅者）的懲罰。

「員警與小偷」或「客戶與服務」

傳統意義上，納稅人和稅務機關是對立的，宛如在玩「員警與小偷」的遊戲。這意味納稅人被當作潛在的欺騙者，主動地把他們的稅負最小化，而稅務機關被納稅人當作拿走他們部分收入的「劫匪」。同樣地，納稅人也將稅務機關視為「警察」，稅務機關透過常規的稽核和罰款，檢查和控制納稅人，保證他們守法納稅。這種典型的經濟論點，是基於相互不信任和價格效應。在這樣的推論中，會假設納稅人主動逃稅、盡可能少繳稅。於是便要設定高罰金和高審查機率，增加威懾力道，以讓納稅人更加守法納稅。這就創造了不信任的環境。如果稅務機關不信任納稅人，納稅人為此生恨，也開始不信任稅務機關。這有可能「排擠」良好的稅收道德行為。「排擠」便意味著，如果把納稅人當作潛在的逃稅者來對待，良好的稅收道德行為可能會消失。良好的稅收道德行為是納稅人守法納稅的內在動機，這種內在動機，在不信任的環境中可能會被邊緣化或者被「排擠出去」，並且改成以權衡利益（少繳稅）和成本（逃稅罰款）的外在動機。具有諷刺意義的是，意欲強制人們守法的系統，反而滋生不信任感，激發了不合作和不守法的行為。

福克和科斯菲爾德（Falk and Kosfeld, 2006）探討過控制的隱性成本。稅務機關和納稅人之間存在著委託與代理關係。代理人以雇主和員工的關係，執行委託人的委託。委託人可以控制或者信任代理人。代理人（納稅人）認為控制是不信任的信號，並且是對他們自主和自由的限制。他們之後的配合度會更低。因此，控制的成本就是控制運作本身，以及低守法納稅程度。信任代理人的委託人成本更低，並且可能守法納稅的意願也會更高。然而，信任並不總是比控制更優越。如果面對投機取巧、低稅收道德的納稅人，信任可能是次要選項。請注意，信任沒有程度之分：你要麼信任某人，要麼不信任。只信任一點，可能會被認為是完全不信任。

在彼此高度信任的國家，「員警與小偷」的控制運作可能弄巧成拙，會降低而不是提高守法納稅程度。稅務機關也許可以用更好的方式對待納稅人：採用「客戶與服務」的方式，基於雙方的相互信任和尊重，並且強調守法納稅的共同利益。分配正義和程序正義是「客戶與服務」方式的重要成分（見表7－1）。

	「員警與小偷」	「客戶與服務」
環境	低信任，強制性	高度信任，尊重
對抗或合作	抵抗，反作用	合作
遵從	強制配合	自願遵守
動機	外部因素	內部因素
過程	審核與控制	服務與支援
制裁	罰則及罰金	獎勵
納稅算是……	負擔	公民責任

◆ 表 7-1 「員警與小偷」和「客戶與服務」觀點的特質

在荷蘭，稅務機關掌握現有關於納稅人收入、房貸、儲蓄和債務等資訊，為納稅人填寫個人納稅申報單。這是一種便民服務。同時，納稅人知道稅務機關對於他們的哪些資訊瞭若指掌，所以他們作弊欺騙的機率會更小。

科奇勒（Kirchler, 2007）提出滑坡模型（slippery slope model），在模型中同時描述了兩種守法納稅的態度。在這個模型中，守法納稅可以透過強制遵守（權力機關的權力與控制），或者自願遵守（對稅務機關的信任），抑或是結合兩者，遵守的力道也會增強。信任權力當局，進而提高守法納稅意願，並不一定意味這些權力機關的權力削弱了。權力機關並非利用其權力強制納稅人守法，但有必要時也有能力這樣做。高度守法納稅程度，往往牽涉到高強度的強制執行、高信任或兩者兼有。結合權力和信任，大為影響了人們守法納稅的態度，超過了單憑權力或信任的作用。

表7－2概括了後者的作用。如果權力和信任都很高，稅收遵從度也會比較高。如果權力或信任中某一項很高，守法納稅度程度居中。如果權力和信任都比較低，守法納稅度就比較低。

主管機關的權力	對主管機關的信任	守法納稅度
高	高	高
高	低	一般
低	高	一般
低	低	低

◆ 表 7–2 主管機關的權力和控制，以及對主管機關的信任對守法納稅度的影響

小結

納稅並不受歡迎。許多納稅人認為納稅是一種損失，而不是公民對政府的責任。納稅申報被視為費神，而納稅則是一種負擔。在大多數國家，避稅和逃稅較為普遍。守法納稅是誠實和可取的行為。如果人們認為賦稅是公正和公平的，並且信任政府和稅務機關，將納稅視為一種公民義務，守法納稅的程度便會提高。

這裡存在一個異常現象，那就是有些人寧願每個月繳納過高的所得稅，以期在財政年度期末得到退稅。這種退稅被看作一種意外收益，並且能夠用在可自由支配收入之外的特殊開銷或儲蓄上。

在對政府和稅務機關的信任程度較低的情況下，納稅人和稅務稽查員相互對立，玩著「警察與小偷」的遊戲。納稅人試圖避稅，而稅務稽查員試圖查出避稅和逃稅行為。在相互信任的環境中，可以上演「客戶與服務」的好戲。稅務機關提供正確和及時的資訊，甚至幫納稅人填好納稅申報表。透過這種方法，稅收負擔會降低，而守法納稅度會提高。

Chapter 8

金融詐騙的受害者

Victims of Financial Fraud

本章將描述詐騙犯的把戲，以及潛在和實際詐騙受害者的反應。不幸的是，詐騙非常普遍，許多人在生活中都會成為金融詐騙的犧牲者，例如金字塔騙局和其他類型的投資詐騙。網路詐騙，比如網路釣魚，也變得越來越多且方式越發老練，想要避而遠之，也就更困難了。

金融詐騙

無論在哪個國家的哪個行業，詐騙對生活品質的影響都極具毀滅性。消費者可能會收到犯罪分子的釣魚信件，犯罪分子試圖從中找出消費者的銀行帳戶和信用卡密碼。消費者還有可能遇到預付金詐騙。在數位化時代，犯罪分子更容易獲取個人資訊（臉書、推特、LinkedIn）和銀行帳戶資訊。如今金融機構持續在網路上對抗駭客、網路詐騙犯和非法交易。

消費者可能既是金融詐騙的犯罪者，也是受害者。作為金融詐騙的犯罪者，他們可能逃稅，向保險公司提出詐欺索賠，或者在購物網站上接受買家付款，卻從來沒有交貨（電話推銷詐騙）。作為金融詐騙的犧牲者，消費者會受到傷害，在某些情況下，甚至會因他人的詐欺行為破產。

本章將會探討企圖推銷詐欺金融「產品」（投資計畫）的犯罪行為（以及騙取信任的人或騙子、詐騙犯），同時也會討論到潛在或實際受害者的反應。詐騙案例如以下：「棕櫚島投資」（Palm Zvest, 杜拜的不動產投資）、伯納德・麥道夫（Bernard Madoff）投資基金、奈及利亞預付款騙局，以及彩券詐騙。帕克和沙德爾（Pak and Shadel, 2007）的研究尤其針對想要出售公司或不動產，並從中獲利、賺得退休收入的退休人士詐騙案。

針對政府的金融詐騙，好比逃稅。針對組織的詐騙，如保險詐騙。諸如貪腐、盜用公款、網路詐騙、「白領犯罪」，這些領域已有充分研究。這類詐騙對消費者也產生了負面的後果。例如貪腐，其廣泛定義是假公濟私。消費者為了申請許可、官方文件和政府服務，不得不向政府官員支付額外費用。他們或許還必須向員警行賄，以免收到交通違規罰單。

網路詐騙無處不在。三分之二會上網的美國人，換算約有一億多人，表示在二〇一三年至少遇過一次網路詐騙。人們遭詐騙的情形有多普遍？實際情況比數據更嚴重，因為人們不願意承認自己是金融詐騙的受害者，許多詐騙受害的案例並沒有公開。受害者害怕嘲笑和恥辱，不會坦承他們的遭遇。在已知的投資詐騙受害者中，12％的受害者否認自己在投資中失手。已知的彩券詐騙受害者中，只有一半承認自己在過去三年中上當受騙過。每年有數千萬的受害者，損失達數百億美元／歐元。美國司法部長已呼籲要重視金融詐騙，其危險僅次於恐怖攻擊和暴力犯罪。詐騙的經濟成本也包括偵查和起訴費用。非經濟成本則包括身體、心理和時間成本，比如疾病、抑鬱、拒絕、羞恥、氣憤、後悔、失去安全感，以及降低生活品質。

我們會在本章探討詐騙犯影響其（潛在）受害者的招數，以及掉入陷阱的受害者特徵。金融詐騙的構成包含以消費者為目標的騙局、詭計和欺詐行為。金融詐騙是銷售人員／詐騙犯故意為之，欺騙（潛在）消費者，扭曲或者隱藏金融產品、服務或交易事實，繼而賣給消費者會招致經濟損失或破產的產品或服務。

金融詐騙有很多種，例如釣魚詐騙、預付款詐騙、彩券詐騙和投資詐騙。詐騙還有其他種類，比如與找工作、保證就業、投資研討會、約會、性服務和電話推銷有關的詐騙。這些詐騙通常涉及預付產品或預售服務，但無法兌現使用。

網路釣魚通常是郵件，對方先偽裝成使人信任的實體，企圖從潛在受害者那裡獲取機密資訊，例如銀行帳戶或信用卡卡號、用戶名、密碼、手機 PIN 碼和安全碼。可信任的實體可以是銀行、信用卡公司、拍賣網站、網路支付工具，比如 PayPal，或是「ＩＴ恢復小組」。網路釣魚通常是用電子郵件或即時通訊來詐騙，引導潛在受害者在造假網站上輸入他們的機密銀行資訊。造假網站與銀行、信用卡公司官網看起來相似。造假網站或郵件附件可能含有惡意軟體，比如隱藏的鍵盤紀錄器，會偷偷記錄按鍵動作，而鍵盤的使用者對此一無所知。透過這種方式，詐騙犯便可以知曉ＰＩＮ碼和安全碼、用戶名和密碼。有時，打電話也能釣到受害者，比如「從銀行或信用卡公司」打來的電話。消費者可能會得到銀行帳戶誤用的說法，或者是要「確認資訊」。消費者通常被要求馬上做出反應，否則他們的銀行帳戶或者信用卡將會凍結。向詐騙犯提供機密資訊的消費者，可能會把他們的錢拱手相送。

網路釣魚通常是從一長串的郵件信箱地址裡大海撈針，這些郵件信箱地址可以從會員名單獲得，或者隨機亂數產生。考量到釣魚詐騙的龐大數據庫，即便回應率低於１%，其收益對於犯罪者而言也已經是相當豐厚可觀。魚叉式釣魚（Spear phishing）是利用潛在受害者的郵件信箱地址和實際名字。通常，這些資料庫規模更小。個人化的資訊看上去比非個人化的資訊更加真實可信，人們更有可能回應比較個人化的帳號資訊。網路釣魚至今依舊有增無減。像臉書、LinkedIn和推特這樣的社交媒體平台也會被利用，引誘人們提供自己的機密資訊。在臉書上，你屬於一個由「朋友」組成的社群，而在這個社群中，你容易相信別人，包括表現得很像「朋友」的詐騙犯。LinkedIn上的邀請連結是詐騙犯與潛在受害者建立聯繫的管道，這種方法臭名昭著。根據二〇一四年第三次微軟電腦安全指數報告，全球每年的網路釣魚影響／損害可能高達五十億美元。

預付款詐騙會用一項資訊引受害者上鉤，比如為了轉移所繼承遺產、彩券中獎獎金，要求潛在受害者先付手續費，換取他們的協助。受害者必須預付一筆錢，才能獲得款項。這裡通常也包含釣魚詐騙，因為會問到受害者的銀行帳戶細節，以便轉移高額資金，但是實際上，這些資訊是用來「洗劫」受害者的銀行帳戶。

彩券詐騙也是一種預付款詐騙。你偶然得到一項通知，「出乎意料」地告訴你，你已經贏得了你根本就沒有參與的彩券大獎，通常是知名海外彩券，比如西班牙「胖子樂透」或者不存在的google、微軟彩券。這類詐騙會要求消費者預先付款，用於稅收、保險，或者快遞。無論是什麼，反正是為了到大獎。這當中通常也包含了釣魚的元素，例如詢問銀行帳戶資訊，便於接下來的身份認證和資金盜竊。

投資詐騙會散布公司、不動產或投資基金投資機會的資訊。投資機遇可能真的存在，比如杜拜棕櫚島的不動產投資，但是投資基金拿走了錢，卻沒有真的投資。投資詐騙通常會承諾不尋常也不穩定的10%到12%的投資報酬率，甚至更高。投資詐騙可能是金字塔騙局，或龐氏騙局[5]，即首位投資者的投資回報，是由後來投資者的投資資本支付，而不是從投資利潤中賺得。通常，會要求投資者再次投入他們的回報。幾輪之後，新進投資者的數量太少，以致不能兌現對早期投資者的投資回報承諾，也不能支撐該金字塔。事實上，金字塔需要指數式生長才能維持生存。金字塔會在幾輪之後轟然倒塌，投資者會血本無歸。英國小說家狄更斯（Chles Dickens）在他的著作《馬丁·翟述偉》（*Martin Chuzzlewit*）和《小杜麗》（*Little Dorrit*）中，就已經描述了金字塔騙局。伯納德·麥道夫[6]的投資計畫基本上就是金字塔騙局。這個金字塔在二〇〇八年市場低迷中倒塌，騙倒無數組織和個人。

一九九七年，阿爾巴尼亞的整體經濟幾乎崩潰，因為絕大多數人民為了「快速致富」，投資了全國性的金字塔騙局。許多阿爾巴尼亞人在這場騙局中失去了一生積蓄。對於窮人來說，金字塔騙局就像魔法一樣，他們期待著這場遊戲能夠解決他們的

5 查理斯·龐茲（Charles Ponzi, 1882-1949）是在美國行騙的投資商。龐氏騙局便是以他為名。

6 伯納德·麥道夫（Bernard Madoff, 1938-）於二〇〇九年被判一百五十年刑期。預計其投資的損失金額上看六百五十億美元。

財務問題。

詐騙犯的策略

帕克和沙德爾（Park and Shadel, 2007）研究了美國投資詐騙的詐騙犯，特別是針對臨近退休年紀者的策略。他們的研究由美國退休人員協會贊助。詐騙犯的目的就是說服這些人把退休金投資到有問題的投資基金中。在此需要區分詐騙犯的兩種角色：撒網者和收網者。撒網者或側寫師收集潛在受害者或者「標記人」的資訊，這些資訊來自社交媒體，如臉書、LinkedIn、推特、個人部落格、公司和協會的網站，以及報紙和雜誌。撒網者甚至會刊登廣告，獲取消費者的回應。如果消費者回應了詐騙犯的服務廣告，他會被認定具有較高的受騙潛質。撒網者蒐集相關資訊，如年齡、家庭構成、工作或退休、財富、房屋所有權、生活方式、愛好、暗示感受性、對慈善的偏好，甚至風險偏好和貪婪程度。撒網者可能會打電話給潛在受害者，以便獲取資訊。他們也會運用釣魚技術，獲取潛在受騙者或標記人的銀行和信用卡資訊。撒網者將潛在受害者或標記人的資訊清單（易上當受騙者名單）賣給收網者。收網者利用這些潛在受騙者的畫像，再個人化他們的「推銷話術」。

投資詐騙的推銷話術是針對「潛在受害者」，說服他們投資不實的投資計畫。聯邦調查局探員冒充這些潛在受騙者接聽詐騙犯的電話，錄下談話。帕克和沙德爾分析了這些錄音後，發現了詐騙犯慣用的九種認知經驗法則（策略）：

1 資訊來源的可信程度和信任感：詐騙犯聲稱在知名公司工作，並為潛在受害者的利益著想。在交談的第一階段，詐騙犯最重要的目標就是建立個人信任。詐騙犯是建立信任的「欺騙大師」。資訊來源的可信程度在釣魚中也用得上，他們會暗示資料來自知名的銀行或公司，並在郵件中模仿銀行／公司的商標和獨特行文風格。

2 幻覺固著（phantom fixation）：奈及利亞預付款詐騙通常會許下承諾，只要潛在受害者參與奈及利亞官員的洗錢活動，就能得到高額獎金。他們向潛在受害者承諾各種有吸引力的回報，如金錢、獎勵、財富，並且刺激潛在受害者想想有多少機率可以花掉這筆錢。如果人們對這種幻象的強烈欲念耿耿於懷，對得到這個幻象的條件和成本的思考就所剩無幾。根據羅文史坦（Loewenstein, 1996）的觀點，暴富的想法會吞噬審慎思考，打破行為約束。人們會「失控」。所有的注意力都放在幻象上，無法審慎思考、分析並考慮後果。於是，他們的行為至此受到第六感和直覺驅使。貪婪支配了思考。

3 錨定和調整：用一個比較高的參考價位作為起始價格，接著提出真實價格，作為你的「特別」折扣。詐騙犯經常使用「比較」，暗示他們的提議是一個好機會。

4 美化：刪除不參與的選項，控制潛在受害者的選擇。再問你想如何參與？僅留三個選項，潛在受害者至此可能會選擇中間選項。

5 踏腳入門：潛在受害者要是有那麼一點投入，之後可能會答應投入更多。只要有所投入，態度就會改變，因此潛在受害者更有可能投入更多。

6 專家陷阱：詐騙犯談話時把潛在受害者當作另一位投資專家，於是他們便成了同道中人。潛在的受害者不願意詢問會暴露自己知識和專業匱乏的問題。在提供免費午餐的研討會上，也經常會用上經驗法則，主持人表現得像投資專家，並且把觀眾也當作專家來對待。

7 稀少性：這種情況可能就是產品的稀少（只有幾個地方才有）、前景的稀少（只給選中的投資者提供報價），或者時間的稀少（急迫性，你必須在今天做決定）。一般認為，稀少的產品比隨手可得的產品更有吸引力。在釣魚詐騙中也是這樣，詐騙集團會利用「機會」的急迫性來促使潛在受害者立刻參與騙局，比如：「你的帳戶將在二十四小時之內凍結。」

8 社會認同或羊群效應：詐騙犯聲稱，許多其他投資者以前利用過這種投資機會，並且對此十分滿意。

9 恐懼與恐嚇：釣魚詐騙和身份盜竊中常常用上經驗法則，投資詐騙的案例中則比較少。在釣魚詐騙中，詐騙犯恐嚇潛在受害者，如果不立刻反應的話，銀行帳戶或信用卡就會凍結。

帕克和沙德爾總結幾種最常見的經驗法則：資訊來源的可信程度和信任（26%）、幻覺固著（19%）、社會認同或羊群效應（14%）、稀少性（13.5%）、比較（錨定和調整，12%）。在交談的第一部分，資訊來源的可信度、幻覺固著和比較被用來提高賣方和銷售提議的吸引力。在交流的第二部分，詐騙集團會利用社會認同和稀少性來刺激潛在受害者轉出他們的錢。請注意，推銷人員也會使用認知經驗法則，在推銷非欺詐性產品或服務時，有助加快消費者決策的過程。帕克和沙德爾和銷售人員合作，當中參照恰爾迪尼（Cialdini, 1984）研究的六個影響策略：互換、承諾和一致性、社會認同、喜歡（親密友好）、權威性和稀少性。兩人基於社會規範區分出了五種策略和角色：

1 權威角色：詐騙犯扮演大家必須服從的權威角色（聯邦調查局探員、官方權威）。這通常始於「取回款項的騙局」，詐騙犯「幫助」受害者取回之前受騙的損失。基於損失規避，受害者可能會很感激這種幫助。通常，詐騙犯要求受害者預付才能獲得幫助。這會使受害者的損失更大，受害者將被打劫兩次。

2 依賴者角色：詐騙者裝扮成孩子或其他需要幫助的依賴者。對於大多數人而言，拒絕需要幫助的人是比較困難的。在開發中國家，遊客可能會遇到乞討者，聲稱醫院裡有需要錢治病的小孩。

3 友情角色：詐騙犯強調與潛在受害者之間的相似程度和親密友情，例如：專家陷阱。他們的交談會具備朋友談話的特徵，而不是詐騙者的個人獨白。受害者無法拒絕幫助一位「朋友」，比如在臉書上就常常是這個樣子。

4 親密關係詐騙：詐騙犯與潛在受害者屬於同一團體（相似性），例如：教會、網球或高爾夫球俱樂部。這種相似性和親密關係建立了信任和資訊來源的可信程度。

5 互換作用：詐騙者送給潛在受害者一份小禮物。隨後，潛在受騙人會升等「回禮」。提供免費午餐的研討會和踏腳入門技巧就是一例。

在提供免費午餐的研討會中，會提供潛在受害者一份免費午餐和一場投資研討會。主持人在研討會上表現得像個專家，強調某特定投資基金的收益和回報。與會者會被說服，進而投資這支有問題的基金。互換作用被詐騙集團善加利用，與會者感到他需要做些什麼，以回饋午餐和研討會。這裡最重要的策略要屬權威角色、友情角色和資訊來源的可信程度／信任。同樣，比較（錨定和調整）、社會認同和稀少性也引發了潛在受害者做出立刻投資該基金的決定。

受害者的特徵

受害者剖繪是消費者金融詐騙中研究相對充分的領域。給所有騙局的受害者作剖繪，並不能刻畫出清晰的圖像，因為騙局之間的差異遭抹平。例如彩券詐騙和投資詐騙，這兩種剖繪的結果差異非常大。請注意，表8－1呈現的是相對價值，而非絕對價值。受害者剖繪與普羅大眾不同，彼此之間也各有差異。在某種程度上，每個人或許都沒有抵抗騙局的能力，當然也要看詐騙犯的技巧和老練程度。受害者剖繪與普羅大眾的平均值也有誤差。請注意，詐騙物件的吸引力可以解釋受害者年齡的差異。老人和男人可能比年輕人和女人擁有更多的財富，因此更有可能成為詐騙的目標。高收入人群也比低收入人群更可能成為投資詐騙的目標。低收入人群更有可能成為彩券詐騙的目標。受害者的脆弱性同樣也隨著個性差異而有所變化，例如易受騙程度、對批評和建議的敏感程度、自我控制的程度，以及某些有禮貌的人對詐騙者說「不」的艱難程度，尤其是電話交談。

	彩券詐騙	投資詐騙
社會人口	以女性為主 鰥寡孤獨 低收入 低教育程度	以男性為主 已婚 高收入 高教育程度
金融素養	低素養	高素養
自我控制	自我控制能力差 外部控制 衝動	自我控制能力強 內部控制 自負
時間偏好	現在	未來
顧問	信任低	信任高

◆ 表 8-1 對照彩券詐騙和投資詐騙的受害者側寫

自我控制能力差的人是衝動的，並且更有可能參與風險行為（酗酒、吸毒），包括金融風險，例如在網上向不認識的賣方購買產品。因此，他們更有可能接觸到潛在犯罪分子並成為受害者。金融詐騙通常需要詐騙犯和受害者之間的某些合作。受害者也許被彩券的潛在收益所吸引（幻覺固著），進而與詐騙犯合作，獲取收益。自我控制能力強的人，不會那麼衝動，並且對詐騙更有判斷力，儘管他們也有可能成為投資詐騙的受害者。霍特夫萊特、瑞西格和普拉特（Holtfreter, Reisig and Pratt, 2008）發現，自我控制能力差的人不太可能成為詐騙犯的目標，卻更容易受騙局吸引，成為受害者。

投資詐騙的受害者，通常是高等教育程度和具備金融素養的男性。他們與顧問合作，例如稅務顧問和理專，並且他們傾向相信顧問。「專家陷阱」在他們身上能夠成功運作，因為他們知道一些投資的概念，並且有一些投資經驗。受害者可能也比較自負，未能向詐騙犯提出正確的疑問。詐騙犯回答或者不回答這些問題，可以成為證明這筆投資有問題和具有詐欺特徵的證據。如果受害者被貪婪驅使，可能就無法審慎思考。受害者的其他特徵，可能是他們在情感上或社交上孤立，倍感孤獨。也許他們剛經歷了負面的生活事件，比如失去伴侶，丟掉了工作，以及收入減少。他們容易傾聽陌生人的故事和提議。他們很難辨別這些誠實和不誠實的企圖，也比一般人更容易上當受騙（信任他人）和言聽計從。這意味著他們多少有些幼稚，不能認清詐騙犯的企圖。

潛在受害者典型的網路行為有：點擊快顯廣告，打開來源不明的郵件，在網路拍賣網站銷售和購買產品，簽約參加無限期試用機會，下載APP，以線上支付進行網路購物。我們都在網路上做過這些事，但是潛在的受害者比非受害者更頻繁行動，而這就是他們成為受害者的主要原因。很多時候潛在受害者不知道，銀行不會發郵件給他們的客戶，也不會要求他們點選連結、更正個人資訊。人們需要注意這些提議中的巧言令色、言語中的拼寫和語法錯誤，並且檢查發送人的郵件地址。

詐騙者的特徵

一項投資計畫可能始於合法業務，只是隨著時間變成「犯罪」，先利用簡易投資集中資本（但不投資），或者投資者逐漸能從新投資者的投資資本中獲取回報（金字塔騙局），說服和欺騙至此便逐漸成為業務一部分。伯納德．麥道夫認為自己是投資者，而非犯罪者。作為投資者，他機智的進入和退出策略也受到其他人稱道。

詐騙犯（騙子、收網者）善於同理，了解潛在受害者的想法，會以充滿魅力和說服力的方式獲取利益。與此同時，詐騙犯不會感同身受，他們絲毫不顧忌受害者的情感。他們認為他們的受害者或者「受騙對象」是「笨蛋」，是貪婪、愚昧和無能的人，至少是咎由自取。詐騙犯認為他們的受害者活該倒楣。低度共感（low emotional empathy）也是精神病患者的特徵。但是，這並不是說所有的詐騙犯都是精神病患者。

在非法證券經紀電話交易所工作的人，通常受到貪婪驅使，並且追求一夜暴富。非法證券經紀電話交易所是呼叫中心，其中的工作人員打電話向潛在受害者販售有問題的投資產品。貪婪是與利己主義、物質主義有關的個人特質。貪婪兼具正面和負面的內涵。電影《華爾街》（*Wall Street*）中虛構角色戈登·蓋柯（Gordon Gekko）說：「貪婪，抱歉，我找不到更好的詞來形容，它是好東西。貪婪是對的。貪婪是有效的。貪婪讓人清醒，釐清一切，並且抓住創新精神的精髓。」在這個觀點中，貪婪是經濟增長和發展的動力，正如亞當·斯密（Adam Smith）在《國富論》（*Wealth of Nations*）中對「看不見的手」的理解。金融詐騙中，貪婪導致的後果是剝削和不道德。

斯霍夫、科菲和霍布斯（Shover, Coffey and Hobbs, 2003）採訪了非法電話推銷者，並得出結論，電話推銷和金融詐騙的犯罪分子與早期專業盜竊已不盡相同。他們的工作組織比以前更加持久和常見。非法證券經紀電話交易所看上去與專業的呼叫中心無異，詐騙犯看上去跟合法公司員工很像。非法的業務通常從合法的業務開始，再來才逐漸變成非法的業務。通常來說，詐騙者是成功的銷售人員，裝成「贏家」，想要影響潛在受害者接受他們的提議，並且沉迷於工作時間不長但收入豐厚的工作。

為什麼受害者不舉報詐騙？

詐騙受害者經常會想到詐騙，並且噩夢不斷。反事實思考（counterfactual thinking）是假設與現在事實相反、但可能發生的事情，比如應該做出怎樣不同的表現才能預防詐騙。反事實思考也許能夠從負面經驗中學習，並且有效阻止負面經驗再次發生。然而，過多的反事實思考會產生負面後果，比如焦躁和憂鬱。

當人們成為金融詐騙的受害者時，社交分享是一種應對策略。與其他消費者交談，受害者可以警告他們（社會動機），往後不要參加類似詐騙活動。「發洩」是另一種社交分享，有助處理負面情緒，比如憤怒和後悔。談論詐騙帶來的後果，進而獲得他人的支持，受害者的怒氣也有望減輕。

受害者通常對詐騙感到憤怒、羞愧，並且後悔參與了詐騙交易。這些情緒與受害者採取的行動種類有關。受害者是否向警方或其他機構舉報，主要原因有以下幾種：

1 羞愧和恐懼感可能太過強烈，這時要受害者自告奮勇舉報，反而會侷促不安。

2 受害者認定舉報詐騙事件沒有益處，因為警方不會找到犯罪分子，或者缺少法律訴訟的證據。

3 詐騙的界定並不是很明確。受害者可能搞不清楚，這到底是真詐騙，還是某種形式的無能或誤解？

4 受害者認為舉報的經濟和行為成本太高。行為成本包括舉報的時間和精力。

5 受害者估計舉報成本高於預期收益。

6 受害者對投資中金錢的輸贏習以為常。他們推斷，輸錢是遊戲的一部分，因此他們不會舉報，即使搞丟了錢。

7 受害者可能不知道去哪兒舉報，是去警局、商業改進局（Better Business Bureau）還是去偵防犯罪機關？

8 受害者怒火沖天，他們舉報詐騙，希望找出犯罪分子，讓他們受到懲罰。這是復仇動機。

9 受害者舉報是因為他們想警告他人，阻止他們陷入詐騙陷阱。這是社會動機。

消費者金融詐騙教育

不幸變成金融詐騙的受害者，會損害、甚至有時會毀掉受害者未來的財務狀況，造成投資損失，降低退休收入。金融詐騙肯定不是負責任的金融行為。為了避免成為受害者，教育宣導是很重要的。可以運用成功的詐騙案例，向消費者解釋其中的運作原理，並教他們如何避免。傅利曼推薦使用廣泛多樣的資料庫來教育消費者，要包含成功和不成功的詐騙案例。這種方式可以從案例中學到更多。

關於金融教育計畫的具體建議有：

1 如果消費者不信任信件資訊，他們應該置之不理。回覆郵件會提供詐騙犯資訊，比如這個郵件地址是有人使用的。

2 詐騙犯試圖用問問題來主導與潛在受害者的電話交談。反過來，潛在受害者應該質問詐騙犯，比如他的公司、地址、執照，以及詐騙犯怎麼得到自己電話號碼？潛在受害者透過問題主導交談，有機會阻止詐騙犯。

3 潛在受害者應該指出他們目前沒時間，並詢問對方的電話號碼，以便之後回電。通常，詐騙犯不會提供他們的電話號碼，並會試圖讓潛在受害者相信，他們過一陣子會再打過來。

4 消費者應該在網路上查證，或者向見識較多的投資者請教，也可以透過其他可靠管道，查證詐騙犯提供的資訊。

5 消費者應該接受教育，認清並知道如何應對這些伎倆。需要透過訓練，才能分辨騙子在交談中使用的經驗法則和策略。

6 告知消費者，投資報酬高得不尋常（10％到12％）、穩定且保證收益，條件好得不真實，都是不可信的投資計畫。投資計畫通常有著較高的投資報酬波動，保證收益是不現實的。

7 消費者應該被教育，要能辨別消息中的危險信號，例如身份不明的寄件者、偽造寄件者的郵件地址、不切實際的報價，或者要求緊急回覆。消費者應該知道，銀行、信用卡公司，以及交易處理商，例如PayPal，不會用這種方式聯繫顧客。傅利曼發現，在這些提議中，包括語法錯誤在內的「奇怪」特徵，都能算是主要的危險信號。

8 應該培養消費者的逃跑機制，以避開騙局或詐騙，比如減少回答詐騙犯的次數，當下拒絕提議或斬釘截鐵地拒絕，或者採取措施防止資金損失。

9 如果你不相信該資訊或提議，立即通報員警或其他相關機構。

小結

不幸的是，金融詐騙是消費者環境的一部分。金融詐騙的例子有：釣魚詐騙、預付款詐騙和彩券詐騙。一些詐騙者（撒網者）蒐集潛在受害者的資訊，這些資訊可以用來與潛在受害者交流。這些交流由「收網者」主導，他們利用經驗法則的戰術，以及談話中的角色，勸消費者投資詐欺型投資計畫。會頻繁使用上以下幾種經驗法則：資訊來源的可信程度和信任感、幻覺固著、社會認同或羊群效應、稀少性，以及比較心態。

每個人都可能成為詐騙的受害者，但是自我控制程度低的人更有可能冒險，並與詐騙犯合作。受害者剖繪根據不同的詐騙類型而有所不同，例如彩券詐騙和投資詐騙便有差異。受害者通常很少舉報詐騙犯罪，因為他們感到羞恥，並且不相信詐騙犯會落網，也不相信能追回他們的錢。

本章提供消費者了一些建議，讓他們意識到詐騙，進而辨別詐騙資訊，並且抵禦詐騙犯的企圖。

Chapter 9

負責任的金融行為

Responsible Financial Behavior

這是關鍵的一章。理解消費者金融行為，是幫助消費者做出更佳金融決策的先決條件。大多數人的金融素養（知識和技能）程度較低，這是許多錯誤和不當行為的起因，例如沒有足夠的退休儲蓄。金融教育可能是一種解決之法，其他應對消費者金融素養問題的方法還包括理財規畫和建議。我們的目標是負責任的金融行為，並且結果頗具吸引力，如幸福平安。

什麼是負責任的金融行為？

說到負責任金融行為，首要目標是提高個人金融健全。這也會對社會有間接貢獻，從某種意義上說，負起金融責任的人，產生財務問題（例如問題債務）的機率較小，並且不太可能有健康問題，例如焦慮和憂鬱。金融財務問題可能會引發合作夥伴之間的衝突，並奪走心理資源，導致工作績效下降。若能得到金融知識（素養）、技能以及專家建議，都能夠提高家庭的幸福感和金融健全程度。金融健全可以定義為一種安全感，在這樣的狀態下，金融事務有條不紊，並且能夠有效達到個人或家庭的目標。這些目標可以是令人滿意的消費水準、生活方式和休閒、孩子們的教育、醫療、退休收入和退休金、經濟上幫助他人、捐款給慈善機構、避免成為詐騙的受害者，以及社會參與（包括社交上和經濟上）。請注意，最後三項家庭或個人目標對社會是有貢獻意義的。

關於何謂負起金融責任和長期穩定的金融行為，要點如下：

1 量入為出，不要花錢花得比你現在擁有、預期未來擁有的錢還多。可以編年度預算，就像公司預算一樣。在傅利曼的永久收入模型中，消費支出應基於三到五年內的平均收入而定。在莫迪利安尼（Modigliani）的生命周期模型中，消費支出應基於一生可得財富來估算。

2 避免衝動消費，要審慎決策，根據相關條件，貨比三家，例如：貸款或房貸的每月應付金額、固定或可調節利率，以及懲罰條款。

3 選擇金融產品和服務時，應該基於金融產品的條件，跟當前、未來的經濟和家庭狀況一起評估。

4 如果個人知識和技能不足或匱乏，就要尋求有能力的理財顧問或理專幫助，並且要了解到，理財顧問是要為客戶謀福利的。

5 為無法預料的支出保留金融（儲蓄）緩衝。有些金融單位，會針對金融緩衝區的規模提出建議。

6 為日常開銷保有足夠的可自由支配收入。可自由支配收入是指，支付諸如清償貸款和房貸、房租、保險費、月費、子女教育費用等非自由支配（強制）款項之後剩下的收入。

7 每個月信用卡足額還款（在還款期內）。

8 預先為收入下降、高額損害賠償費用，以及對他人的法律責任投保。

9 只承擔投資和信貸中可控和可計算的風險，不是將所有的財產用於投資，而是僅將財產中的一部分投資於風險資產，以便在未來期間獲得更高的回報。財產的其他部分可以用來投資債券或其他風險較低的資產。分散風險，並且控制交易成本不要過高。

10 考慮未來可能出現的各種情況（意外事件），例如收入下降、（不）可預料的支出、不動產價值下跌，以及新的財政規則。

這就是負責任金融行為的「十誡」清單，其實人人都可以輕鬆做到。

事實上，這個清單應該要為個人量身打造。應該先明確特定家庭的生活目標和計畫，然後再評估家庭的金融行為，以實現這些目標而言，是否負責任並且行得通。金融行為應該致力實現家庭的（生活）目標。這些目標可以是：（1）不破產（預防性目標）。（2）維持或達到能夠支撐理想生活方式的經濟程度（維持性目標）。（3）透過儲蓄和信貸為未來的購買行為籌集資金。（4）變富有（提升性目標）。在理想情況下，負責任的金融行為以量身打造的理財計畫為基礎，用以實現生活目標，以及在人生階段中不斷優化收入和支出。或者可以廣泛定義為：負責任的金融行為，是基於教育與工作、工作與休閒、有房或租房、消費或儲蓄，以及金融資產之間的權衡，最大化生命周期效用（lifetime utility）。因此，負責任的金融行為是人生規畫和理財規畫的組合。

負責任的金融行為會影響個人層面和社會層面，它應該提升家庭的金融健全程度和幸福感。財務問題通常會引發婚姻糾紛和衝突。負責任的金融行為，對解決債務問題的援助和財政支持的需求也就降低。沒有財務問題的人，工作表現也會更好，因為他們對資金問題的擔憂更低（圖9－1）。

金融動機

圖9－2描繪了金融行為的決定因素（動機、金融素養以及技能），這些決定因素取決於社會人口、心理、情境因素以及金融教育。

金融動機是指人有意願去了解家庭資金管理和金融產品，做審慎決策，並渴望在經濟上負起責任。金融動機包括人們為家庭和自己所承擔的金融責任，以合理的方式花錢，避免問題債務，並且達到期望目標和消費水準。婚姻和工作得失這樣的生活事件，通常會把人們牽扯到金融事務中。曼德爾（Mandell, 2008）發現，退休後貧窮的恐懼，對人們參與金融教育和計畫具有動機價值。

金融動機與認知需求、思考並理解金融事務的意願有關。動機是人們參與金融活動、培養金融素養（知識和技能）的必要條件。安東尼德斯、德·格羅特和范·拉伊（Antonides, De Groot and Van Raaij, 2008）發現，個人的財務概況是金融素養和有效金融決策的先決條件。這種概況包括銀行帳戶和儲蓄帳戶的餘額、保險單的承保範圍，以及家庭一段時間內的收支平衡。

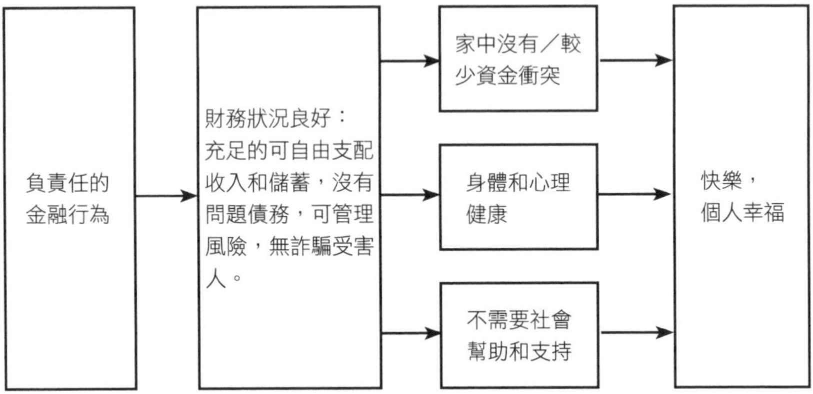

◆ 圖 9–1 負責任金融行為的影響和後果

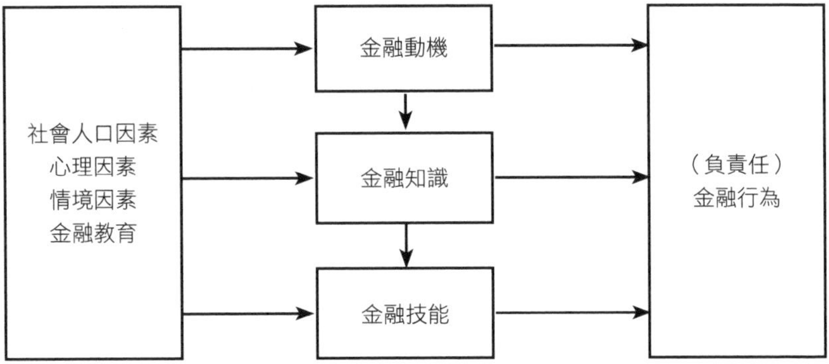

◆ 圖 9–2 負責任金融行為的決定因素

金融素養

金融素養（知識和技能）是對金融觀念的認知和對金融產品的了解，以及為了（更好的）金融行為而利用這種知識的技巧（能力）。在國際學生評估項目中，會將金融素養定義為：對金融概念和風險的認識、理解，以及運用這些知識的技巧、動機和信心，以便在一系列金融環境下做出有效決策，提高個人和社會的金融健全程度，並且有能力參與經濟生活。國際學生評估項目定義的第一部分，關注理想的個人特質，比如知識和技能。第二部分是負責任金融行為的影響。在經濟合作暨發展組織的定義中，金融素養的定義非常廣泛，與負責任金融行為類似。

金融素養還包括：個人知識是否足以做出有效的金融決策，並解決財務問題。人們不應自負，而應實際評估自己的知識和技能。自負是危險的，因為自負的人認為他們有足夠的知識做出決策，並且不接受環境變化和新資訊帶來的改變。一份德國統計數據顯示許多人高估自己的金融知識，他們對自己理解金融產品和概念的能力過度自信（自負），但其實只能正確回答42%的測試題目。如果金融知識不足，就應該尋求幫助和專家建議，以便做出金融決策，並解決財務問題。可以獲取可靠資訊的來源有：網路、消費者雜誌、銀行、保險公司、退休金機構、金融仲介以及理財顧問公司的人力資源部（退休金計畫）等。理財顧問也許能夠就家庭整體金融狀況提供綜合意見。金融素養也包括金融風險意識：在逆境中（例如經濟蕭條、個人失業和損失收入、離婚，以及喪失勞動能力）金融產品的風險。

由於金融產品的複雜性與日俱增，消費者身負更多的責任，更應該為重要的金融決策做準備，並知道如何權衡短期和長期利益，從而知道怎麼處理金融產品。在美國，個人理財知識入門聯盟（Jump$tart Coalition for Personal Financial Literacy）自一九九七到一九九八學年起，對高中畢業班學生進行了大規模調查，主要評估他們的金融素養程度。研究顯示，美國的年輕人和成年人不具備做出良好金融決策所需的基本金融知識。缺乏金融素養會導致不良的金融決策。默里（Murray, 2000）總結，25%大學生擁有四張或四張以上信用卡，並且大約10%的人有三千到七千美元的待繳款項。缺乏金融素養在其他已開發國家也很普遍，例如歐洲、澳大利亞、加拿大、日本、韓國和紐西蘭。

盧薩迪和米切爾（Lusardi and Mitchell, 2007）從一項美國消費者調查中得出結論，美國人的金融素養普遍較低。自相矛盾的是，大多數受訪者認為，理解個人財務狀況是重要的，但是這些受訪者卻不能正確回答關於利息、通貨膨脹、信貸、儲蓄和其他個人理財方面的問題。人們之間的金融素養差異很大，當中還存在性別和少數族群差異：白人比美國黑人和西班牙裔美國人得分高，男性比女性得分高，成年人比青少年得分高。盧薩迪、米切爾和庫托（Curto）發現，考量到社會人口特徵和家庭財務的複雜度，金融素養存在很大的差異。一位受過大學教育並且父母擁有股票和退休儲蓄的男性，和一位受過高中以下教育並且父母沒有資產的女性，前者了解風險分散的可能性，要比後者高出45％。金融素養低的人更可能出現債務問題，參與股票市場的機率更低，不太可能有效積累和管理財富，以及規畫退休生活。

盧薩迪和米切爾藉由測試金融知識來評估金融素養，提出了一項包含三個問題的測試。前兩個問題是關於（複合）利率和通貨膨脹，第三個問題是關於風險分散。這些問題用意是要區分在金融財務方面無經驗和有經驗的人。在國際學生評估項目中，測試範圍更廣泛。來自中國上海和比利時佛蘭德斯（Flanders）的學生在這個測試中獲得了最高分。阿特金森和邁希（Atkinson and Messy, 2012）報導OECD國際金融素養的調查結果，該調查除了一般的金融知識外，還進行了具體的金融知識測試，例如房屋抵押貸款、股市參與以及退休規畫。休斯頓（Huston, 2010）發表了衡量金融素養研究的七十一項比較結果。認為金融素養不僅僅是金融知識，它是由知識以及在金融行為中運用這些知識的技能組成。正如美國金融知識教育委員會（US Financial Literacy and Education Commission）的定義：「金融素養是利用知識的能力和技巧，要為了一生的金融健全，學習有效管理金融資源。」

提高金融素養和技能有助於金融行為，希格特、賀佳斯和貝弗利（Hilgert, Hogarth and Beverly, 2003）發現，金融素養和金融行為（實踐）呈正相關。然而，金融素養和技能的作用並沒有預想得那麼強烈。有些家庭沒有多少金融素養，也能做到收支平衡。而有些金融素養高的家庭太自負，承擔較高風險，進而陷入問題債務中。金融教育與主流消費文化的鬥爭異常艱難，比如容易申請的消費者信貸，還有許多消費者亟欲追求他人的消費水準和財富。

金融技能

金融技能是運用金融知識和理財建議，進行個人金融管理。金融技能是在實踐中應用金融知識，知道該做什麼以及怎樣做。對於兒童來說，這也許就是管理零用錢和為了買東西存錢的技巧。比如，編預算作為財務管理的一種類型，就需要大量的金融、管理和計算技能。由於大多數金融行為是利用網路或者智慧型手機完成的，金融技能包括數位素養和技能。

1. 使用網路數位和網路銀行的技能。
2. 按時支付帳單和稅金。
3. 經常查詢支票和儲蓄帳戶的餘額，以及設定自動支付。
4. 金融識數能力（financial numeracy）和計算能力，例如加法、百分比和複利計算。對於大多數人而言，複利計算比較困難。
5. 比較價格、利率以及金融產品的條件差異。
6. 填各種表格，比如納稅申報表、申請表、保險賠償表格。
7. 預算分配，為支出安排預算，並記帳。
8. 耐用品的修理、折舊以及汰換預備金。

人們需要責任感和自我管控能力，保存付帳紀錄，學會記帳和納稅申報。因為這項工作經常被認為艱難、繁重的，所以許多人會拖延這項任務。截止日期要到了才準備納稅申報，匆忙之間會出差錯，可能會導致支付過多稅金。網路工具對記帳和編列預算是有效的，並且銀行可能會透過支票帳戶提供客戶預算工具。

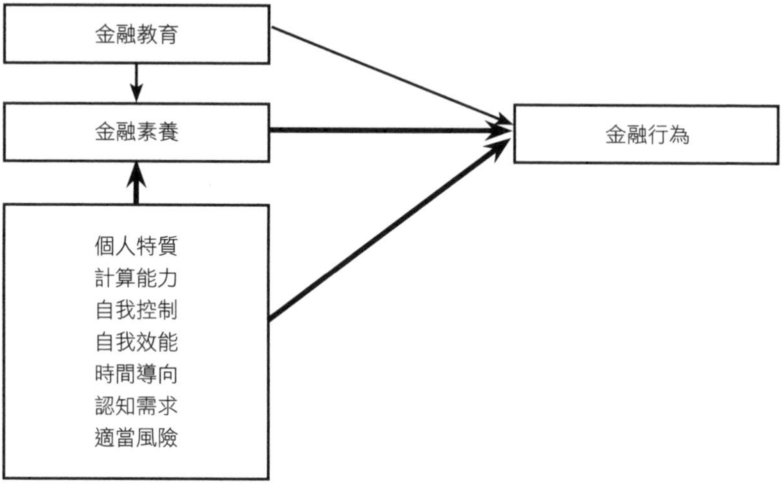

◆ 圖 9–3 金融教育、金融素養、個人特徵與金融行為（箭頭粗細表示關係的強度）

金融教育

顯而易見的是，金融教育提升金融素養，並且會影響金融行為。許多研究顯示，金融素養對不同類型的金融行為有很強的影響，例如消費（現金流管理）、儲蓄、借款、規畫和投資。大量個人因素與金融素養有關，例如數位應用（計算技能）、自律、自我控制、自我效能、未來時間導向，並且承擔適當的風險。這些因素對金融行為影響很強，與金融素養高度相關，並且我們可以說，這幾乎構成了金融素養。（見圖9－3）。

在許多研究中，即使修正其他因素如教育程度、年齡、性別和收入，金融素養對金融行為的作用依舊顯著。金融教育與社會化對金融行為的作用是混在一起的。在一些研究中，這種作用有著正面影響，但是在其他的研究中並不能找到任何影響。韋伯利和尼許斯（Webley and Nyhus, 2006）發現，父母對孩子的責任感、未來導向和儲蓄具有微小卻顯著的影響。然而，曼德爾（Mandell, 2001）指出，如果家長與孩子們一起參與並討論金融事務，他們孩子的金融素養，不如那些家長沒花時間與其討論金融事務的孩子。威利斯（Willis, 2009）質疑金融教育對金融行為的作用，並且使用了「金融教育謬誤」（financial education fallacy）這樣的術語，因為金融教育也許使人們更加自信（甚至自負），但是並沒有提高他們的金融能力和技巧。

費爾南德斯、林奇和內特邁爾（Ferbabdes, Lynch and Netemeyer, 2014）總和二〇一份研究做綜合分析，發現金融教育的干預對金融行為的影響較小。這些影響對低收入族群而言甚至更微小。與其他的教育一樣，金融教育的影響也會隨著時間衰減。即便指導時數很長結果也一樣，二十個月後，其效果也微不足道。傳統金融教育課程並不能應付金融產品及其選擇的複雜性。

參加金融教育課程的學生，在金融素養上並沒有比未參加課程的學生得分更高分，但是玩股票市場遊戲的學生卻可以。後者的聯繫不應理所當然地認為是因果聯繫。有可能是金融素養高的學生，更願意參與股票市場的遊戲。金融教育的遊戲化，或許是年輕人獲得正確金融見解的有效途徑。金融教育APP或許同樣有效。人們可以在購買或者做其他金融決策的時候，利用這些APP進行諮詢。在遊戲或APP中，與「相似的」消費者進行社會比較可能有趣並且刺激。人們往往喜歡拿自己與他人比較。

有效的金融教育，來自於師長與同儕帶來的「消費者社會化」[7]。年輕的孩子透過觀察、模仿、教導和實踐，以及處理他們周圍的資訊進行學習。這可能是非目的性的，因為年幼的孩子會模仿家長的行為，並且接受家長消費或節儉的準則和價值。年長的孩子和青少年受其朋友和榜樣的影響。監控和回饋是行為學習的主要工具。對兒童的金融教育，應不斷努力提供範例、規範和回饋，這往往會產生良好的效果。以前經歷過的金融問題，可能是未來行為的「前車之鑒」。家長可以跟孩子討論金融決策實作和負責任的金融行為。研究發現，家長的直接教育對一年級研究生的金融規範、態度和行為控制有良好的影響。

生活費或零用錢是父母和孩子經濟互動的主要教育工具。這些生活費要麼是賺來的收入，要麼是有權領取的零用錢。用做家事換得零用錢的孩子，比從家長手中獲得日常零用錢的孩子金融素養更高。家長應該訓練孩子們保持日常零用錢的收支平衡，並且不應一味地答應孩子要零用錢的請求。這樣才能實際訓練孩子們的金融技巧和財務規畫。

大多數國家還沒有把金融教育納入小學和中學的「個人金融教育」課程。巴西高中有一門課程算是例外，它強調重複指導和讓學生實踐金融技能。這些技能有：為購買進行儲蓄而非信用卡購物，貨比三家，與賣家討價還價，並且追蹤開支。這門課對金融偏好和結果大有影響。在多明尼加的一項研究中，研究者提出一個完備的金融教育模組和一組簡單行事的經驗法則，測試簡單方法的好處。結果顯示，簡單的訓練跟完備模組相比，對知識和行為的影響更大。對於先前沒有接受過金融教育的人，強調日常關鍵的經驗法則更有效。

許和齊亞（Xu and Zia, 2012）指出，低收入國家的傳統金融教育成效有限。但是，南非利用一部熱門電視肥皂劇來教育觀眾，從而提升了個人金融決策的品質。節目中不時帶入金融資訊，在觀看肥皂劇兩個月之後，人們賭博和分期付款購物的機率更小。在衣索比亞，生活困難的人通常會表現出內部控制（internal contraol）低下的情緒，例如「我們既沒有夢想也沒有想像」或者「我們只為今天而活」。解決之道是邀請家庭觀看勵志影片，例如跟他們同區的個人現身說法，講述他們如何透過設定目

7 指消費者獲取市場上消費技巧、知識和態度的過程。

標、努力工作、提高社會地位。半年之後，看過影片的家庭，儲蓄總額更高，並且對孩子的教育投資得更多。這些案例表明，電視和影片是強而有力的媒體，不要傳統教學，而是提供較好的金融行為案例和榜樣。在衣索比亞的案例中，影片主要是激勵性質，以期降低人們改善自身狀況的惰性。

窮人通常具備較多價格知識，因為他們的收入較低，被迫尋求低價和促銷商品。他們不斷地試圖解決現有的財務問題，沒有或者很少有精力和心智應對未來。這或許可以解釋他們的現時偏誤。

大多數人需要金融教育。然而，金融教育不應該聚焦在知識上，還以抽象方式教授。其課程應該包含零用錢、儲蓄和借貸，還有價格比較等實際案例和技巧訓練，這種方式對孩子和青少年是適用和有效的，巴西高中的課程就是好的例子。金融教育最好包括個人化資訊和學生金融狀況的相關資料，以便讓學生參與相關案例、分析和建議。金融教育應該包括「動手」的活動、技巧、計謀、經驗法則、遊戲，以及有效的鍛鍊。這樣，金融教育才可能會對金融行為有直接影響。因此，金融教育項目的關鍵因素包含：（1）基礎知識的重複教學。（2）在實踐中運用該知識的技能訓練。（3）做什麼和怎麼做的具體建議（簡單經驗法則）。（4）如果可能的話，在決策的時候可利用APP諮詢。（5）個人化，使用學生的個人金融資料。

金融教育和負責任金融行為的主要心理需求是：

1 盡心盡責地、持續地記錄預算開銷和記帳。
2 未來偏好，即考慮到未來的財務狀況來規畫、儲蓄和保險。
3 自我管理、自我控制、自我約束或意志力，能夠控制並掌握個人財務狀況。

如果自我管控和意志力不足以實現負責任的金融行為，可參考預先承諾的概念，比如設定自動儲蓄、信用卡帳單自動支付和房貸自動還款，也許能實現這些目標。

理財規畫

理財規畫是個人或家庭為了實現財務目標而採取的一系列措施和手段，例如清償債務，或者為退休以及非財務性目標（如買房或度假）提供財務保證。這通常包括確保個人或家庭每月可自由支配收入的方法，也許還包括未來收入消費和儲蓄的一系列措施和具體目標。財務計畫把未來收入分配到不同的類別／帳戶中，例如房租或水電費，並為短期和長期儲蓄預留收入。制定理財規畫應了解以下幾方面：

1 理財規畫的先決條件是對基礎事實的通盤理解，例如家庭構成、財務狀況、工作和收入的穩定性、生活方式、可自由支配和不可自由支配的支出比例，以及現在和未來預期的可自由支配收入。預算需要深入了解支出項目，家庭成員對債務的風險傾向和態度也應該加以考慮。

2 人生規畫是一個家庭在事業和收入、子女教育、置產、旅行、休閒、愛好、運動和（提前）退休等方面的計畫和目標的綜合。它使人們可以快速了解這些目標和計畫的現實性和可實現性，並整合計畫、目標與金融產品。

3 綜合計畫：人生規畫和理財產品之間的聯繫。在理財規畫中，表達的是多少錢應該分配給儲蓄和消費，多少錢應該作為教育和養老的保證金，以及家庭需要哪些金融產品，比如保險，使得家庭在可接受的時間內擁有充足的可自由支配收入，實施計畫並實現目標。

4 應急計畫是為了防止事情出差錯，事先找到解決辦法，例如：金融緩衝或者信用借貸，以能應對這些意外。

5 流程規畫是要執行日常理財規畫：哪些任務必須完成？誰是執行這些任務及承擔其後果的財務官，並負責在結果不符合計畫時採取措施？同樣重要的是，堅持理財計畫，不接受藉口和意外，而是在預定的時間內執行計畫。許多人沒有執行理財規畫，因為他們認為這比較複雜和繁重。如果理財規畫被分割成一系列相對簡單的步驟，人們啟動進程的機率將會提高。

理財規畫設計通常由專業的理財顧問完成，理財顧問在與家庭成員討論並詢問過他們的有價證券和銀行帳戶後，提供一份關於家庭現在和未來預期財務狀況的報告。這可以按照不同情境完成，這些情境會考量到經濟的發展，例如：通貨膨脹、利率和景氣循環周期（上升和蕭條）。理財規畫不應只是一次性練習，而應該考慮經濟、財政和其他發展的持續過程。理財顧問也應該考慮到客戶的經驗法則和認知偏誤。客戶對自己的財富、保險投資組合，以及投資的理解，可能與理財顧問有所不同。理財顧問不應該只教導客戶怎麼做，而應該考慮客戶的偏好，即使客戶偏好的解決方案可能不是最優的。但這樣做會增加理財規畫的接受度，並提高計畫執行的動力。

關於人生規畫和理財規畫「怎樣做」的自助書籍已經氾濫，這些書提供了建議，告訴人們具體應該怎麼做。如果這些書能夠讓人們意識到自己的挫折、欲望和人生目標，以及他們的資金管理和拙劣的金融決策，那就算卓有成效了。消費者需要有自知之明，並且管控金融行為，開始人生規畫，把理財規畫當作實現人生目標、快樂和幸福的工具。

施爾曼斯（Schuurmans, 2011）認為，理財規畫應該是綜合理財建議，不應僅關注抵押貸款等金融產品，而應該結合其他的金融產品，如保險和投資。

「綜合」意味著應該同時評估所有金融產品的總效用，並且應該考慮這些金融產品之間的交互作用。這樣，超額保險就不會發生了。財富可以靈活應用，例如把它想成年金形式。理財規畫比較昂貴，是因為專家必須花費許多時間蒐集資訊，撰寫特定的家庭財務狀況報告。通常，投資理財規畫，儲蓄和更好的理財決策就能得到回報。

波耶茲和范．拉伊（Poiesz and Van Raaij, 2007）詳述「虛擬守護天使」（virtual guardian angel）的想法，這是一個「知曉」家庭成員偏好、持續掌控家庭財務狀況的軟體系統。如果外部發展影響到家庭財務狀況，虛擬守護天使可以提供解決方案，以便保持財務狀況的穩定和增長。虛擬守護天使是家庭金融產品投資組合中很普遍的謹慎責任。綜合金融產品的投資組合是首選，甚至包括（非金融）相關領域，例如房屋保護、花園的養護、汽車、電腦、電話及其他耐用消費品的租賃、優化和替換，以及可能發生的意外。關係越長久，金融產品的投資組合越大，虛擬守護天使的建議就越全面、越好。

理財規畫和虛擬守護天使的發展，也許可以解決個人缺乏金融素養的問題。如果家庭成員能夠陳述他們的偏好、計畫和目標，虛擬守護天使就能提供維持財務穩定並達到期望目標的金融條件和解決方案。理財規畫和虛擬守護天使軟體是優化、穩定和改善財務狀況的控制和管理工具，這樣，家庭成員可以把（有品質的）時間花在其他活動上，例如和他們的孩子玩耍、參與文化活動，而不是花費在整頓家庭財務上。

小結

大眾的金融素養普遍偏低。大多數人對理解金融產品、比較選項、財務計算和決策力不從心。學校的金融教育和對成人的金融教育，也許是提高金融素養的一種方式。由於大多數人對金融教育不是很積極，並且現在的金融教育需要更了解金融產品的風險和選擇，因此金融教育應該包括實際技能的培訓和相關資訊（應用程式）的運用，並利用影片、案例和榜樣，使學習變得更有趣和激勵意義。

責任感、自我調節、自我控制、自我管理、預先承諾和未來偏好，是掌控財務狀況的重要因素。預先承諾的方法是避免問題債務的自我控制工具。

個人理財規畫和建議能夠補救金融素養低落的問題。人們知道，財務問題對他們來說很重要，他們需要幫助，以便深入了解自身的財務狀況和機遇，並利用這些知識做出負責任的金融行為。

Part II

Chapter 10

個人差異與區隔

Individual Differences and Segmentation

經濟學家偏愛總體層面的關係，而心理學家通常關注個體層面。總體層面的聯繫可能存在誤導性，因為一旦人群區隔開後就會存在不同的行為。本章描述與金融行為相關的社會人口變數和其他因素下人們表現出的差異。「性格」是解釋金融行為差異的因素之一。本章討論了五大性格特質因素。與金融行為尤其相關的有：盡責性與經驗開放性。消費者可以細分成同質群體或世代，不同的策略可以有效應用在不同群體的成員中。

個體差異和性格

人們在社會人口特徵和個性上的千差萬別是不言而喻的。本章聚焦在與金融行為相關的個體差異上，這些差異也許可以解釋並預測，人們是怎樣花費他們的收入，怎樣制定金融決策並且購買金融產品？根據個體差異和／或金融行為，可能會形成同質群體。根據群體特徵和行為，政府的消費者政策和金融機構的行銷管理可以提出因群體而異的對待方式，從而提升執行效率。

「高度」相關的社會人口變數有：年齡、性別和教育程度。在幾乎所有群體研究中，無論研究主題是什麼，這些變數的結果總是因人而異。對於金融行為而言，同樣相關的變數有：教育類型、職業種類、家庭構成、可自由支配收入、收入穩定性，以及家庭生命周期的不同階段。教育或職業的類型作為相關變數，原因是經濟學、會計或商業背景的人，了解更多金融知識，也比他人更能理解金融產品。其他與金融行為相關的特質包含：責任感、金融素養和技能、風險偏好、時間偏好，以及自我控制、自我效能和自我管理。性格是個人的永久特點，也就是說，在理想情況下，性格在不同的情形中是穩固不變的，並且在某種程度上可以解釋和預測個人的行為。米歇爾（Mischel, 1968）開發出一個性格和情境的交互作用模型。性格特徵可能在與性格特徵相容的情境中更加相關和顯著。例如，在自己與他人分錢的情境下，貪婪的特質越發顯著，並且行為更具可預測性。

性格變數的預測效度通常十分低。研究者認為五個強有力的性格變數比其他性格變數表現得更好。這些性格變數被歸納為五大性格特質（Big Five）：（1）外向性。

（2）情緒不穩定性。（3）親和性。（4）盡責性。以及（5）經驗開放性。接下來，我們將討論這五大性格因素。

外向性

外向與內向相對，以下會以雙極量表（bipolar scales）評價兩種極為不同的性格特徵，這些雙極量表給定了一組「外向—內向」的性格印象。

- 健談相對於沉默。
- 開放相對於保守。
- 獨斷相對於克制。
- 冒險相對於謹慎。
- 尋求刺激（高度警醒）相對於安靜（低度警醒）。
- 善交際相對於避世隱居。
- 溫暖相對於冷漠。
- 積極相對於消極。

- 衝動相對於深思熟慮。
- 正面情緒相對於負面情緒。

外向與警醒需求之間有著明確的關係，因此與感官刺激尋求、冒險之間也有關係。感官刺激尋求由中樞神經系統的警醒需求刺激產生。某些人追求較高的最適刺激程度。高警醒需求可以透過多變、複雜、新奇以及強烈的刺激和經歷來滿足。高度感官刺激尋求者有較高的最適刺激程度，尋求更多刺激，進而容易比低度感官刺激尋求者冒更多更大的風險，例如，投資和賭博。感官刺激尋求和外向可能會直接影響金融風險承擔或者風險傾向。相較於老年人，年輕人通常更外向，對待新事物也更開放，這或許解釋了冒險的年齡效應。年輕人比老年人尋求更多的風險。

情緒不穩定性

情緒穩定與非穩定（神經質、特質焦慮）相對，以下會以雙極量表評價兩種極為不同的性格特徵，這些雙極量表給定了一組「情緒穩定—非穩定」的性格印象。

- 鎮定相對於緊張。
- 冷靜相對於焦慮。
- 鎮靜相對於易怒。
- 安全相對於不安。
- 不多疑相對於多疑。
- 友善相對於憤怒和敵意。
- 不憂鬱相對於憂鬱。
- 不易受影響相對於易受影響。
- 自覺相對於不自覺。
- 深思熟慮相對於衝動。

請注意，焦慮特質是性格特徵上的焦慮，指的是在各種情況和方面表現出焦慮的人。焦慮也許是威脅的反應，僅被威脅激起。情緒穩定、神經質和焦慮特質是高階神經質人格特徵的指標。焦慮特質為冒險提供了最佳一致性預測。焦慮特質偏高的個人對威脅資訊具有認知偏誤，並且這可能是風險知覺偏誤的起因。這是一個普遍趨勢，而非特殊情境限定。外向得分低並且神經質得分高的人，具有風險規避傾向的特徵，因此承擔更少或更小的金融風險。

親和性

親和與對抗相對，以下會以雙極量表評價兩種極為不同的性格特徵，這些雙極量表給定了一組「親和性—對抗性」的性格印象。

- 和藹相對於易怒。
- 令人喜愛相對於令人討厭。
- 不妒忌相對於妒忌。
- 溫和相對於頑固。
- 合作順從相對於消極對抗。
- （競爭性的）信任和輕信相對於不信任和懷疑。
- 利他相對於利己。
- 容忍相對於不容忍。

親和與對他人的友好和容忍相關。相較於親和性較低的人，親和性高的人對他人有著更多的信任。輕信是一種極高程度的信任。信任和輕信可能會輕易接受他人的建議，以及金融提議，甚至是犯罪提議。

貪婪作為性格特徵（性格貪婪）並未體現在五大性格特質中，但是與金融行為相關。貪婪與貪得無厭息息相關，總是想要更多的錢和更多資源。貪婪也與物質主義、自私自利、嫉妒豔羨、爭強好勝以及較少的親和性有關。貪心鬼的幸福感依賴於現有資源，越多越好。對於不貪心的人而言，一定的收入和資源就夠了，擁有更多收入和資源幾乎無益於提高幸福程度。

盡責性

盡責與混亂、無組織相對，以下會以雙極量表評價兩種極為不同的性格特徵，這些雙極量表給定了一組「盡責性─混亂性」的性格印象。

- 有能力相對於無能力。
- 自律和井然有序相對於混亂和無秩序。

- 盡職盡責相對於粗心大意。
- 負責任相對於不負責任和依賴。
- 實現目標和努力奮鬥相對於洋洋自得。
- 深思熟慮相對於衝動。
- 小心謹慎相對於肆無忌憚。
- 不屈不撓相對於放棄和變幻無常。
- 強大意志力相對於意志薄弱。

盡責的人，其金融行為更有目的、自律和責任感。他們不太可能推遲他們必須承擔的工作，例如填表和準備稅收申報。他們通常具有良好的組織性，以及計畫導向，並且更有可能比較相關資訊，做出深思熟慮和認真謹慎的金融決策。盡責的人更有可能認真處理所有相關資訊，並且記錄和掌握自己的收入和開銷，以避免不必要的風險。

經驗開放性

開放與封閉相對，以下會以雙極量表評價兩種極為不同的性格特徵，這些雙極量表給定了一組「開放性—封閉性」的性格印象。諾曼（Norman, 1963）稱這個因素為「文化」，其中包含藝術的敏感度、智力和想像力。其他人稱之為「智力」（intellect）。請注意，文化和智力不是性格特徵，但是分別與教育和能力相關。

- 想像與幻想導向相對於簡單與直接。
- 藝術和審美敏感相對於不敏感。
- 智慧和深思相對於輕率和狹隘。
- 新思想相對於傳統觀念。
- 文雅和有涵養相對於粗魯和粗野。
- 積極衝動相對於消極克制。
- 高認知需求相對於低認知需求。

經驗開放的人更具創新和創造力，尋求新產品和新體驗，並且更有可能嘗試新的金融產品和服務。他們對新產品承擔更多的風險，也有可能對他們的投資享有更高的回報。他們同樣也是對資訊、教育開放和敏感的人群。

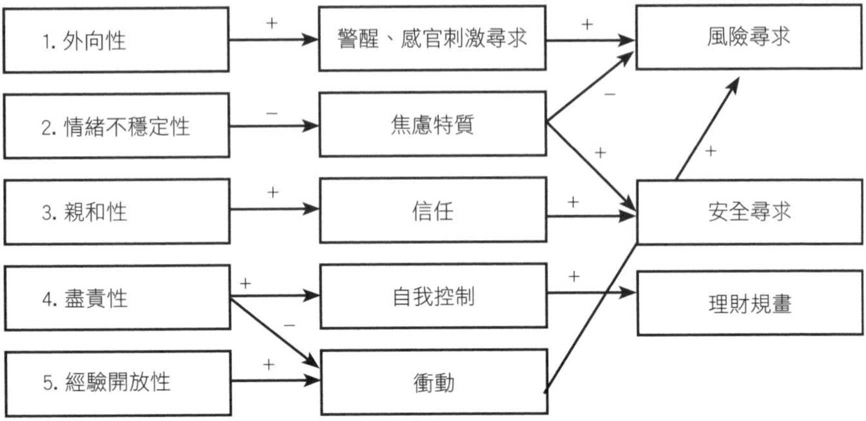

◆ 圖 10–1 五大性格特質和金融行為的關係

圖10—1概括了五大性格特質和金融行為的關係。高衝動引發的謹慎決策較少，而導致衝動購買。高衝動的個人承擔了更多風險，因為他們沒有充分考慮所有選項。為什麼人們不在做決定前認真分析既有選項呢？他們要麼是想要快速決策，享受選定選項的利益，避免選擇與決策之間的權衡帶來的不愉快情緒和嘗試，要麼是為了規避處理訊息的機會成本。衝動是兩個高階性格特徵的指標：經驗開放性和盡責性。衝動的人對新的經驗更加開放，具有較高的最適刺激程度，並且沒那麼盡責。經驗開放性與警醒需求有關，進而尋求風險。越盡責，就能處理越多與選項相關的訊息，可聚焦在最有把握的選項上，謹慎管理風險。

尼科爾森（Nicholson et al., 2005）等人研究了五大性格特質，並且歸納出風險承擔者在外向性、經驗開放性和情緒不穩定性上得分較高，而在親和性及盡責上性得分較低。感官刺激尋求由中樞神經系統的警醒需求刺激，刺激和警醒的需求可以被各種複雜、奇幻和緊張的刺激和經驗滿足。高度感官刺激尋求者有較高的最大刺激程度，因此相對於低度感官刺激尋求者，傾向承擔更多、更大的風險。外向與警醒需求有較確定的關係，因而與感官刺激尋求和風險承擔的關係也是如此。外向的人更有可能尋求刺激並承擔金融風險。感官刺激尋求和外向可能會影響經濟上的風險行為。衝動是決策中重要的因素，衝動決策的人更有可能忽視相關資訊和選擇，進而犯錯。控制衝動是負責任行為的重要面向。

區隔

市場並不是同質的，可以分割成幾個同質消費者市場或次級市場。有效的市場區隔需要進行以下工作：

1 區隔市場：每個區隔市場應該可以透過若干變數來區別。

2 區隔市場內的同質性和少量差異：區隔市場的成員應該在若干變數上是相似的。

3 區隔市場之間的異質性和大量差異：一個區隔市場的成員應該與其他區隔市場的成員有所不同。

4 區隔市場規模：區隔市場應該夠大，大到可以差異化，實施不同政策。

5 溝通和聯繫的容易程度，例如，知曉區隔市場中成員常用的媒體。

6 區隔市場的消費能力：對於金融機構而言就是區隔市場的盈利能力。

7 區隔市場適應金融產品和服務的適應性：可得的產品和服務對區隔市場是有用及有吸引力的嗎？或者，能夠開發這些產品和服務嗎？

產品和服務可以差異化，以適應不同的區隔市場。產品差異化是市場區隔的另一面向。以公共政策或市場戰略為例，組織可以選擇其中一個區隔市場進行深耕，並透過他們的方法確定目標（目標市場選擇）。在公共政策中，政府可能聚焦在一些區隔市場上，例如對問題性債務比較脆弱，或者對不可預測和不可預見的支出沒有儲蓄緩衝的區隔市場。

這裡可以區分主動和被動的區隔變數（圖10－2）。主動變數用於形成區隔市場，被動變數則是在區隔市場形成之後，用來豐富區隔市場的描述。在正向區隔中，個人差異作為主動變數，形成了區隔市場，例如社會人口因素（年齡、性別、收入、

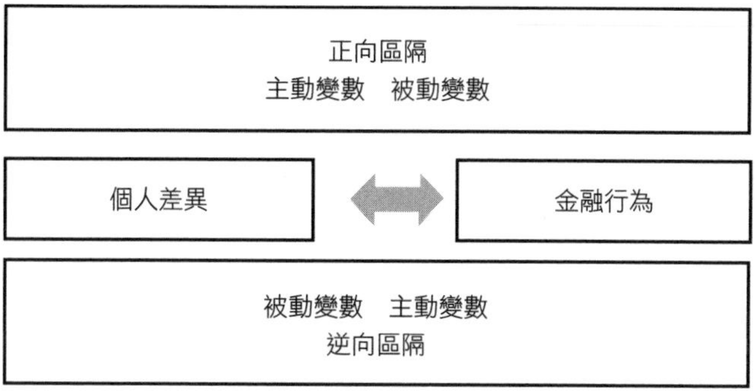

◆ 圖 10–2 正向和逆向區隔

職業、家庭構成）和心理統計變數（態度、觀念、生活方式、媒體閱聽選擇、性格和政治偏好）。在區隔市場形成後，行為變數作為被動變數，用以核查這些區隔市場在金融行為上是否存在差異，例如這些區隔市場使用哪類金融產品和服務、使用的強度。正向區隔的優勢是基於人們的特質，這些特徵有助於更好地了解人們，並且與之交流。正向區隔的類型有：地理區隔、社會人口區隔和心理統計區隔。

在逆向區隔中，行為變數作為主動變數，形成了市場區隔，例如金融產品和服務的使用。在區隔市場形成之後，社會人口和心理統計變數作為被動變數，豐富區隔市場的描述。逆向區隔的優勢在於，區隔市場之間金融行為和產品使用存在明顯的差異。因此，我們也許能夠回答這樣的問題，例如：參與投資基金的人的特徵是什麼？高額儲蓄、高額消費或者身負債務的人的特徵是什麼？

正向區隔和逆向區隔的組合是一種同時分割。在這裡，區隔市場的形成基於同時作為主動變數的個人差異和行為變數。然後，其他的個人差異和行為變數可能被當作被動變數，以更豐富的方式描述區隔市場。

相關的區隔研究，按照歐洲一些國家金融產品的收購順序，使用了一種資料分析的技術手段——潛在類別分析。關於市場區隔概念和方法的概述，可以在韋德爾和鐮倉（Wedel and Kamakura, 2000）關於市場區隔的書中找到。

世代分析是區隔市場的另一種方法。透過這種方法，可以基於出生年份區分同生群。「二戰」之後的嬰兒潮就是典型的例子。

在世代分析中，根據人們成長時期的經濟環境，假設教育和早期經歷是不同的。這些年輕時期的經歷會對以後的生活產生影響。嬰兒潮的一代人經歷了「二戰」後的貧困和經濟復甦，這一切對這一代人在消費和儲蓄上都產生了影響。例如，嬰兒潮的人比之後的幾代人儲蓄得更多。

瑪律門迪爾和納格爾（Malmendier and Nagel, 2011）發現，由於人生經歷不同，人們在風險承擔上存在差異。在經濟大蕭條時期，經歷過股市低迷的一代人，承擔風險並參與股票市場的機率更低。老一輩比年輕一輩擁有更多的歷史經驗。同代人將歷史經驗作為船錨，基於近期經驗調整風險偏好。這種調整通常是不充分的。世代分析是一個有前景的研究領域，最近幾年，關於早期經驗對當下行為影響的研究越來越多。

決策風格的區分

在蒐集、處理資訊以及購買金融產品的時候，消費者的決策風格迥異。某些人能夠輕鬆地發現相關資訊，並在選擇複雜金融產品時做出明智決策，而有些消費者則需要顧問說明並協助做出複雜金融產品的相關決策，例如房貸和退休金計畫。

為了找出相關的個體差異，在荷蘭金融市場管理局的一項研究中，提出了十個雙向問題（表10－1），以評估受訪者的決策風格。對這些問題的回答就構成了檢查自我決策行為的報告。因此，這份研究是逆向區隔的例子。

對表10－1的問題的回答分成七個等級：同意分成三種程度（完全同意，同意，有點同意）和相對另外三種程度（1、2、3和7、6、5），以及中立回答（4）。對這些問題的主要分析提供了三個構成要素或面向（圖10－3）。

當你在購買金融產品的時候，是如何進行的？	
1. 我搜尋了大量的資訊	我試圖限制資訊的數量
2. 我花費大量的時間	我盡快地處理完
3. 我考慮很多選擇	我只考慮幾個選擇
4. 我盡可能親力親為	我盡可能讓別人代勞
5. 我信任顧問	我不信任顧問
6. 我和親友談論得比較多	我不怎麼和親友討論
7. 不找到最好的產品決不甘休	找到滿意的產品就可以了
8. 我準備承擔一些風險	我想越確定越好
9. 我喜歡嘗試新產品	我堅持熟悉的產品
10. 我喜歡簡單的產品	我也接受複雜的產品

◆ 表 10–1 關於消費者決策風格的十個雙向問題

1 集中相對於廣泛，花費大量時間和精力相對於花費少量時間和精力——問題1、2、3和7。請注意，問題7牽涉到金融決策時，最佳相對於最滿意的選擇。

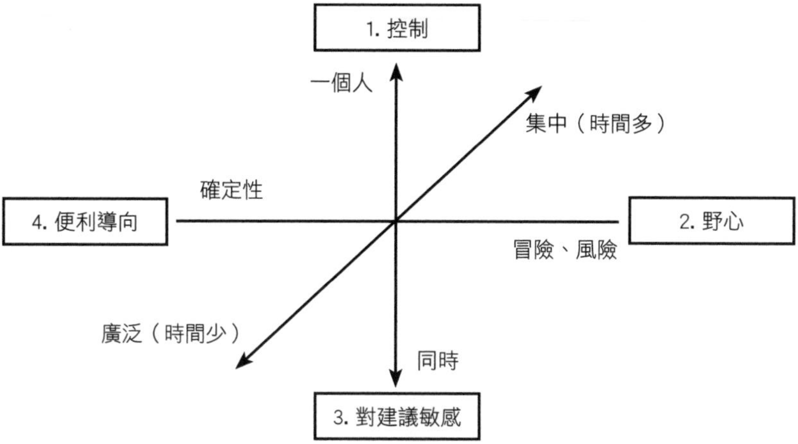

◆ 圖 10–3 對金融市場四種區隔之間的維度

2 冒險相對確定性，考慮風險、新的和複雜的金融產品，或風險較少、熟悉和簡單的金融產品——問題8、9和10。

3 一個人還是一起做金融決策——問題4、5和6。如果是一起做決策，其他人就是顧問、親戚和／或朋友。

基於這十個問題的答案，回應者被區隔為四個部分。因此，這十個問題就是主動變數，形成了區隔。四個區隔分別是：

1「已得到控制」或「掌控之中」（五九六個回應，49.5%）：掌握自身財務的人。這些人搜尋了大量資訊（「集中性」高），並且規避了風險（「確定性」高）。被動變數：更高的教育程度、中高收入、偏好數位化建議。在這類區隔下的成員，會自己處理納稅申報和保險索賠。

2 「野心勃勃」（二一六個回應，17.9%）：喜歡承擔某些風險的人。這些人搜尋資訊居於平均程度，並且承擔部分風險（「冒險性」高）。被動變數：更高的教育程度、更高的收入、相對更多的投資者，偏向共同提出建議。該區隔之下的成員想變得更加富有。

3 「對建議敏感」（三〇八個回應，25.5%）：依賴顧問的人。這些人依賴顧問、親戚和朋友。更願意一起做決策。被動變數：更低的教育和知識程度，偏好「面對面」的建議，主要為女性，對未來經濟持有高度信心。

4 「方便導向」（八十四個回應，7%）：不願意在金融決策上花太多精力的人。這些人寧願不在金融決策上花力氣（他們要求廣泛），盡可能避免風險（「確定性」高）。被動變數：更低的教育和知識程度，偏好簡單產品，偏向「面對面」建議，對未來經濟信心較低。

隨著時間的推移，「已得到控制」區隔市場規模得到增長，從二〇〇四年的29%到二〇一一年的45%，再到二〇一四年的49.5%。「方便導向」的區隔市場規模下降，從二〇〇四年18%到二〇一一年的10%，再到二〇一四年的7%。這意味著目前更多消費者認為，相較於十年前，他們擁有更多掌控能力。並且與十年前相比，消費者的被動程度、惰性和方便導向都在縮小。現在，他們聲稱比起十年前的自己，用到更多的資訊。

問題7在二〇一一年的平均得分低於二〇〇四年。與二〇〇四年相比，人們在二〇一一年更少覺得滿意。人們在找到滿意產品後才會停止搜索，因此，這意味著比起十年前，人們會更努力尋找更好的選擇。在二〇〇四年至二〇一一年間，人們也傾向承擔更多的風險並嘗試更多新產品。這些數據透露出一個好的信號：相較於十年前，人們傾向在金融決策上花費更多的時間和精力，而這可能歸功於金融危機。高教育程度的人搜尋的資訊更多，也更願意購買複雜的金融產品。教育程度和性別對於問題4的影響是顯著的。與受過高等教育的女性相比，受過高等教育的男性更願意盡可能地事必躬親，而低等或中等教育水平的男女在這方面沒有差別。女性比男性更常與他人談論金融決策（問題6）。與男性相比，女性更加規避風險，並且更偏愛簡單產品（問題8和問題10）。女性普遍認為她們的金融知識比男性少，儘管她們退休金計畫知識的客觀得分與男性一樣。

小結

性格因素影響消費者的金融行為，人們之間的許多差異是可以評估的。我們區隔了兩個主要的群組：第一個群組基於外向和經驗開放性，第二個群組基於盡責性和情緒不穩定性。

外向性和經驗開放性與高最適刺激程度、高警醒程度相關。有著這些性格因素的人更愛冒險也具備野心，他們想要更多的外部和內部刺激，這導致了感官刺激尋求、衝動、冒險，以及嘗試新產品和服務，在金融領域也是如此，例如投資和賭博。不幸的是，這些人也更容易陷入財務問題。

盡責性和情緒不穩定性與低最適刺激程度和低警醒程度相關。有著這些性格因素的人更加小心謹慎，深思熟慮，並且聚焦在確定性上。他們堅持記錄開銷，並且想要掌控財務。他們更容易儲蓄，為的是確保安全，以及規畫未來，包括他們的退休。這些人在自我控制、自我效能和自我管理上的得分比較高。

將消費者區分成數個群體，對個人差異提供了更多深刻的見解，並且也更聚焦在特定市場，提高了教育項目和市場政策的效力。世代差異的觀念是要區隔不同經歷的人，這些不同的經歷源於他們年輕時的教育和經濟環境。

Chapter 11

信心與信任

Confidence and Trust

信心與信任是經濟發揮作用的關鍵。消費、儲蓄、借貸、投資都依賴消費者對未來經濟及個人財務狀況的信心，以及他們對金融機構的信任，如銀行、保險、信用卡公司以及投資和退休金機構。之所以需要信任，原因出於許多金融服務在購買時無法檢測品質，也許要多年之後才獲利。沒有信任，交易夥伴、乃至整個社會便不得不訴諸合約的法律強制效力，這是次要選項。

信心與信任

根據卡托納（Katona, 1975）的理論，消費者消費的功能可分為經濟因素和心理因素。經濟因素是指消費的能力和機會，即家庭的可自由支配收入。可支配收入或可自由支配收入是稅後收入，並且用來支付生活必需開銷（例如基本食品、衣物、房租、房貸和借貸還款、保險費，以及其他必要支出）後的收入。消費者有消費或儲蓄其可自由支配收入的自由（自由裁量權）。心理因素是指消費的意願和動機。消費者在經濟中變得越來越重要，正是因為他們有消費或儲蓄其可自由支配收入的自由。表11－1顯示收入對消費的作用，包含去年收入的發展變化，以及來年的預期收入。

	未來收入將變得更低	未來收入不變	未來收入將變得更高
去年收入已下降	悲觀預期，低消費程度	低消費程度	積極預期，不穩定消費
去年收入穩定	悲觀預期，低消費程度	消費穩定	積極預期，高消費程度
去年收入已增加	悲觀預期，不穩定消費	高消費程度	積極預期，高消費程度

◆ 表 11–1 收入變化（回顧性與前瞻性）對消費的影響（通常低／高消費程度意味著高／低儲蓄程度）

如果消費者收入已增長或預期未來會增長，他們會對未來更有信心（更樂觀），並且更願意參與新投資（房產、汽車和其他耐用消費品），以及花費他們的可自由支配收入。如果消費者收入已下降或預期未來會下降，他們對未來的信心會降低（更悲觀），並且不太願意花費其可自由支配收入。

消費者信心在政府經濟政策、消費者個人收入的發展和消費力上起著決定性作用。伴隨著正面信心（樂觀主義），消費者消費得更多，貸款更多，並且儲蓄更少。而伴隨著負面信心（悲觀主義），消費者消費得更少，貸款更少，並且儲蓄得更多。消費者需求導向、規模是企業向消費者銷售產品和服務的重要因素，政府部門制定經濟政策和增值稅（Value Added Tax, VAT）稅率也是如此。

在開發中的經濟體，消費者收入較低，幾乎所有支出都用在必需品上，例如食品、衣物和住房，留給奢侈品、外食和假期旅行的可自由支配收入很少，或者根本沒有。同樣，用於可預見支出和其他未來消費的金融緩衝儲蓄也是微乎其微。這些國家的消費者較少或者沒有任意消費的自由，並且他們的消費行為可以精準預測。

如果收入增加，消費者能夠、並且願意消費更多，那麼花費在必需品上的收入比例就會降得更低。在收入更高的情況下，消費者得到更多自由和可自由支配的權利，用於消費或者儲存部分收入。如果消費者增加消費，銷售產品和服務的公司會創造更多利潤。如果消費者增加儲蓄，銀行將擁有更多資本，進而投入政府和企業的投資。做出消費者消費和儲蓄的預測，對政府和商業政策影響極其關鍵。研究發現，收入提高，儲蓄率和股權（投資）會大幅增長。

信心與對未來的樂觀有關。樂觀可算一種性格特質，稱之為「樂觀性格」。普里和羅賓遜（Puri and Robinson, 2007）定義所謂樂觀性格是「人們對未來時間和結果普遍正面的預期」。人們傾向高估有利事件發生的機率，而低估不利事件發生的機率。這是樂觀偏誤的例子。投資者傾向低估在股市虧損的機率。

信心的衡量

消費者信心攸關國民經濟和家庭財務狀況。某些信心研究領域的研究，其提出的問題是回溯性的，也就是研究過去，而有些是前瞻性的，比如研究明年可能發生的事情。表11－2區分了四類問題，這四個問題以及第五個問題「現在是購買耐用品的好時機嗎？」被用來衡量歐盟消費者的信心。對這五個問題的回答被分成正面、中立和負面的答案。消費者信心指數（The Index of Consumer Confidence, ICC）是正面和負面答案組成比例的占比。如果正面回答占主導地位，那麼消費者信心指數是正面的。如果負面回應占主導地位，那麼消費者信心指數就是負面的。

	回溯性問題	前瞻性問題
經濟環境（國民經濟）	1. 以你的觀點，國民經濟在過去的十二個月發展如何？變得更好／更差	2. 你如何預期國民經濟在未來十二個月的發展？將會變得更好／更差
個人財務	3. 在過去十二個月中，你的個人財務狀況如何？變得更好／更差	4. 你如何預期個人財務狀況在未來十二個月的發展？將會變得更好／更差

◆ 表 11–2 消費者信心指數調查中的四個問題

消費者信心由兩部分組成：（1）經濟環境，基於有關國民經濟的問題1和問題2，以及（2）個人財務，有關個人財務的問題3和問題4。經濟環境的得分通常比個人財務的得分更極端。人們通常對國民經濟比對個人財務更加偏激（更加消極或積極）。在經濟危機時期，媒體充斥著政府財政赤字、銀行破產和失業的負面資訊。因此，大多數人對國民經濟變得消極悲觀。但如果他們能保住自己的工作和收入，他們對自己個人財務的負面觀感則較低。個人財務是對消費者消費和儲蓄最好的預測指標。

在衡量消費者信心的時候，並不會假設消費者能夠做出現在及未來國民經濟狀況和個人財務狀況的有效估計。這項研究目的是評估消費者的觀念和態度。如果消費者認為經濟不利，他們會採取相應的行動。這可能是一種自我應驗預言。如果消費者認為經濟不利，並且採取相應的措施（更少消費），經濟（景氣）將會下滑。

信心的決定因素

信心來自大眾媒體和社交媒體的政治和經濟新聞，以及個人經驗。消費者暴露在媒體和網路中，利用社交媒體（臉書、推特）了解經濟狀況。消費者根據這些消息對他們有利還是不利，來形成自己的經濟觀點。要求他們回答有關經濟發展的問題時，他們會利用媒體訊息回應。新聞對信心有著強烈影響。每個月，大眾媒體都會根據消費者信心指數，加強該指數的有利或不利的發展，進而強化消費者消費和儲蓄行為。

當消費者與其他消費者交流彼此關於經濟和政府政策的觀點時，社交媒體（部落格、網路新聞、臉書、推特、LinkedIn）起了一定作用。透過社交媒體，消費者能夠輕易影響彼此，散布消息，提出評論和建議，開始炒作，組織抗議，甚至聯合抵制。也

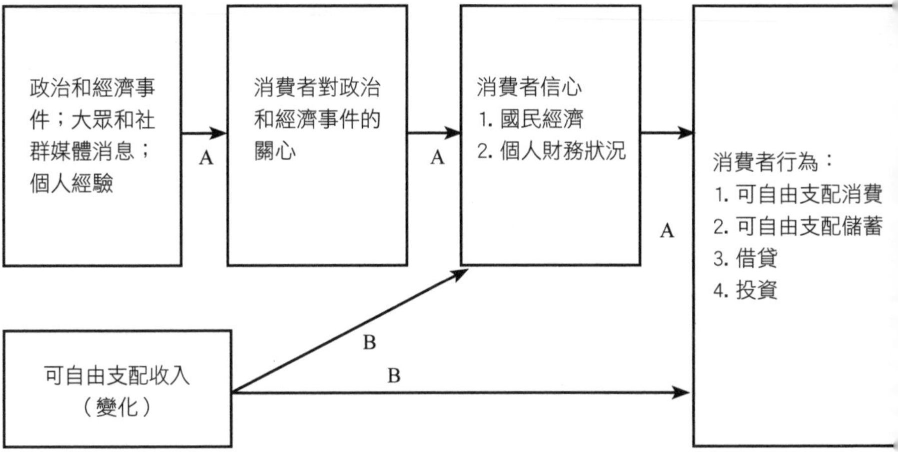

◆ 圖 11–1 消費者信心決定因素和結果模型

許正像預期那樣，大眾媒體和社交媒體對國民經濟問題的回答有著最強烈的影響。

個人經驗是不同的。消費者知道自己的收入、購買力和工作安全感的發展情況。個人經驗同樣也與親友和鄰居的財務狀況、工作安全感相關。一般而言，個人經驗比媒體資訊對購買和儲蓄的影響更為深刻。許多人似乎認為自己的個人狀況比他人好，這是一種認知偏誤，就好比多數人（70%或者以上）認為自己幽默程度高於平均，或者駕駛技術高於一般水準。人們認為自己比別人好，除非遇到失業或其他不利事故。

圖11－1是消費者信心決定因素和結果的模型。政治和經濟事件，以及新聞影響著消費者對政治和經濟問題的關注程度。對於某些人而言，個人經驗是媒體資訊的補充。

購買／儲蓄的意願是心理作用（圖11－1中箭頭A）。與之類似的是收入變化，尤其是可自由支配收入的變化，影響著消費者信心和消費行為。購買／儲蓄的能力是經濟影響（圖11－1中箭頭B）。卡托納（Katona, 1975）闡述了影響消費者信心的兩個因素。當心理和經濟影響為同一方向的時候，對消費者信心的影響最為強烈。如果有利的政治和經濟資訊恰逢可自由支配收入增長，消費者信心增加最顯著，要是這些良好發展發生時間較長時更是如此。如果不利的政治和經濟資訊恰逢可自由支配收入下降，消費者信心降低幅度最明顯，發生時間較長時尤為如此。

表11－3列出了四種機率。與大眾媒體上不利的政治和經濟資訊（表11－3項目3）相比，可自由支配收入的減少（表11－3項目2）可能會對消費者信心產生更強烈的負面影響。

	有利的政治和經濟資訊	不利的政治和經濟資訊
可自由支配收入增加	1. 對消費者信心有較強的正面影響	2. 對消費者信心稍有負面影響或沒有影響
可自由支配收入減少	3. 對消費者信心稍有負面影響或沒有影響	4. 對消費者信心有較強的負面影響

◆ 表 11–3 政治和經濟資訊和收入變化對消費者信心的影響

信心的結果

信心可以分為兩個部分：經濟環境和家庭的個人財務。個人財務的評估，是消費和儲蓄最好的指標。圖11－1中的獨立變數有：（1）可自由支配消費。（2）可自由支配儲蓄。（3）信貸。（4）投資。可自由支配消費是產品和服務的總體消費，指的是產品層面，而不是品牌層面。如果消費者信心較高，他們更有可能購買奢侈品和更昂貴的品牌。如果消費者信心較低，他們購買的奢侈品牌則較少。

鎌倉和杜（Kamakura and Du, 2012）研究經濟蕭條對消費者支出的影響，發現在經濟蕭條時期，地位財（positional goods）和服務支出下降。地位財是指可見的（顯眼的）、不必要的商品，消費者從這些產品的消費和地位價值中受益。如果消費者比其他人使用更多地位財，他們將會獲得社會地位。使用的差異性很重要。在經濟蕭條時期，由於收入限制或信心較低，大部分消費者較少使用這些產品，「高階」消費者也可能減少使用次數，只要維持地位差距就好。這與追求顯目或炫耀性消費有關。

經濟蕭條時期的節約策略和消費者信心低落，通常是這樣循序發展：（1）購買更少產品。（2）購買更便宜的產品和品牌。（3）提升或降低產品品質（提升產品品質似乎是一個矛盾）。（4）改變生活方式。富有的家庭會提升產品的品質，以便延長產品使用年限，實現節約目的。貧窮的家庭則不得不降低產品品質才能省到錢，但這些便宜產品卻用不久。當消費者信心較低的時候，可自由支配儲蓄更高。如果可自由支配收入也很低，就不可同日而語了。顯然，消費者需要可自由支配收入用於可自由支配儲蓄。總體儲蓄是獨立變數，因為無法具體預測儲蓄合約的類型。

當消費者信心較低的時候，信貸也會變少。消費者對未來變得不確定，想要規避風險。這意味著他們想要清償貸款和房貸，並且不想簽訂新貸款和房貸合約。清償貸款減少了破產或陷入其他財務問題的風險。

當消費者信心較低且不確定性較高的時候，消費者購買股票並參與投資基金的意願較低。在經濟蕭條、不確定及信心較低的時期，風險不是一個吸引人的選擇。在信心較高的時候，人們更願意接受風險並且購買股票。

亞瓦．阿里奧拉（Yabar Arriola, 2012）指出，較低的消費者信心將導致無為，也就是說，消費者會等待並觀望，直到未來塵埃落定。許多消費者停止可自由支配的支出，甚至契約儲蓄。他們百般推遲和拖延，以求應對不可預見的、負面的經濟決策，因為這些經濟決策可能會降低他們的金錢流動性。對經濟不確定的感覺，似乎阻礙了消費者決策（無為）。阿里奧拉認為，在不確定的時期，人們會啟動對社會連結的需求，想要與親友聯繫，尋求社會或道德支持。強調社會（我們）的廣告要比強調個人訴求（我）的廣告更受歡迎。

信任

信任（Trust）和信心（Confidence）是不同的概念，儘管在許多語言中，這兩個概念會用同樣詞彙去對應，例如德文的「Vertrauen」。信任是具體的東西。我們信任或者不信任其他人、金融顧問、仲介、銀行以及其他金融機構。同樣，我們也可能會信任或不信任消費者組織和政府機構，例如中央銀行和政府政策。「信任」在經濟中是十分關鍵的因素，社會需要信任才能發揮作用。盧曼（Luhmann, 2000）認為，信心和信任，兩者都是社會發揮作用的關鍵因素。信任是對個人和機構未來行為的「賭博」。路易斯和溫尼特（Lewis and Weigert, 1985）指出，信任意味著把未來的不確定當作確定來行動。信任從來都不是絕對的，而是牽涉到現下條件和環境。如果沒有不確定性、預期和風險，「信任」將沒有任何意義。

彌爾（John Stuart Mill）闡述：「人類能夠信任他人的這項優勢，滲透到人類生活的每一個縫隙中，經濟生活可能是最小的一部分，即使如此，這效力也無法估計。」信任不僅使交易便利化並且避免嚴加管制，對更好的人類關係和福祉也是大有助益。

根據福山（Fukuyama, 1995）的論述，信任是經濟繁榮的重要文化因素。社會的信任程度決定了經濟往來和制度的性質。信任感高的國家以高度自發的社交活動為特徵，這些國家的個人能夠在家庭／親友結構之外建立強有力的聯繫。信任度高的國家能夠在現代社會中大規模合作。信任度低的國家人民不願意信任家庭或宗族之外的人，他們傾向形成更小的家族企業。傳統意義上，義大利南部等是信任度低的國家和地區，而日本、德國、斯堪的納維亞國家和美國是信任度高的國家。

信任與總體經濟增長有關。在委託代理人模型（principal-agent model）中，投資者可能是委託人，經紀人是代理人。委託人必須信任代理人為自己的利益工作：委託人向經紀人付費，經紀人必須為投資者的利益工作。代理人不應該在委託人和自己之間有利益衝突。如果代理人在特定交易中賺得比其他交易多，他可能會提供委託人有誤差的建議。如果投資者不信任經紀人，那也會影響投資，進而經濟表現和成長都會比較低。表11－4列出了委託人－代理人關係的例子。在這些案例中，委託人支付代理人費用，代理人為委託人「工作」並且有可能欺騙委託人。委託人必須控制或者信任代理人的工作品質和職業道德。請注意，在某些案例中，委託人和代理人的角色是雙向的：被保險人是委託人，向承保人付費，從而在發生事故時獲得償付。另一方面，承保人也是委託人，控制或者信任被保險人不會提出欺詐性索賠。

委託人	代理人	章節
消費者	零售銀行	1、2、3
貸款人	借款人	3
承保人	被保險人	4
退休金成員	退休金機構	5
投資者	經紀人、投資基金	6
稅務機關	納稅人	7
雇主	員工	
客戶	顧問、仲介、理財規畫師	9、15

◆ 表 11-4 委託－代理關係（涉及信任）的例子

信任同樣也與更好的個體經濟表現有關。在缺乏信任的情況下，需要更多管制。管制與不信任息息相關，並且人們通常會用更低劣的態度回應管制。納稅人認為管制是不信任的信號，對此的反應是更低的稅收配合度，而不是更高的守法納稅度。因此，不信任和管制的成本就是管制成本本身，以及更低劣的表現和配合行為背後的「隱性」成本。

機構信任是對個人金融機構的信任（銀行、保險公司、退休金機構、經紀人等客群是個人顧客的機構）。機構信任與個人信任和系統信任呈現正相關。個人信任是指對他人的信任。在信任度高的社會裡，信任是約定俗成的，人們信任他人，包括陌生人，除非存在不信任的理由。在信用度低的社會，人們傾向相信他們的親戚，而不是約定俗成，比如信任陌生人。個人信任比系統信任和機構信任的得分更高。系統信任關注的是銀行、保險公司、退休金機構、金融顧問、經紀人等「金融系統」的信任。相對於金融系統，人們傾向信任他們往來的銀行，機構信任通常比系統信任更高。這可以用認知失調（cognitive dissonance）降低來解釋。人們怎麼選擇銀行是基於個人經驗，這些經驗來自個人管道或銀行網站。個人經驗通常比大眾媒體資訊更加有利，因為大眾媒體傾向報導觀感不佳和負面新聞。

參與股票市場也與信任相關。不相信股票價值資訊和作為系統的股票市場，以及不信任證券經紀商的人，參與股市的機率不高。他們害怕自己會被欺騙。像安隆和帕瑪拉特（Parmalat）這樣的公司倒閉，以及其他公司的醜聞，降低人們對商業和金融系統的信任（系統信任）。消費者需要信任金融機構，例如有存款保險的銀行和保險公司，以及長期合約，如房貸、退休金計畫和保險合約。機構之間需要彼此信任，並且信任政府。在不信任的情況下，交易量較少，或者不會發生，而且會導致更多的法律預防措施，這將增加交易的成本，降低交易的速度和效率。在信任度高的條件下，錯誤會被原諒。而在信任度低的情況下，人們會對機構的事故和錯誤難以釋懷，更會視作機構不可信任的「證據」。

信任不同於滿意。信任是重視金融機構的未來發展，並且是對金融機構未來表現的特定水準和發展方向的預期。滿意是重視特定服務的體驗，總結這些服務比之前預期得還要好，至少與預期一致，進而滿意。如果比預期差，就不會滿意。在有過許多滿意經驗之後，消費者會提升他們的預期，於是就變得越來越難滿意。如果一個行業的標準提升，期待也會提升，並且產品／服務品質也不得不提高，以達到消費者的預期和滿意度。

信任的決定因素

信任可以定義為一種信仰，相信銀行、保險公司或其他機構會為客戶謀利益，不會利用客戶的資訊匱乏（資訊不對稱、脆弱性）占便宜，也不會（僅）為自我利益驅使。在購買前，如果無法完全評估產品和服務的品質，尤其需要信任。信譽財（credence good）品質在購買前無法確定，只有使用的時候才能清楚，或者永遠也弄不清楚。醫療服務、汽車維修、「綠色」能源以及金融建議都是信譽財的例子。信譽財的廠商比他們的客戶掌握更多訊息（雙方資訊不對稱），消費者基於信任以及可信任「協力廠商」出具的證書或品質標記，選擇他們需要的信譽財。另一個因素是，房貸、退休金計畫和人壽保險這類金融商品，合約一簽就長達二十到三十年。消費者想要盡可能地確定，這些金融機構在合約到期時依然運作如常，或者可以向保險公司或退休金機構索賠。

信任的決定或驅動因素可以分為六種[8]：

1 資格（competence）、能力（ability）。
2 穩定性（stability）、償付能力（solvence）、可預測性（predictability）。
3 誠信（integrity）、公平（fairness）。
4 客戶導向（customer orientation）、仁慈（benevolence）。
5 透明度（transparency）、開放性（openness）。
6 價值一致性（value congruence）、價值相似性（value similarity）。

「能力」是指對相關機構、金融產品、市場和顧客的了解。能力主要是一個不滿意因素。消費者會假設企業或政府是有能力的。這是一種必要條件。因此，能力並不能導致更多的信任，但是無能卻是不信任的主因。

「穩定性」與公司的大小、優勢、償付能力和歷史有關，也與機構財力雄厚、不會破產的預期相關。更大、更強勢、歷史悠久的金融機構，比新近小公司更容易獲得人們信任。穩定性與可預測性有關。消費者有一個印象，與營運不穩定機構相比，營運穩定機構的行為更能預測。如果消費者對銀行的償付能力有疑慮，他們也許會將儲蓄轉移到其他銀行。如果許多消費者都這麼做，就會出現二〇一五年夏天希臘銀行這樣的例子，銀行因為無法償付所有消費者而不得不關閉。這被稱為銀行擠兌。從個人角度來說，從沒有償付能力的銀行「拯救」自己的儲蓄是明智的。但是一旦成為集體行為，這就變成了自我應驗預言，銀行將變得沒有償付能力。

「誠信」是指金融機構以公平、不偏頗以及不腐敗的方式對待消費者。用同樣的方式和公平的行為（程式公正、程式公平或程式效用）對待同樣的消費者，並遵守承諾，這是誠信的組成部分。誠信是商業道德的主要焦點。監管機構，例如美國的證券交易委員會，就會評估證券經紀人的演算法公正度。

8 一項進行中的金融機構（銀行和保險公司）信任的研究項目中，評估了這六個信任決定因素的影響（權重），同樣也評估了信任對金融機構忠誠度的影響。

「客戶導向」或企業的仁慈意味著企業為客戶謀利益，而不僅僅為自己的利益行動。企業能夠開發消費者需要和渴望的商品嗎？企業會承擔自己的職責並糾正錯誤嗎？消費者導向與金融機構的行銷和客戶政策有關。

「透明度」是指合約和過程的開放性，溝通要開放和清晰，從而沒有「附屬細則」和隱匿成本。企業是否告知消費者產品的成本，而不僅是產品的收益？不過透明度再高，可能短期內會導致信任降低，因為企業的缺點會變得很明顯。

「價值一致性」是指企業與其客戶的價值觀很相似。如果企業與消費者有著相同的價值觀，消費者會更信任企業。不投資軍工業，僅投資可持續發展的企業，便受到同樣價值觀消費者的信任。這些消費者對公司也會更加忠誠。價值一致性是企業獲得更多信任的因素，儘管這一因素經常被低估。

在這六個信任的決定或驅動因素中，前四個因素（能力、穩定性、誠信和客戶導向）是受信任金融機構的必要特徵。這四個特徵是不滿意因素或抑制劑（inhibitor）。如果金融機構的表現不佳，消費者不會信任這樣的機構。這些不足無法跟其他決定因素相互抵消。例如，銀行就算透明化也彌補不了它的無能。後兩個決定因素（透明度和價值一致性）是滿意因素或強化劑。金融機構可以利用這些決定因素，區分自己與競爭者，在同類金融機構中找到自己的定位。

正如之前提到的，信任是社會運行的基本條件，也是關係和交易的必要元素。對於消費者而言，對金融機構和金融顧問的信任，為交易提供了便利，促進了情緒的穩定。它同樣可以為消費者提供協助，幫助他們更有效率地處理金融事務。然而，消費者應該保持批判性，不應盲目信任金融機構。

小結

心理因素在經濟活動中起了重要作用，在解釋和預測消費者消費、儲蓄、借貸以及國內和國際經濟的方面也不容忽視。經濟的有效運行需要消費者對經濟有信心，以及對政府和金融機構的信任。

媒體的政治和經濟新聞，以及消費者對政治經濟問題的關注，例如失業、工作穩定性、通貨膨脹和利率、未來收入、可支付退休金和醫療成本，這些因素決定了信心。個人財務資訊是消費者可自由支配消費、儲蓄和借貸的決定因素。信心對保險、投資、養老儲蓄和守法納稅也有影響。

信任是經濟發揮作用的關鍵，消費者與金融機構進行交易時這點非常必要。信任的驅動因素有：能力、穩定性、誠信、客戶導向、透明度和價值一致性。信任便利了消費者與金融機構的交易，幫助消費者「原諒」這些機構的失誤，並且能夠釋懷。

Chapter 12

損失規避與參照點

Loss Aversion and Reference Points

要比較跟判斷損益，參照點來自個人或社會。收益和損失會帶來不同的影響。與同等的收益帶來的正面影響相比，損失帶來的負面影響更為強烈。為了規避損失，而不是為了獲得收益，人們願意承擔更多風險。前景理論的價值函數解釋了這種差異，以及在金融行為中比較、收益和損失的激勵作用。愉悅框架（hedonic framing）是策略性整合、分割收益和損失，以求改善結果。

損失與收益

許多消費者會定期檢查他們理財的盈虧狀況：我賺了或者賠了多少，以及我還能消費多少？收益包括日常收入的增加。意外收益，比如彩券中獎或者繼承了一筆財產。以及收到的利息、收回的貸款和股票的增值。虧損的例子有：花錢，支付保險或退休金費用，產品或金錢損失或被偷竊，賭博輸錢，納稅支出以及股票價值下跌。人們傾向考慮自己的得失，而不是其財富地位或財務狀況。

要判斷收益和損失，參照點往往來自以下幾種：個人早期的財務狀況，或者預期未來的狀況。奧運銀牌得主通常把金牌當成參照點。因此，銀牌被視為一種損失，而不是收益。這導致了銀牌得主滿意度往往較低。奧運的銅牌得主者通常把一無所獲當成參照點。這樣的話，銅牌就成為一種收益，得主滿意度也比較高。在財務有所收益或損失之後，個人財務狀況會提升或惡化，並且成為收益、損失和未來比較的新參照點。這算是一個不斷調整個人財富新水準和新參照點的過程。

在這些比較中，損失比收益顯得更加嚴重。與潛在或實際的收益相比，人更容易受潛在或實際的損失影響。大腦對損失的反應，比收益更為強烈。因此，人們花費更多精力，承擔更多的風險，以求規避損失，而不是獲得收益。一旦損失，總財富減少，對多數人而言都是極為痛苦的事情。實際上，這種痛苦是收益快樂的一．五到二倍。因此，相較於受益的機率，損失規避是更具主導性的行為動力。

調節焦點理論（regulatory fit theory）能夠解釋個體對損益的感受差異。損益對預防焦點（prevention focus）和促進焦點（promotion focus）兩種不同類型的人影響程度不

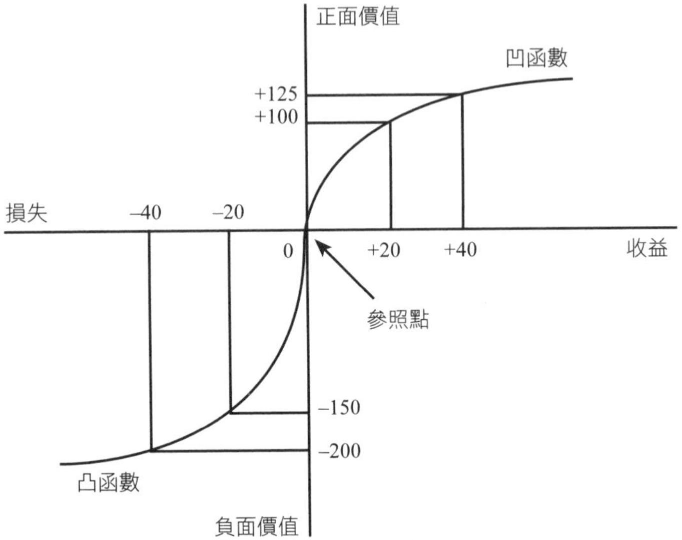

◆ 圖 12–1 前景理論的價值曲線

同。預防焦點的人在追尋目標的時候，傾向規避負面結果，並且更容易受到損失機制的影響。在預防情境中，遇上危險和威脅，人們會試圖規避或者最小化損失。促進焦點的人們傾向迫切追求正面結果，並且更容易受到收益機制的影響。在促進情境中，比如渴望機遇，人們會試圖獲取或者最大化收益。

前景理論

康納曼和特沃斯基（Kahneman and Tversky, 1979）提出了前景理論，作為（主觀）預期效用理論[9]的替代選項。圖12－1描繪前景理論的價值曲線。橫軸上的座標值是客觀的收益或損失，縱軸上的座標值是主觀的：損益的正面或負面的效用、價值、評估、經驗或情緒。不同文獻對縱軸的定義不同。「價值」是對損益的主觀理解或評估。收益四十個單位帶來了一百二十五個單位的價值增加，而這並不是收益二十個單位帶來的兩倍價值增加（+100）。這算是收益增加的邊際效用遞減，因此，在圖12－1的第一象限中是一條凹曲線。損失也是一樣的。損失四十個單位減少了二百個單位的價值，而這也不是損失二十個單位帶來的兩倍價值減少（−150）。在圖12－1的第三象限中曲線是凸形的，表示損失增加的邊際負效用遞減。零點是判斷收益和損失的參照點。

在前景理論中，收益和損失不是對稱的。與相應的收益帶來的正面價值相比，損失具有更大的負面價值。相較於四十個單位收益所帶來的快樂（+125），四十個單位的損失帶來了更多的痛苦（−200）。正因為如此，在行為上，損失規避比收益尋求的動機更強烈。收益和風險的不對稱可以解釋許多經驗法則和金融行為，例如投資者的處份效應、所有者的稟賦效應，以及一般情況下資訊提供的框架效應（就收益或損失

9 丹尼爾．康納曼（Daniel kahneman），出生於以色列的心理學家，居於法國，後移居到美國。他研究了在不確定條件下的決策以及對經驗法則的利用。與阿莫斯．特沃斯基一起提出了前景理論。由於他對行為經濟學的貢獻，他在二〇〇二年獲得了諾貝爾經濟學獎。他同時也是《快思慢想》的作者。

而言）。

很多時候，我們也許會用正面的（收益）或負面的（損失）字彙來組織訊息。「獎金」就是一種收益（額外收入），「罰金」或「罰款」（收入減少）被認為是一種損失。例如，如果消費者按時支付帳單，也許可以得到應付金額2％的折扣。如果延期支付，則必須多支付應付金額的2％。根據前景理論，與獲得2％折扣的激勵相比，人們避免額外2％罰金的動機更加強烈。

請注意，第一年發放獎金會被認為一種收益。如果幾年之內都發放獎金，人們傾向建立一個新參照點，把原有獎金視為收入的一部分。如果特定年份沒有發放獎金，例如，在經濟危機時期，這會被當成一種損失。加班費也許會和日常收入融為一體，成為標準更高的參照點。調整過程中，參照點會隨時間不斷改變，並成為新的收益和損失的基準。

處份效應（disposition effect）是投資者出售增值股票（獲取收益），而不是拋售貶值股票（接受損失）的傾向。在貶值的情況下，投資者希望股票的價值增加，並且推遲拋售股票，避免損失。人們不會冒險出售他們盈利的股票，反而會為拋售虧損的股票承擔風險。

沉沒成本（sunk-cost effect）是指明知項目不會成功，仍然繼續投資的傾向。人們想要使用他們已經購買的服務，比如季票。他們想使用醫療保險，並且比實際需求來得更頻繁看醫生。不使用那些已付費服務，就會視為金錢的浪費（損失）。

稟賦效應（endowment effect）是指人們對現有物品的標價（接受的意願），會比未擁有物品的標價（支付的意願）更高，儘管商品是一樣的。賣方不願意放棄已擁有的商品，對商品有情感依附，認為賣東西是一種損失。因此，損失規避在這裡作用。買方感覺不到這種損失，並且他們的支付意願比賣方的接受意願低。買方可能會認為購買商品是一種收益，但是不願意支付賣方提出的過高價格。情感依附解釋了為什麼賣方會對他們住過、充滿回憶的房子提出過高售價。買方沒有這種情感依附，不願意支付高價。情感依附僅是稟賦效應的一種解釋，針對有情感依附的特定商品。

使用參照點可得出結論：人們的評估和判斷幾乎是相對，而非絕對。人們簡單比較選項，定性地認為哪一個比較好（牽涉到屬性、性質的分析，如序數比較），而不評估到底好多少。序數判斷，定性評估特定選項有多好，比絕對判斷和基數容易得多。

假定債務人有許多需要清償的信用卡債務。如果這些債務是分開的，全額償付其中的小額債務，跟部分償付高額債務相比，可以消除更多的負面價值。這在圖12－1可以看到。清償二十個單位的債務（損失），可以消除一百五十個單位的負面價值，而清償四十個單位債務（損失）中的二十個單位時，僅消除五十個單位的負面價值。

愉悅框架

在愉悅框架中，人們會刻意整合或分割收益和損失，這樣使得最終結果具有最高的效用或價值。情況有四種：（1）分割收益。（2）整合損失。（3）整合小損失與大收益。（4）整合小收益與大損失。

分割收益（segregation of gains）：第一次收益比增加的第二次收益價值更高（效用）。因此，收益應該及時分割，以產生最高效用。第一次增加二十個單位的收益帶來了一百個單位效用的增加。在第一次收益的基礎上增加的第二次收益，增加了二十五個單位的效用。總效用是一百二十五個單位。如果及時分割第二次收益，它將同樣增加一百個單位效用。那麼總效用是二百個單位（圖12－2）：200>125。分割收益比整合收益效用更高。聖誕老人應該把所有的禮物分開包裝，分開送出這些禮物，而不是把所有的禮物放在一個盒子裡。

整合損失（aggregation of losses）：第一次的損失比增加的第二次損失負效用更強。因此，損失應該及時整合，以產生最低的負效用。第一次損失二十個單位，效用

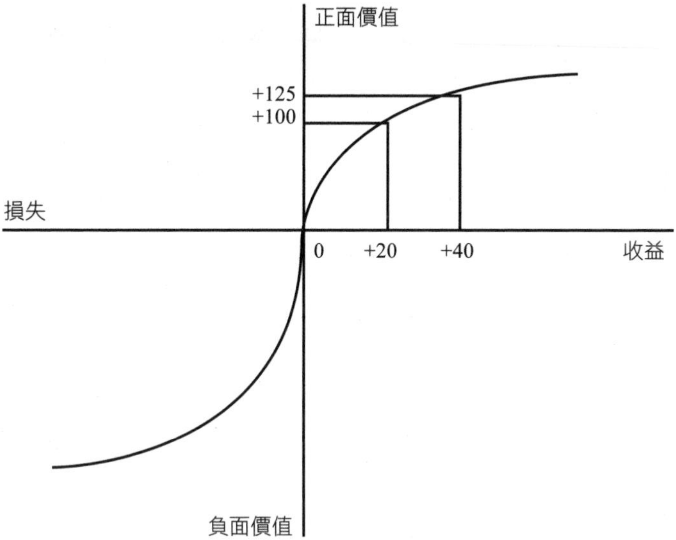

◆ 圖 12–2 分割收益

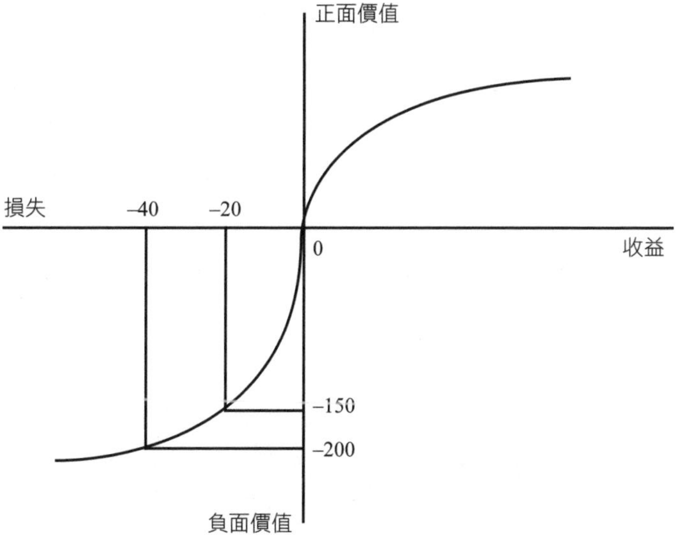

◆ 圖 12–3 整合損失

減少了一百五十個單位。在第一次損失的基礎上增加的第二次損失，效用減少了五十個單位。總效用是–200。如果及時分割第二次損失，且人們已納入損失、調整新的參照點，這將產生一百五十個單位的負效用。那麼總效用是–300（圖12－3）。三百個單位的負效用大於二百個單位負效用。整合損失比分割損失的負效用更低。舉個例子：信用卡帳單會把一個月內的小額支付（損失）整合成一筆大額支付。使得這些損失不那麼痛苦，因為所有的帳單只需一個月內支付一次，而不是分別支付一大堆帳單。另一個例子就是應該用一條消息通知兩個壞消息（損失），而不是分別通知兩條壞消息。

整合小損失與大收益：一筆較小的損失，從較大的收益中分離出來，比從較大收益中扣減，負效用更強。增加四十個單位的收益增加了一百二十五個單位的效用，二十個單位的損失減少一百五十個單位的效用。總效用是+125–150=–25（圖12－4）。如果我們從四十個單位的收益中減去二十個單位的損失，總效用是+125–25=+100。100>–25。這與商業會計結算類似，就是把收益和損失整合成一個數字。而就商業而言，總利潤或損失才是重要的。

分割小收益與大損失：一筆較小的收益，從較大的損失中分離出來，比從較大損失中扣減，效用更大。增加二十個單位的收益增加了一百個單位的效用。四十個單位

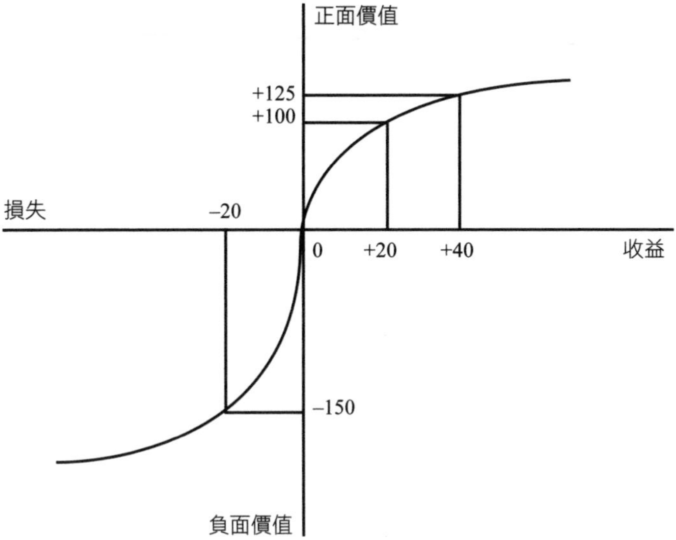

◆ 圖 12–4 整合小損失與大收益

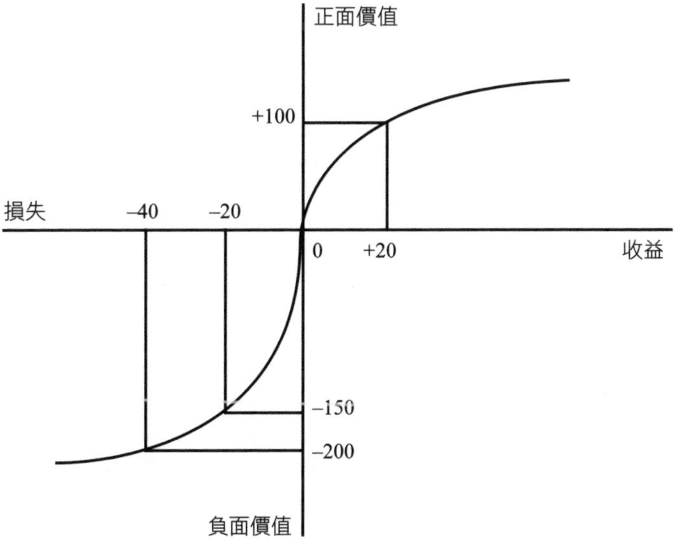

◆ 圖 12–5 分割小收益與大損失

的損失減少了二百個單位的效用。總效用是+100−200=−100。如果我們從四十個單位的損失中扣減二十個單位收益，總效用是−200+50=−150（圖12－5），一百個單位的負效用比一百五十個單位的負效用要小。這就是不幸中的萬幸效應（silver-lining effect），較小收益分散了對損失的注意力，使其變得更容易接受。來自銀行的資訊，如銀行帳戶費用上漲，通常包括較小的收益，比如提升交易效率的網站升級。這讓整條資訊變得更容易被消費者接受。

在上述的例子中，均假設損失和收益的組合是「同時」發生，並且能夠判斷其組合的影響。如果在損失和收益之間存在時間間隔，人們會在第一次收益或損失後調整新的參照點。這將改變第二次收益或損失的影響。變化之間的時間間隔長度尚未可知。至少，在愉悅框架的這些例子裡，人們不應該在經歷第二次損失／收益之前，調整首次損失／收益的參照點。

維持現狀偏見和預設選項

維持現狀偏見是一種對當下狀況或既有選擇的偏好。哈特曼、多恩和吳（Hartman, Doane and Woo, 1991）發現加州電力消費者寧願選擇既有合約，而不選擇新合約，即使新合約更好。詹森等人（Johnson et al., 1993）研究了美國相鄰兩州——紐澤西州和賓州的汽車保險。紐澤西州提供汽車司機更便宜的保單，不過保戶的預設選項是無限制的高價訴訟權。這個選擇刻意設定成預設選項，因此83%的司機都選擇預設保險方案。在賓州則正好相反，預設選項是昂貴的，但表單上保留便宜保險的選項。在紐澤西的保險計畫中，只有23%的司機選擇了更昂貴的計畫。而在賓州的保險計畫中，53%的司機保留了昂貴的計畫。這意味著大多數人傾向接受預設的保險計畫，並且不會改變。一種解釋是，改變保險計畫使得自己需要對這種變化負責。你也許會後悔選擇了更便宜的保險政策，因為你降低了納保範圍和品質。這是一種潛在的損失。你可能會為沒有選擇更昂貴的保險後悔，因為你不得不支付更高的價格。這是一種你必須現在接受的損失。

預設選項是提供給消費者的一種選擇，消費者有機會在特定的時間區間內改變或更換方案。如果消費者在既定時間區間內沒有改變決定，他們將接受預設選項。保險政策的延長或認購，通常都是預定方案，可以在特定的時間區間內變更。許多消費者並不改變狀況（維持現狀偏見），接受了預設選項。

除了損失規避和預期後悔，另一個不改變預設選項的理由僅僅是懶惰。接受預設選項比改變要簡單省時得多，無為（不做任何事情）比行動簡單得多。

損益的機率

收益和損失可以以一定的機率來預測。特沃斯基和康納曼開發高機率和低機率相對應的損益「四象限型態」（fourfold pattern）。案例1和案例2機率較高，而案例3和案例4機率較低。「收益」要看案例1和案例3。「損失」要看案例2和案例4。

第一個案例：選擇95%機率贏得一萬歐元，還是100%機率獲得九千五百歐元。人們確信自己會贏得一萬歐元，但是他們不願意與這次收益失之交臂，並且為之後悔，因此，為了避免較小的風險，轉而接受九千五百歐元的確定收益。這是一種「穩操勝券」的方法。在這種情況下，人們甚至會接受更小的確定收益。較大的收益損失會導致失望與後悔。人們想要避免這種失望、預期後悔，於是變得風險規避。

第二個案例：選擇95%機率損失一萬歐元，還是100%的機率損失九千五百歐元。人們不願意接受九千五百歐元的確定損失，他們更願意冒險選擇95%機率損失一萬歐元，因為這包括了沒有任何損失的5%機率。為了避免較大損失，人們是風險尋求者。這很令人驚訝，因為有風險的選擇可能會導致更大的損失。但是他們更願意為了避免更大的確定損失而賭一把。

一個類似例子是在賭場裡已經輸了很多錢的玩家。他不想接受這些損失，於是直到深夜，都在為了贏回錢而承擔較高風險。在這個案例中，動機並不是害怕輸錢，而是接受不了損失，以及想利用（較小的）機會挽回損失。同樣的道理，商業人士可能投資一項風險項目，並期望挽回早期損失，避免公司破產。新加坡巴林銀行（Barings Bank）的尼克．李森（Nick Leeson）在一九九四到一九九五年間，為了彌補損失，冒著極大風險。他打賭，日經指數在神戶大地震之後會恢復過往榮景。巴林銀行為此虧損八億多英鎊（十四億美元或十二億歐元）而破產。法國興業銀行（Société Générale）的傑宏．柯維耶（Jerome Kerviel）在二〇〇八年的交易中甚至造成了四十九億歐元（七十億美元）的損失。

第三個案例：選擇5%的機率贏得一萬歐元，還是100%機率得到五百歐元。人們寧願選擇較小機率的一萬歐元高收益，也不願意選擇五百歐元的低收益。他們願意賭一把，並接受一無所有的風險。當高額獎金出現的時候，賭博彩券很受歡迎。人們傾向忽略贏獎機率有多低。

第四個案例：選擇5%機率損失一萬歐元，還是100%機率損失五百歐元。人們不喜歡承擔損失一萬歐元的風險，儘管機率很低。他們寧願選擇五百歐元的確定損失。在這種情況下，人們甚至會接受更大的確定損失。為了避免較大損失，人們風險規避。這就類似先付五百歐元保險費，以消除一萬歐元的損失機率。他們寧願支付較少金額，消除擔憂，買的就是心安。

人們在確保獲取較大收益或者避免較大損失的時候，是風險規避者（案例1和案例4）。在期待獲得較大收益或者避免較大損失的時候，是風險尋求者（案例2和案例3）。

損益的情緒和激勵作用

損失規避和獲取收益都是人類行為的基本動機。根據前景理論，損失規避比收益尋求的動機更加強烈，因為損失的負面價值是同等收益的正面價值的兩倍。按照演化論的原則，捕獵中的錯誤（損失）可能導致一命嗚呼，錯失的收益雖令人失望，但並不致命。

損失總是比收益更嚴重嗎？特沃斯基和康納曼描述了損失規避的邊界。他們總結，購物付錢並不屬於損失規避，儘管人們還是覺得支付行為並不討喜。目的是損失規避的緩衝。預算意向（budgeting intention）區分預算之內和預算之外的支出。預算內的計畫支出不會視作損失，因為目的就是花掉預算。預算外的支出，事先沒有計畫，可能視作損失，進而激發損失規避。這些案例中的參照點，是設定在預算花掉後的預期狀態。焦點在於花費預算並且獲得預期收益。艾瑞里、胡伯和韋滕布羅赫（Ariely, Huber and Wetenbroch, 2005）定義另外兩種調節變數：情感依附和買賣雙方視角。情感依附是人們不想放棄一件商品，並認為放棄是一種損失的原因。人們可能對他們擁有的商品、他們擁有所有權的商品產生了感情。在交易中，賣方必須放棄商品，而買方必須放棄金錢（買賣雙方視角）。放棄商品比放棄金錢更加痛苦，儘管有經驗的賣方（交易商）已經習以為常，風險規避感較少，或者沒有。他們的商品是用來交易，而不是為了個人使用或消費。

只有收益和風險在一個標準上，同時比較和評估的時候，損失才顯得比收益更加嚴重。如果分開評估損失和收益，可能不會發現損失規避。把特定的損失與其他損失比較，參照點就是損失的大小，可能是過去的損失或者中間損益點，並且參照點不會是收益。同樣比較收益，參照點是過去的收益或者中間損益點，也不是損失。

小結

前景理論是成功的行為學理論，用來解釋許多經濟學和金融學中的非常規現象，例如處份效應和維持現狀偏見。從一個參照點出發，可以認知、評估收益和損失，例如在一開始的時候。損失的痛苦比同等收益的愉悅更大。損失規避是比收益尋求更強烈的動機。愉悅框架的例子顯示，要是試著整合和分割損益，可能會改善整體評估結果。

抱著花費預算的目的，不會產生任何損失規避。商品的情感依附會刺激損失規避。賣方商品的損失感比買方的金錢損失感更嚴重。進而，只有同時評估收益和損失的前提下，損失比收益更嚴重。如果分開評估損失，不會產生損失規避。

四個高低機率下的損益例子，顯示人們在確保獲取較大的收益或者避免較大的損失時，是風險規避者。而在期待得到較大收益或避免較大損失的時候，是風險尋求者。

Chapter 13

風險偏好

Risk Preference

許多金融決策都與風險相關。風險偏好不僅是投資行為的重要概念，也是消費者信用、保險、退休金計畫、稅收行為，以及成為詐騙受害者的重要概念。風險之於大多數人，就是損失機率。在大多數情況下，並不能客觀判定風險，而是根據人們對風險的理解。基於個人特質和情境因素，人們的風險偏好和風險承擔是不同的。

風險

儘管古希臘人具有必要的數學能力，但是他們沒有機會（chance）、機率（probability）和風險（risk）的概念。第一本關於遊戲和機會的數學書出現在十六世紀，義大利帕維亞大學（Pavia university）和博洛尼亞大學（Bologna university）

的教授吉羅拉莫・卡爾達諾（Girolamo Cardano, 1501-1576）寫的《遊戲機遇的學說》（*Liber de Ludo Alaea*）。後世哲學家和數學家，例如布萊士・帕斯卡（Blaise Pascal）、詹姆斯・白努利（James Bernoulli）和湯瑪斯・貝葉斯（Thomas Bayes），進一步開拓了風險和機會的觀念。皮埃爾-西蒙・拉普拉斯侯爵（Pierre-Simon, the Marquis de Laplace, 1749-7827）於一八一二年寫下《概率分析理論》（*Théorie Analytique des Probabilités*）。之後，英國的生物統計學家，如高爾頓（Galton）、埃奇沃斯（Edgeworth）、皮爾森（Pearson）和戈塞（Gosset）創造以機會、風險和機率為核心的現代統計學。伯恩斯坦（Bernstein）重新闡述風險的演進史，發展出博弈論、投資組合選擇、前景理論以及行為財務學。

人們透過個人貸款、借貸、房貸、股票市場交易、購買商品、賭博、接受工作以及與詐騙犯接觸，承擔了不同程度的金融風險。消費者和投資者的金融決策與風險相關，因為這些決策的結果通常是極不確定的。「不確定性」是指對決策可能導致的正面或負面結果，以及對結果的影響程度認識不足。「風險」是關於可能發生的結果與其發生機率的認識。人們經常混淆不確定性和風險。風險也與損益、損益機率有關。風險知覺是人們對風險機率和影響程度的看法，而這種看法可能與客觀意義上的風險不同。風險知覺是主觀的，受到相關因素和訊息的影響。

如果有過去類似事件的資料，風險可以由成功或失敗機率來定義。如果沒有類似事件，那麼機率是不確定的。承擔經濟風險可能導致最好或最壞的結果，這與情境、機率有關。風險可以估測機率，而不確定性沒有辦法估測機率。

在經濟學中，風險被定義為結果的變化，不論是正面還是負面的結果。風險知覺與投資組合報酬的變化有關。費爾德與梅爾庫諾娃（Veld and Veld-Merkoulova, 2008）發現，股票投資者衡量風險的方法不只一個，其中，收益的半變異數（semi-variance of returns）是最受歡迎的風險衡量方法。收益半變異數僅包含差額或劣勢，即平均值或其他基準的負偏差（negative deviation）。這與前景理論相符，即損失大於收益。債券投資者偏愛把損失機率當作風險衡量。可能的基準及其使用率是：初始投資（59%）、無風險投資報酬率（28%）、市場收益率（7%）和其他（6%）。初始投資或原始購買價格主要用作基準，投資者拋售商品時定價不想低於原始購買價格。

從心理學角度來看，風險被認為是損失機率，因此只考慮負面結果。問題在於人們是規避變異數（variance averse）（經濟學角度），還是損失規避（心理學角度）。達克斯伯里和薩默斯（Duxbury and Summers, 2004）在實驗中比較這兩種規避，其結果支持損失規避的推測，正如前景理論預測。根據前景理論，損失對人們的負面影響程度是同等收益帶來的正面影響的兩倍。因此，風險知覺更多是受損失規避驅動，而不是對變數反感。眾所周知，人們會為了避免損失而冒更大的風險。在對未來保持積極樂觀的心態並抱持信心的時候，人們同樣會承擔更多風險。

在經濟學的風險概念中，實際的風險和認知的風險是沒有區別的，因為經濟學假設人們會對風險做出正確評估。而在心理學中，風險被定義為主觀的概念，是理解過程的結果。因此，在不同的情境下，對於不同的人而言，風險有著不同的意義，這使得風險不再客觀，而是一個主觀的概念：風險知覺（perceived risk）。人們對風險知覺比客觀風險更加敏感，此外，客觀評估機率對決策的影響很小。即便還有其他類型的風險尚待討論，如健康和身體風險、社會風險和臨時風險，但本章我們將關注金融風險。

風險知覺

風險知覺是個人如何評估或解釋某項選擇的風險。是對不確定性程度與可控性的評估，以及對這些評估的自信。風險知覺由不確定性、認識的匱乏，以及可能結果的嚴重程度所構成。

後悔規避和損失規避有著異曲同工之妙。面對錯誤決定的後果，人們會感到後悔，並且想要規避風險。時間偏好也許在某種意義上起了一定作用，即跟現時偏好的人相比，未來損失對有著未來偏好的人更加重要。基於人們過去的經驗、既有資訊、對資訊的理解、資訊處理的缺點、偏見與經驗法則、情緒甚至是願望和欲望，人們的風險知覺其實大不相同。例如，想要贏得彩券獎金時，人們往往提出過高的評估機率。

以正面或負面的方式建構問題，會影響個人風險知覺。如果以負面的方式建構問題，可能會包含損失規避。個人在有利的環境中（收益主導），存在更多風險規避的行為，因為他們感到自己有太多東西可以失去。個人在不利的條件下（損失主導），也許會感到有彌補損失的機會，並且表現出更多的風險尋求。另一種理解就是在收益主導的條件下，人們滿足既有收益，不想為了更大收益而承擔風險。而在損失主導的條件下，人們不滿意且不想接受確定損失，為了避免損失，於是承擔更多風險。因此，態度正面的消費者，其財務狀況會導致他們選擇風險規避，而態度負面的消費者，其財務狀況會導致他們選擇尋求風險，以避免或想要彌補損失。態度對選擇的影響可能是無意識的。人們可能不知道他們已受到資訊環境的框架或其他因素影響。

還有其他例子同樣也具備風險知覺和態度層面的無意識啟動效應（nonconscious priming effect）。吉拉德和克利格爾（Gilad and Kliger, 2008）發現，前期成功故事（相對控制組不成功的故事），會引發專業投資者採取更冒險的態度。投資者也許沒有意識到，這些對他們態度和行為的無意識影響。通常，他們會在事後重歸理性，基於相關資訊有意識地仔細分析，最後才做出決策。

風險偏好

在經濟學中，「風險傾向」（risk propensity）介於個人特質和（風險性）金融行為的中介變項（mediating variable）。在心理學中，通常用「風險偏好」（risk preference）的概念取而代之。風險偏好是個人避免風險或尋求風險的一種傾向。風險規避的決策者，更有可能關注負面結果，進而高估損失機率。風險規避的決策者需要更高的收益機率，才有辦法容忍損失機率。風險尋求的決策者，更有可能關注正面結果，並且高估收益機率。就結果而言，風險規避決策者比風險尋求決策者更加消極。

文化差異在風險偏好中也起了作用。韋伯和奚愷元（Weber and Hsee, 1998）發現中國人與美國人、德國人與波蘭人之間的風險知覺差異。中國人跟其他國家的人相比，風險偏好較高。這可以從文化差異中的集體主義—個人主義層面來解釋。中國文化是集體主義的，中國人可能會預期，如果遇到不好的情況，其他人會幫助他們走出

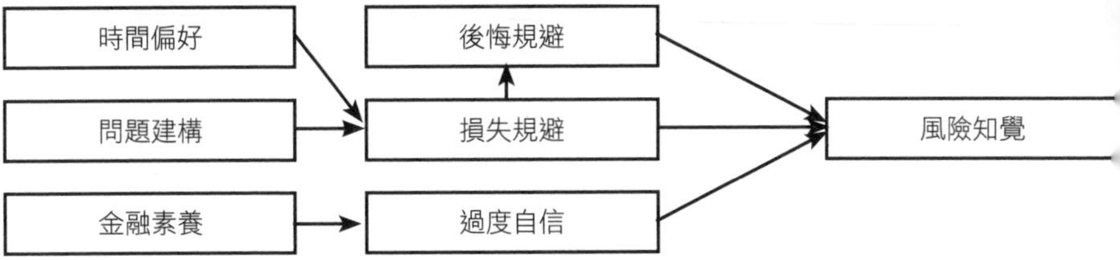

◆ 圖 13–1 風險知覺的決定因素

困境。這被稱為「緩衝假說」（cushion hypothesis）。與此同時，中國人與其他國家的人對風險的理解相似。

有著高風險偏好的人，更有可能購買風險金融產品，例如股票。在經濟上升和成長期間，他們將從這些產品的正面效應中獲益，而在經濟蕭條期間，他們可能會陷入麻煩。

風險規避和風險尋求的區別，類似於調節焦點理論中預防焦點（規避負面結果）和促進焦點（追尋正面結果）的區別。像股票和交易帳戶這樣的產品，具有促進焦點的傾向，因此能獲取收益，而像共同基金和養老基金這樣的產品，具有預防焦點的傾向，因而是規避損失的。正面或負面地想像產品，可能導致促進焦點或預防焦點。調節焦點理論不僅僅考量個人或形勢，同樣也在於產品受到什麼關注。產品顯然是情境的一部分。投資者可能會為促進焦點（獲取收益）和預防焦點（避免損失）持有不同的帳戶。這可以解釋人們為什麼反對在股票市場中（促進焦點）投資養老基金和社保基金（預防焦點）。

對某些人而言，某種程度上風險偏好算是一種穩定的個人特質，它長期存在，並且從社交生活或濡化（acculturation）過程中習得。風險偏好同樣可以用慣性來解釋，換句話說，就是用習慣方式或慣例處理事情，包括遇到風險的時候。這些習慣長期存在，並形成了相對穩定的行為模式。過去是風險規避的決策者，將來也會繼續做出審慎的決策，而風險尋求的決策者，則繼續做出冒險的決策。

儘管如此，如果先前的風險尋求決策是成功的，決策者將在收益主導的情況下冒險一試。如果過去的風險規避決策是成功的，人們會繼續做出審慎的決策。先前行為對後續該行為的延續與否，會是很重要的一項誘因。與成功決策者的穩定性相反，失敗的決策者會改變他們的策略、尋求成功。不利的結果會導致策略改變。一旦被證明是不成功的，慣常行為模式不會持續下去。對結果的回饋和認識，正面和負面態度的鞏固，促進人們對新情境和環境的適應。因此，風險偏好會發生變化。這說明人們適應新情境之後，會將過去的經驗用於當前的決策中，且能從經驗中學習。

然而，風險偏好也受成敗歸因（attribution of success and failure）影響，它牽涉到決策者自身或者超出他們所能控制的情境。這可以用歸因理論（causal attribution）解釋。人們傾向於成功的投資結果歸功於自己，而投資失敗歸咎於他人或環境。這導致人們對事件的認識不完整或誤差，甚至對個人投資能力過度自負。

風險傾向是與行為相關的概念，分析通常注重個人或群體的行為模式。風險偏好是與態度相關的概念，評估通常會使用調查問卷。科根和瓦拉赫（Kogan and Wallach, 1964）設計困境選擇問卷，用來衡量風險偏好與評估風險傾向。

仲介機構和顧問往往低估他們客戶的風險偏好。他們判定為風險規避的人，比實際風險規避程度要低。而他們斷定的風險尋求客戶，其風險尋求並不如實際程度高。由於這種對風險規避和風險尋求的低估，仲介機構提供給客戶的是帶偏見的建議。如今電腦演算技術使決策者在決定之前，可以預先「感受」投資的風險和波動。也許這能讓更優質和穩定的投資者做出「購買和持有」決策（意即較少的交易），進而帶來更高的回報。

風險承擔

涉及風險的場合有股票市場和賭場。許多消費者已經足夠富有，足以參與基金投資或者自己處理投資事宜。長期來看（十到十五年），這比儲蓄回報更高。賭場是賭徒的故鄉，冒險是一種娛樂。賭博是為了尋求冒險刺激並賺大錢，通常不幸和損失都拋到了九霄雲外。風險承擔者不僅活躍於股票市場和賭場，而且更有可能借貸，且通常不會為了應對損失而買保險，比如事故和竊盜損失。然而，風險承擔者不僅是魯莽的賭博者，他們通常擁有比風險規避者更高的投資報酬率。

風險知覺和其他因素決定金融風險的承擔態度，例如投資的合理性和目的，以及選擇過多和資訊過多。舉個例子，僅拿某人一小部分的財富去投資可能是風險投資，但是相較於把所有資產都拿去投資股票型退休金計畫，前者對個人幸福的影響就小多了。這意味，所有財富用於投資的比例決定了風險大小。

前景理論是指參照點會影響風險承擔的程度。損失和收益由參照點決定。收益是財富參照點的正面誤差。一旦收益被併入新的參照點，就不再被認為是收益。同樣，如果損失被併入新的參照點，也不再是損失。在收益主導的情況下，人們規避風險，而在損失主導的情況下則是尋求風險。前景理論沒有考慮個人成敗的歷史，只在金融收益或損失之後，調整新的參照點。

影響風險承擔的個人因素，還包括性別、教育程度和科系、收入、財務和年齡。從性別來說，男性比女性更加願意冒險，與此一致的是，在做財務決策時，女性要比男性更加風險規避。相比單身漢或已婚夫婦，女性往往風險性資產更少。與單身漢和沒有孩子的已婚夫婦相比，隨著孩子的數量增加，她們傾向減少她們的風險性資產。鮑威爾和安斯克（Powell and Ansic, 1997）有項實證研究，目的是調查女性風險規避的傾向是一種性格特徵，還是因為熟悉、不熟悉任務，或者是建構問題時的態度。結果顯示，不考慮熟悉、不熟悉和任務建構的情況下，男性和女性在金融決策上策略不同。女性試圖避免最壞的情形，以獲得安全感，她們損失規避較高，並且承擔較少風險。男性試圖獲得最好的機率收益，因此也更加冒險。女性比男性更沒有自信，並將她們的表現歸功於好運氣，而不是技巧和管理。

王（Wang, 2009）的研究顯示，男性投資者比女性投資者擁有更高的主、客觀金融知識（素養）和更強的風險承擔能力。主觀知識調解了客觀知識和風險承擔之間的關係。主觀知識也反映在資訊處理和決策過程中的過度自信。

何、英曼和米塔爾（He, Inman and Mittal, 2008）研究性別帶來的影響，以及損益傾向（gain/loss orientation）。諸如投資決策，是受到收益成就驅動，這點符合男性的冒險偏好、促進焦點、自我和成功傾向。與之相反，像是保險決策，受到風險規避驅動，則符合女性的預防焦點、共同和協調傾向。因此，性別造成的損益取向，影響了風險承擔。費爾頓等人（Felton et al., 2003）發現，積極的男性比女性和消極者做出更多風險選擇。積極樂觀的特質，即對未來事物持有正面預期的穩定傾向，會在這種情況下起作用。積極者承擔更多的財務風險，並相信持續努力是有效的，而消極者承擔的風險較少，並且撤回的機率更高。積極者主動參與解決問題，並更有可能為了避免損失而冒險。

年齡也是影響風險行為的主要因素：年長者比年輕人冒的風險更少。另一相關的個人因素是金融知識，或者說，對於多數消費者而言，重點是缺乏金融知識。不了解金融產品及其風險的人，更有可能購買與其需求或預算不符的金融產品，會更容易陷入財務損失的風險。

在此應該參考一個基本觀念，最適刺激程度。人們從他們的環境中得到刺激。人們的最適刺激程度各有不同。一些人偏好較高的最適刺激程度，而其他人偏好低一些。如果環境太複雜，刺激程度對於某些人來說可能太高，於是他們試圖撤回或者簡化情況，例如忽略細節，以求降低刺激程度。另一方面，如果環境刺激不足，人們會深入探究，例如多樣性需求和冒險，以便提高刺激程度。最適刺激程度高的人比最適刺激程度低的人接受更多的風險，也更加衝動。斯廷坎普和鮑姆加特納（Steenkamp and Baumgartner, 1992）發現，最適刺激程度高的人更加好奇，並且好奇刺激著他們的資訊需求。最適刺激程度高的人也尋求更多的多樣性（不同的產品和品牌），也更常賭博，並且會下更高的賭注。他們通常缺乏自我控制，因此難以限制自我、無法避免有問題的財務結果。

最適刺激程度和冒險相關的性格變數有：外向性和衝動性。外向性與刺激、警醒需求（中樞神經系統的啟動）相關，因此與感覺尋求和冒險相關。外部刺激和內部警醒一致。衝動是決策中的重要因素。做衝動決策的人，更有可能忽視相關資訊和選項，因此容易犯錯。

特質焦慮（trait anxiety）為此提供最一致的風險承擔預測。易焦慮的個人，對威脅性資訊具有認知偏誤，這可能導致認知偏誤並且少冒險。這是一種普遍傾向，而非受到情境限制。外向性得分低且情緒不穩定性得分高的人具有風險規避傾向的特徵，進而承擔較少、較小的金融風險。小心謹慎的人更可能仔細處理所有相關資訊，並記錄他們的收入和開支，避免不必要的風險。

杜克洛、萬和蔣（Duclos, Wan and Jiang, 2013）發現，社會排斥（socail exclusion）增加了人們承擔的金融風險。社交孤立的人們要是承擔金融風險，在生活中獲得利益，能彌補他們人際關係的匱乏。朱等人（Zhu et al., 2012）證實，參與網路社群增進了人們金融風險尋求的傾向。社群成員認為，一旦遇到困難，其他成員會幫助他們，尤其是當他們與其他成員有較強的社會連結的時候。這些例子表明，社會孤立和社會融合都會引發金融風險承擔。在獨立、與他人連結較弱，以及不太相信別人會幫你脫困的情況下，金融風險承擔能力較弱。網路募資平台可能會引誘他人借貸，並且低估未能清償貸款的風險。跟現實生活相比，網路外匯經紀商的會員可能會購買風險更高的股票。

小結

風險是金融行為的重要因素。許多決策都是在不知道確定性結果的情況下做出來的。人們試圖找出受風險驅動的相關資訊，以及這些風險驅動因素的影響。這些資訊和理解可能不正確，導致在評估和決策時是動用認知風險，而不是客觀風險。損失機率和損失規避是知覺風險的主要驅動因素。

基於個人特徵，如性別、收入、年齡和性格，人們的風險偏好和風險承擔能力各有不同。男性具備更強烈的促進焦點傾向，並且試圖冒險以為獲取收益。女性具備更強烈的預防焦點傾向，承擔更少的風險，試圖避免損失，維持財富。與風險知覺相關的情境因素，牽涉到任務框架、投資目標、社會排斥及社會融入。

Chapter 14

時間偏好

Time Preference

時間偏好是金融行為的另一個基本概念，因為許多金融合約，例如房貸、人壽保險和退休金計畫都長達二十到四十年之久。儲蓄和投資是指向未來的金融行為。一些人偏好現在，而另一些人則偏向未來。時間偏好是指現在消費（現時偏好）或者為未來消費和退休儲蓄的偏好。時間偏好同樣也與購買保險、購買／出售股票相關。未來偏好和拖延症（拖延工作任務，例如退休儲蓄）與自我管控相關。

時間洞察力

一九三〇年，費雪（Fisher）發表了他的著作《利息理論》（*The Theory of Interest, as Determined by Impatience to Spend Income and*

Opportunity to Invest It）。書中仔細區分了兩種人，即現在著急並衝動花錢的人，與有耐心且為未來儲蓄／投資的人。這種區分在經濟學上稱為時間偏好。積極的時間偏好與現在消費有關，而消極的時間偏好與未來消費有關。這種兩極分化也可以表達為：短視（現時）相對於遠見（未來）。請注意，這裡只考量現在和未來兩種時間偏好，過去並不在其中。

勒溫（Lewin, 1951）定義了何謂時間洞察力（time perspective），指的是個體在特定時間內對自己過去和未來心理觀點的總和。過去和預期未來的事件，會影響當下的行為，因為它們會表現在行為功能的認知層次。在存在主義哲學中，時間在人們如何感知世界方面起了重要的作用。在班杜拉（Banduraa, 1997）的自我效能理論（self-efficacy theory）中，時間之於效能信念和自我管控，具有三方面的影響：過去的經驗、當前的評估，以及牽涉未來選擇的反應。時間洞察力通常是無意識的，在這個過程中，個人和社會經驗被安置在時間框架內，給定與這些經驗和事件相對應的順序、意義和連貫性。時間框架可能是迴圈性的（周期模式及季節性的，例如農業）或者線性的（持續性，一去不返）。人們透過回憶和重建與過去相似的情境，並將他們學到的東西應用於現在，過去的經驗（學習）用於當下的功能運作。有些人更常受到目標及對未來事件的預期和期望所影響，他們考慮並想像未來發生的事件，同時思考怎樣研究這些事件。另一種群體則更傾向現在，關注當下所做的事情，並盡情享受。

津巴多和博伊德（Zimbardo and Boyd, 1999, 2008）設計了一份時間觀念的調查問卷，根據人們如何將自己的經歷放入時間框架，同時視時間觀為一種個體差異變數。他們畫分出五種時間觀：

1 消極過去型——厭惡過去：哪兒出錯了？表現為：錯失的機會、後悔、憂鬱和焦慮。他們選擇性記憶不利的事情。

2 享受當下型——享受當下，與感官刺激尋求和衝動、不考慮未來後果，以及積極的時間偏好。

3 未來型——強調計畫、責任心、抵禦誘惑、實現目標和準時。他們具有消極的時間偏好和較高的自我管控能力。

4 積極過去型——念念不忘過去：想到童年、傳統和「美好舊時光」就無法忘懷。他們選擇性記憶過去有利的事情。可用「寧穩妥、勿後悔」形容他們。

5 現時宿命論型——認為自己受外部控制、無助和無望，以及受外部力量和壞運氣的影響。他們的壓抑、焦躁和侵略性較高，自我管控能力較低。

跨期決策

遇上付款延遲這種事情，人們往往會額外索取較高的費用（補償金或折扣），這通常會比當前利率高。在額外費用上，小筆資金收費往往比大筆資金更高（按比例）。同樣，短期費用（按比例）也比長期費用更高。期間較長和數額較大的資金，額外收費近於利息，因此感覺起來更合理。獲利的折現率（discount rate）比損失更高。人們在延遲獲利（比如獲得獎金）一事上，往往願意付出更多，延遲損失（例如保險、支付罰款）時則不願意付出同等代價。人們在延後處理損失或延長債務的時候，總是沒有那麼著急。然而，有些人想要在債務到期之前儘快還債，因為他們不喜歡「負債」的狀態。

為什麼小筆資金付款延遲，人們要的補償金額（就比例而言）會比大筆資金延遲付款來得高呢？一年之內，一百歐元和一百五十歐元之間的差異，看上去會比十歐元和十五歐元之間的差異大。因此，人們更願意為五十歐元等待一年，而不是五歐元。另一種可能解釋，就是消費者在消費和支出方面，考慮的是小筆額外收益（現金收入帳戶），而在儲蓄中，考慮的是大筆額外收益（現金儲蓄帳戶）。因此，為小筆資金等待的機會成本，會當作預先消費，而為等待大筆資金的機會成本則視作預先利息。

預先消費比預先利息更加誘人，這也許可以解釋小筆資金的機會成本何以更高。

解釋和預測這些在偏好和價值上具備跨期差異的模型和理論有：（1）雙曲貼現模型。（2）前景理論和隨時間變化的參照點。（3）解釋水平理論（construal-level theory）。雙曲貼現和前景理論，關注近期未來或遠期未來資金的價值變量。跨期的解釋水平理論，主要關注近期或遠期未來時間點的心理特質（認知）。

雙曲貼現理論

山繆森（Samuelson, 1937）提出折扣效用模型（discounted-utility），用固定折現率模擬跨期選擇（intertemporal choice）。在該模型中，未來收益和損失會以固定折現率貼現，與附加通貨膨脹率的利率相似，但並不大相同。根據折扣效用模型，為特定時期延遲消費而接受的補償，應等同於相同時期為了加速消費而願意支付的價格。折扣效用模型之所以受歡迎，主要是因為它簡單，不過後來也發現許多異常現象，逐漸侵蝕了模型預測的效度。

人們認為，他們在未來收到的錢，其價值遠比現在收到的錢低。他們會就付款延遲（額外費用）一事要求補償，假設延遲時間較長，便會要求相對較低的補償（按百

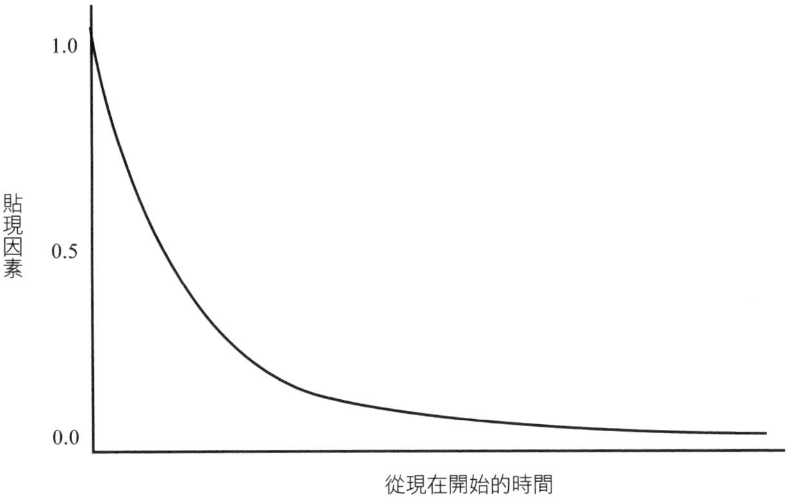

◆ 圖 14–1 雙曲貼現

分比）。塞勒（Thaler, 1981）詢問人們，要是之後某個時間點（一個月、一年或十年之後）才能收到十五美元，他們要求的補償金會是多少，其答覆的中間值分別是：二十美元、五十美元和一百美元。換算成額外收費的比例分別是345%、120%和19%。當時間間隔更長的時候，補償金比例是下降的。雙曲函數比指數函數更符合這些數據的特點。雙曲貼現一詞形容的是以現在為參照點的補償。雙曲貼現，也意味人們在時間偏好上，具有下降的趨勢（圖14–1）。下降的趨勢在近期未來比較陡峭，而在遠期未來更加緩和。近期未來陡峭的下降趨勢也是現時偏誤的暗示，即偏好今天而不是未來收錢。

時間貼現包含了風險。付款延遲也考慮到時無法付款的風險，比如系統的變化（退休金）、銀行或保險公司的破產。如果人們不信任金融系統或機構，他們偏向即時付款。這是寧可現在付款、也不願以後付款的重要原因。人們想要從付款延遲的可能風險中獲得補償。在凸時間預算（convex time budgets）方法中包含了風險因素。事後才付款，表示付款時會遇到各種各樣的機率。因此時間貼現會基於時間（以後才收付款）和風險（收款機率）來考量。

隨時推移的參照點

參照點是前景理論的重要部分。從參照點的角度來看，收錢和付錢會被認為是獲利和損失。我們可以用一個例子說明原因。勒文施泰因（Loewenstein, 1988）做了一個實驗，參與者能夠選擇延遲或提前取得價值七美元的禮品券。也就是說，參與者可以選擇在一周、四周或八周之內收到他們的禮品券。例如，一位參與者擁有一張四周後兌現的禮品券，他可以用此交換一張八周的禮品券，並且會得到延遲付款的額外費用，也可以拿去交換一周的禮品券，並支付提前付款的額外費用。

人們要求補償延遲付款（接受的意願）的意願，顯然比提前付款（支付的意願）

高得多。人們在考量延後或提前收益時，想要獲得的補償是不對稱的：接受意願大於支付意願。這種異常現象，是折扣效用模型的一種變形，稱為「非對稱貼現」（asymmetric discounting）。顯然，延遲八周就是比延遲四周要補償更多。如果數額相同，延遲付款的負效用比提前獲得同等數額的款項的效用大。這可以用損失規避來解釋。以現在為參照點，延遲會被視為一種損失，而提前則是一種收益。在同等數額的情況，延遲（損失）資金到位的負效用比提前（收益）的效用大。前景理論解釋了這種不對稱。與同等收益下的正面評估相比，損失被想得更負面。因此，人們想要因延遲（損失）獲得更大的補償，他們願意付出的代價，比提前收款（收益）還要付得更多。這可以用前景理論中的價值函數解釋（圖14－2）。

一周到四周的延遲，比四周到八周的延遲，索要的額外費用更高。這些案例的參照點是現在。從一周延遲到四周的價值是（−150）－（−90）＝−60，從一周延遲到八周的價值是−110，從四周延遲到八周的價值是−50（圖14－2）。−60的價值比−50的價值，賠償應該要更高。這與前景理論和雙曲貼現函數相對應。推論提前付款的過程也是一樣。從四周提前到一周的價值是+50，從八周提前到一周的價值是+75，從八周提前到四周的價值是+25（圖14－2）。+50的價值比+25的價值，付款應該更高。提前的支付意願，比相同時間間隔延遲的接受意願小。這也與前景理論相對應。然而，雙曲

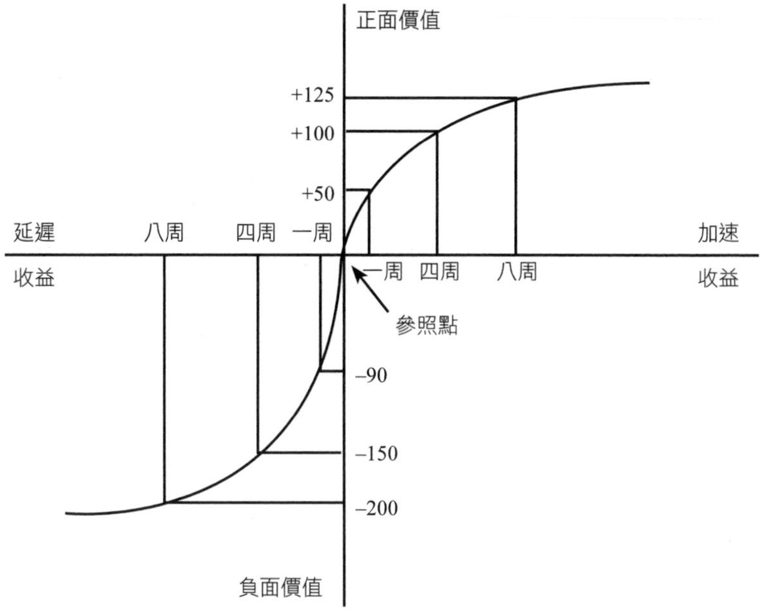

◆ 圖 14–2 前景理論和非對稱貼現

貼現函數並沒有解釋延遲和加速的非對稱性。

收錢是一種正面經驗。那麼負面經驗呢？人們是想要延後負面體驗，比如打掃房屋？還是人們想要提前正面體驗，比如收到一束鮮花？不，恰恰相反。人們喜歡延後正面體驗並繼續期待正面體驗的吸引力（品味再三）。同樣，人們喜歡提前負面體驗，避免對消極體驗的預期（恐懼）。人們似乎偏愛強度逐漸提升的順序：先是負面體驗，然後是正面體驗，或者換句話說，先苦後甜。人們想要儘快消除負面體驗（不滿因素），並保持以後的正面體驗（滿意因素）。人們同樣也想讓正面體驗強度逐漸增強的順序：一開始最少，接下來根據他們的預期，正面體驗應該要更多。

我們可以將這些異常現象（理性誤差）進行以下的總結：

1 收益比損失貼現更多（符號效應）。
2 小結果比大結果貼現更多（數量效應）。
3 延遲—提前非對稱：跟提前享受相比，要是延遲實現，人們會想要更多賠償。
4 提升順序的偏好：在晚餐的順序選擇上，把最好的晚餐留在最後。
5 延展和多樣化的偏好：隨著時間擴展不同的選擇，並且避免一系列相似的選擇。

在表14－1中，前三個異常現象以更加詳盡的方式展現。

符號效應（sign effect）：收益比損失貼現更多。要是得延遲收益，人們索要的補償會比同等延遲損失付出去的還要更多（1a和3a之間的比較）。那麼提前收益的支付意願，與提前損失的接受意願又是如何呢（6a和8a之間的比較）？

	收益	損失
延遲 大額	1a. WTA1 > WTP2 （符號效應） 1b. WTA1 > WTP5 （延遲／提前非對稱）	2. WTP2
延遲 小額	3a. WTA3 > WTP4 （符號效應） 3b. WTA3 > WTA1 （數量效應） 3c. WTA3 > WTP7 （延遲／提前非對稱）	4a. WTP4 4b. WTP4 > WTP2 （數量效應）
提前 大額	5. WTP5	6a. WTA6 > WTP5 （符號效應） 6b. WTA6 > WTP2 （延遲／提前非對稱）
提前 小額	7a. WTP7 7 7b. WTP7 > WTP5 （數量效應）	8a. WTA8 > WTP7 （符號效應） 8b. WTA8 > WTA6 （數量效應） 8c. WTA8 > WTP4 （延遲／提前非對稱）

◆ 表 14-1 延遲或加速小額或大額（數量）收益或損失的 WTP 和 WTA 比較

WTP：支付的意願。

WTA：接受付款／補償的意願。

數量效應（magnitude effect）：小額資金貼現得比大額資金更多。與較大收益的延遲相比，人們遇到較小收益延遲，會想要獲得相對多的補償（3b的比較）。人們同樣也想從延遲較少損失中，獲得比延遲較大損失更多的補償嗎（4b的比較）？據我所知，對於4b的比較沒有實證性研究。與之相似的是，與提前較大收益相比，人們想要為提前較小收益按比例提供更多的支付（7b的比較）。與提前較大損失相比，人們想要為提前較小損失按比例獲得更多的補償（8b的比較）。

延遲—提前非對稱（delay-speedup asymmetry）：人們想要從延遲收益中獲得的補償，比他們願意為提前收益提供的支付多（1b和3c之間的比較）。人們想要從提前損失中獲得的補償，比他們願意為延遲損失提供的支付多（6b和8c之間的比較）。

有一個例子也許可以闡明4和5的異常現象：如果五個周末有三個晚餐選項（在家吃、昂貴的法國餐廳和龍蝦餐廳），每一家餐廳只能選擇一次，最受偏愛的順序如下：（1）在家吃。（2）在家吃。（3）昂貴的法國餐廳。（4）在家吃。（5）昂貴的龍蝦餐廳。這個順序的強度不斷在提升，從在家吃開始，最後的周末選擇去餐廳。這裡體現了延展（多樣）性：兩頓外食之間在家吃一次。如果之前在家吃，餐廳的晚餐似乎更使人愉悅。這是一種對比效應，增加了兩種晚餐之間的差異。同樣，在總工資不變的情況下，人們偏愛逐漸增加而不是平坦、一段時期內逐漸減少的工資曲線。要特別說明的是，平坦的和下降的工資曲線具有更高的價值，因為要是有提前到來的資金，人們可以儲蓄其中一部分，也不用改變這種偏好。根據上升的工資曲線調整消費，也比根據下滑工資曲線來調整更加容易。人們也會憧憬著工資上漲。這同樣也與貨幣的通貨膨脹和價值相一致，並且也是一條「普通」工資曲線。

韋伯等人（Weber et al., 2007）將查詢理論（query theory）發展為一種心理機制，解釋貼現中的延遲─提前不對稱現象，為了糾正這種不對稱，他們提供了可能解方。在查詢理論中，一一列出延遲─提前實驗參與者的想法，這些想法要麼「不耐煩」且偏愛現在，要麼「耐心」且鍾情未來。參與者以這些想法建構出他們對現在或以後收禮的偏好。參與者遇到延遲，首先詢問能支持即時消費的理由（想法），並且這會抑制延遲消費的理由。因此，偏好即時消費的論點比偏好延遲消費的論點更加可行。論點的可行性是延遲結果貼現得更多的原因。要是遇到提前，參與者首會詢問延遲消費的原因，這會抑制即時消費的理由。因此，偏愛延遲消費的論點比偏愛即時消費的論點更加可行。該論點的可行性是延遲結果貼現得較少的原因。每一種觀點進入腦海的順序，似乎決定了即時還是延遲消費的偏好。

解釋水平理論

解釋水平理論認為，時間距離同樣也是一種心理距離。在解釋水平理論中，時間距離、空間距離和社會距離被當作心理距離。社會距離是指社會中社會群體和等級之間的距離。解釋水平理論闡述了三種心理距離中的解釋過程，這些解釋過程是類似的。

時間改變了人們的心理表徵（解釋）和對事件的回應。過去和未來的事件都包含在內。人們通常以抽象的名詞評價遠期未來的事件（高水平），而用具體的名稱評價近期未來的事件（低水平）。對於近期過去和遙遠過去的事件也是一樣，分別對應著低水平和高水平解釋。一個高水平解釋的例子是「簡單概覽一下個人財務」，而低水平解釋的例子是「把你的開銷輸入預算系統中」。

表14－2列出了高水平解釋和低水平解釋的一些差別。

高水平解釋	低水平解釋
遠期未來	近期未來
抽象	具體
上級的	次級的
目標相關	操作相關
促進焦點	預防與促進焦點
「為什麼？」	「怎樣？」

◆ 表 14–2 高水平和低水平解釋的比較

人們通常認為遠期未來的事件具有促進焦點效應，其中正面和激勵的方面占主導地位。這些事件與目標相關，並且是抽象的，是一個人渴望並且想要實現的事情和狀況。主要的關注點在於「為什麼」人們想要實現這些事情和狀態。人們可能對於他們的成功太過正面和自負，而在行動的時候，悲觀主義可能會占上風，擔心工作能否成功完成。近期未來的時間通常是可操作的，並且與「怎樣」執行或組織活動相關。這通常是一種預防（規避）和促進（方法）焦點關注的權衡與平衡。因此，主要的關注點是人們「怎樣」才能意識到這些活動和狀態。這與瓦拉赫和韋格納（Vallacher and

Wegner, 1986, 1987）的「行動識別程度理論」（levels of action identification, LAI）極其相似。抽象行為行動可視為同一類行動，因為這些行動指向同樣的目標，例如獲得更高的退休收入。具體行為由促成這個目標的行動構成，例如在網路上搜尋退休保險。

人們渴望或開始參與具有高水平解釋（心理表徵）的活動，這些活動體現了行動目標或收益，例如假期旅行（可能的活動和遠行的促進焦點）。當他們真的開始行動的時候，這項活動變得越來越具體和難以處理，例如，收拾行李和去機場（不要遺漏事情的預防焦點）。當開始一個項目的時候，人們對完成並達到專案目標可能會表現得過於樂觀和自負，而當行動的時候，他們變得更加現實。在行為成本／收益法中，考量項目的時候，認知收益（有利）在專案開始的時候和長期占主導地位，而認知成本和實際成本（不利）在執行專案的過程中占主導地位。

解釋水平理論對過去也做了類似的高水平和低水平解釋的區分。我們通常以更加廣泛和抽象的方式記憶遙遠過去的事情，而以更加具體的方式記憶過去不久的事情。然而，通常我們也會記住遙遠的過去的具體事件，如果這些事件對我們而言意義重大，例如親友的逝去或車禍。過去的意義可能與發生的具體行為（低水平解釋），以及廣泛選擇性記憶（高水平解釋）有關。

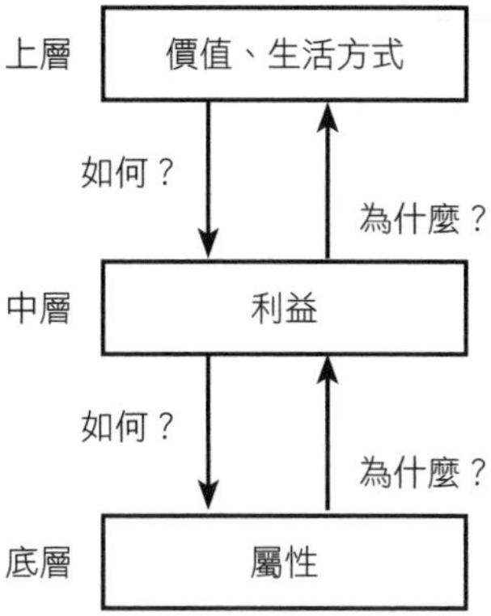

◆ 圖 14–3 意義層次分析

解釋水平理論只區分了兩種程度的解釋：遠期和近期事件的水平和低水平解釋。對於中間的時間間隔，可以區分出中間水平解釋，可能是一種抽象和具體的高水平和低水平解釋的混合。

意義結構分析

意義結構分析闡述了產品和事件至少有三個層面的意義。在基本屬性層面，產品有具體技術的特徵。在利益層面，產品對於使用者而言具有利益（和成本）。在價值層面，產品與價值和生活方式相聯繫。

同樣，行為也有三個層面：（1）要做的具體現實行為（次級的）。（2）擁有共同目標的相互聯繫的行動／行為。（3）與價值相關的高級行為，例如可持續性。

在意義結構分析中使用的技術方法是階梯法。透過階梯法，「為什麼」的問題，從具體屬性走向了價值。「如何」的問題，從價值走向了具體屬性（圖14－3）。

「為什麼」的問題有：為什麼這個屬性是重要的？為什麼這種利益是重要的？以固定利率的房貸為例，「為什麼」的問題例子包括以下兩個。

問題1：為什麼固定利率是重要的？

回答1：因為在固定利率的情況下，我每年支付固定的金額。

問題2：為什麼每年支付固定的金額是重要的？

回答2：在固定金額的情況下，我對未來更加確定和有信心。

「如何」的問題有：怎樣才能實現價值？怎樣才能實現這種收益？以確定性和信心作為核心價值的房貸案例中，「怎樣」的問題例子包括以下兩個。

問題1：怎樣才能獲得確定性和信心？

回答1：每年支付固定的金額。

問題2：怎樣才能實現每年固定的支付？

回答2：固定利率。遠期和近期未來視角。

在表14—3中，基於前景理論、雙曲貼現、解釋水平理論、行為成本／收益法、行動識別程度和意義結構分析，比較了遠期和近期未來視角。遠期未來視角占據上層，而近期未來視角占據底層。

遠期未來視角	近期未來視角	模型／理論
較大的損失	較小的損失	前景理論
更低的效用／價值	更高的效用／價值	雙曲貼現
高水平解釋	低水平解釋	解釋水平理論
抽象的	具體的	解釋水平理論
收益	損失	行為成本／收益法
相互關聯的行為	分別的行動、操作	行動識別程度
價值、生活方式	屬性	意義結構分析
上層的	底層的	解釋水平理論、意義分析
為什麼？	怎樣？	意義結構分析

◆ 表 14–3 多種模型和理論中遠期未來和近期未來視角的比較

時間管理與拖延症

根據時間安排和管理工作任務，是金融計畫及實現目標的重要部分。某些任務有截止日期，而臨近截止日期的時候，任務的完成變得更加急迫，例如納稅申報。假設現在是三月十日，工作的截止日期也許是三月三十一日或四月二日。三月三十一日（本月）被認為比四月二日（下個月）更近，並且「本月」截止日期促使人們儘快進行相關的工作。本月被當作「現在的時間」，而下個月則看作「未來的時間」。據推測，人們透過這種方法，從「未來的時間」中區分「現在的時間」，正如他們從「未來收入」中區分「當前收入」一樣。在微型儲蓄計畫中，印度農民獲得了一個儲蓄帳戶，該儲蓄帳戶激勵他們在六個月內達到五千盧比（約七十八美元）的儲蓄目標。對於六月份著手計畫的農民而言，截止日期在十二月，而對七月著手計畫的農民來說，截止日期在一月。以十二月作為截止日期的農民比以一月作為截止日期的農民開戶和更早開始儲蓄，儘管兩組農民的時間都是六個月。儘快啟動一項任務，提高按時完成的機率。正如亞里斯多德（Aristotle）和《歡樂滿人間》（*Mary Poppins*）中的瑪麗・包萍（Mary Poppins）所說的：「好的開始是成功的一半」。同樣，鄰近的截止日期等於是提供「溫馨提示」，提醒人們啟動任務。

其他的任務，例如退休儲蓄，沒有最後期限，可能會推遲太久，不能為更高的儲蓄收入做出持續貢獻。通常，人們過於樂觀、並低估完成任務所需的時間，例如納稅申報。他們預期能夠在截止日期之前完成任務，並且忽略了過去的經驗教訓，稱為規畫謬誤（planning fallacy）。儘管規畫謬誤是自負的例子，但是並不一定是件壞事。如果我們不想積極完成任務，我們可能根本不會開始。當最後期限臨近的時候，我們也許會後悔曾經對自己或他人做出完成任務的承諾。但是，在截止日期前及時地完成有壓力的任務之後，我們會為自己倍感驕傲。

拖延症（Procrastination）的症狀是太晚啟動工作，或者工作太慢、以至於無法及時完成任務。詞語「拖延症」由拉丁文「pro」（偏愛）和「crastinus」（明天）組成。拖延症與執行、完成任務的時間管理有關，因此與自我效能有關。從這種意義上看，拖延症與性格特徵中的盡責性有關。拖延症是一種令人困擾的現象，大多數人認為拖延症是不利的、糟糕的和有害的。在複雜社會中，人們必須趕在最後期限之前及時組織、完成許多工作，以避免罰金、多付稅款以及放棄收入。請注意，拖延症並不一定是不利的。伯恩斯坦（Bernstein, 1998）解釋道：「一旦我們行動，我們將喪失等待權利，除非新資訊出現。結果不行動（無為）反而具有價值。結果的不確定性越強，拖延症的價值就越大。」因此，在某些情況下，拖延症是無為的明智之舉。由於工業化進程和活動在在需要謹慎組織、協調和計畫，拖延症在工業革命中被認為是負面的。

拖延症的原因是什麼？

1 任務厭惡：沒有吸引力且令人厭煩的任務，比有吸引力的任務更容易被拖延。

2 任務難度：艱巨的任務和預計艱巨的任務，比簡單的任務更容易被拖延。

3 任務重要性：重要的任務通常需要大量的時間和精力，人們推遲這些任務，直到「他們有足夠的時間」或者認知能力，才會想要執行這些任務。

4 任務大小：小任務要求更低，更容易快速完成，通常也是最先執行的事項。有些人會查看他們必須完成的任務數量，完成一些簡單任務都會讓人蠻滿意的，因為這減少了他們需要完成任務的數量。這是重大任務通常被拖延的原因。一種補救方法就是，將重大任務分割成幾個較小、且能夠儘快完成的子任務。

5 任務的不確定性：如果不確定完成任務需要多少時間，會很難安排。這是拖延的原因之一。一項任務可能包含不確定性，例如資訊是否及時有效，或者雙方是否及時達成共識。

6 低程度的自我控制，又和自我效能與拖延症有關。自我控制和自我效能程度較低的人是無秩序且不自律的人，容易拖延任務。

7 低程度的盡責與拖延症相關。無責任心的人是無組織性的，傾向拖延任務。

拖延症的不利和有利結果是什麼？

1 因為臨近最後期限的時間壓力，拖延症通常導致糟糕的表現（犯錯並且忘記列入排程）。不能應對這種壓力的人，在臨近最後期限時，往往表現拙劣。

2 拖延症也可能會導致更優良的表現，因為在臨近最後期限的情況下，警醒（中樞神經系統的啟動）程度較高且大多數認知和情感資源都專注在任務上。如果人們能夠應對壓力，通常表現將更加出色。有些人願在臨近最後期限時才開展任務，因為他們那時會更加有效率和有效果。如果早在截止日期之前開展任務，他們會把大量時間花費在細節上，效率很低。請注意，這也算是拖延症的優點。

3 拖延症可能一開始有助改善情緒，因為暫時從思考中移除繁重任務。隨著最後期限臨近，執行任務的時間壓力也增加，情緒會因壓力和不確定性而惡化。

4 推遲有吸引力的任務可能是有利的，因為它展現了延遲即時滿足的能力。有延遲滿足能力的人，擁有更強的自我控制力，是更優秀的計畫者和執行者。

怎樣才能不拖延使人厭惡的、艱巨的、重要的、重大的和不確定的任務呢？繁重的任務先分割成幾個較小的子任務，可能會是一種解決之道，例如崔、萊布森和馬德里安（Choi, Laibson, and Madrian, 2006）推薦的「快速註冊」（quick enrollment）。使用分割的策略，把參與養老金計畫分成兩個較不複雜的步驟。第一步：決定是否參與。幾個月之內，人們會習慣他們的參與，相對也會改變他們的態度，這牽涉到自我知覺理論（self-perception theory）。第二步：決定儲蓄多少及其他具體計畫，這會變得更加容易。這種兩步走或踏腳入門的辦法，比一步到位、也就是必須一次決定所有事情的辦法，更容易成功。第二種克服拖延症的方法，是執行任務的時候接受（快速）滿足，而不是採用（耗時的）最大化滿足策略。第三種方法是提供一個有吸引力的替代選項，給消費者強加一個最後期限，消費者只有在特定日期前完成，才能得到這個頗具吸引力的選項（稀少性）。

在SMarT項目中，未來薪水的增加，被視作一個可以記入退休金項目的事件。於是增加的薪水，一部分會被存在退休金項目中，一部分則用來消費。未來的時間點是重要的，因為人們更願意未來儲蓄而不是現在就存錢。與當下儲蓄相比，未來儲蓄的金額，會被視為是一種更小的「損失」。雙曲貼現解釋了未來儲蓄的意願。現在就做出未來儲蓄的承諾，影響深遠。

除了有意識地推遲任務，人們可能會壓制和遺忘執行任務。沒有吸引力的任務比有吸引力的任務更加壓抑，更加容易被人遺忘。壓抑是一種從有意識的記憶中移除資訊或未完成任務的無意識過程，以「解決」思考任務和不想執行任務之間的衝突或不一致。

小結

未來時間偏好對於一些消費者金融行為而言是重要的，例如：儲蓄、退休儲蓄、投資、保險、消費額外收益、納稅申報，以及退休金計畫年金期間的選擇。許多人寧願現在花錢（現時偏誤、積極時間偏好），而不是為以後儲蓄（消極時間偏好）。

一些理論可以解釋人們是如何在內心中描繪和評價現在、近期未來和遠期未來的資金或工作。雙曲貼現描述了收錢或付錢的未來貼現的差別。解釋水平理論解釋了近期未來和遠期未來的工作任務的心理表徵，以及該心理表徵對活動計畫和拖延症產生的作用。一些新古典經濟學的「異象」有：符號效應（收益比損失貼現得更多）、數量效應（小額資金比大額資金貼現得更多）、延遲—提前非對稱（人們想要從延遲收益中獲得的補償，比他們願意為加速收益提供的支付更多）。人們同樣也想要從加速損失中得到更多補償（額外費用），多於他們願意為延遲損失提供的支付金額。

拖延症是對厭惡的、重大的、艱巨的、不確定的或重要的任務的拖延。令人煩惱的是，人們推遲完成重要和重大任務，例如退休金的儲蓄。有一些方式可以減輕拖延症，例如 SMarT 方法和把較大任務分割成一些較小的任務。自我管控和盡責性得分較高的人更有可能不會推遲這些工作和任務。

Chapter 15

決策制定、決策架構與預設選項

Decision-Making, Decision Architecture, and Defaults

本章旨在討論消費者資訊形式，以及這種資訊形式如何影響消費者決策和選擇。資訊形式對決策和選擇有諸多影響。在決策制定中，重要因素有：問題、個人、資訊供給、決策過程及社會環境。預設選項和推力是資訊形式的設計重點，用來影響消費者的金融和其他行為，使其向個人和社會滿意的方向發展。

資訊環境

關於複雜金融產品的決策不是一件容易的事情。通常，大量的資訊已是觸手可及或者網上就能找到。但是這些資訊有多可靠？這些資訊來源的可信度如何？人們需要處理過多資訊嗎（資訊超載）？哪些資訊相關的、哪些不是？訊息的理解難度有多高？我們能夠理解決策的資訊和結果嗎？決策過程的結果精準度應該是多少，我們應該花費多大精力以達到該程度？

人們必須找到處理資訊的策略並選擇決策過程。可以採用最大化策略，即從一組可能選項中找到最好的選擇。這是需要努力的，因為必須處理全部或者絕大多數的資訊。也可以採用優化或滿意度策略，花費較少的精力，找到可接受的選項。這是付出精力和結果品質之間的權衡。

在金融決策中發揮作用的五組主要因素有：問題、個人、資訊供給、決策過程和社會環境。

表15－1列出了主要的因素。人們通常會機動地把這些因素應用於資訊處理和決策中。

問題	決策的目標 任務變數：資訊負荷、重要性、複雜性和困難性 情境變數：緊迫性、時間壓力、分心
個人	能力、金融素養 先前的知識、經驗 動機、認知需求
訊息供給	資訊來源，可靠性，可信度 資訊可得性 資訊表現形式：序列、框架、文字與圖表
決策過程	連結法，消去法 分離法 依序比較法 線性─補償過程 最大化或滿意度
社會環境	對合作夥伴、群體成員的責任

◆ 表 15–1 決策因素

問題因素

我們需要透過決策來解決問題，選擇或變更金融產品或服務。目的是找到符合特定標準的產品或服務，這種標準可以是「最好」的產品或服務，也可以對緊急問題的快速解決方案。有些問題毫無選擇風險，例如選擇一份汽車保險。這些保險的價格或其他特色在網路上就可以多方比較。有些時候，問題比較難界定，例如退休儲蓄或投資。不僅選擇比較困難，並且涉及風險和時間偏好。對後者而言，對未來經濟發展情境的描述是不同的，通常會選擇最有可能發生的情境。因此，必須選擇符合情境的產品。大多數消費者需要專家建議。

任務變數有：資訊負荷、重要性、複雜性和困難性。資訊負荷是指可選選項的數量，以及這些選項屬性或特徵的數量。如果呈現太多特色，選擇是相形複雜的。如果可選選項過多，人們資訊負荷量會過高。人們在三到七個選項中選擇的時候，感覺最為舒適。簡單的選擇，比如一組七個選項，是有辦法完成的。至於複雜選擇，一組三個選項，還算是容易操控。如果人們選擇過多（資訊超載），就會傾向拖延、延遲，甚至取消決策。資訊量超載的環境，提供過多刺激，並要求高度知覺反應（arousal，中樞神經系統的啟動）。人們想降低刺激程度、減少他們的知覺反應，並離開超載環境。提供過多選項，不能提高決策品質，因為人們不能仔細比較所有選項，並且可能忽略相關資訊。施瓦茨（Schwartz, 2014）稱之為「選擇的專制」（tyranny of choice）。矛盾的是，人們在調查中表示他們想從各種選項中選擇，因為這給予他們自主和「自由」。他們對多樣性的需求，可以從其他方式得到滿足。實際上，消費者要從眾多選項中選擇是有問題的。

如何解決資訊超載的問題？首先，某些大項目可以分成一些子項目，例如：菜單可以分成肉、魚和蔬菜三類餐點。消費者首先選擇一種類別，然後再往下選擇餐點。在許多分類中，逐步選擇是可行的。在某些分類中，可以清楚呈現「優勝者」，它在大多數或者其他所有選項中都占據主導地位。於是，選擇變得輕鬆。可詢問消費者對各項屬性的重要性等級，然後計算每種選擇的總效用，來幫助決策。

情境變數指的是緊迫性和時間限制。在時間壓力下，人們傾向找出選項的缺點，進而拒絕這些選項。萊特（Wright, 1974）發現，在時間壓力較大的情況下，人們會利用負面證據，並選擇第一個沒有負面證據的選項。在適度分散注意力的情況下，負面的證據也是拒絕選項並保留可接受選項的一種方式。前景理論認為，負面證據（拒絕選項）比正面證據（接受選項）具有更強烈的影響。分心佔用了認知資源，減少了比較選項和選擇時使用的資源。

在訊息超載的情況下，人們不僅感受到任務的艱巨，對自己選擇的滿意度也比較低。他們一直認為，其他選項可能比已選擇的選項更好，並感到後悔。他們可能還會承受機會成本的壓力。選擇情境的問題，影響對已選選項的感受效用。預期後悔和機會成本可能會導致人們回避複雜決策。因此，決策的過程影響（塑造或導致）著選項及已選選項的滿意度。

訊息供給

網路或平面媒體、電視和廣播廣告可以讓我們大量獲得所需資訊。平面媒體、電視和廣播廣告可能會激發需求，或者提供解決問題的可能方案。上網搜尋可以找到替代選項的特色、價格及可購買商品的大量訊息。除了製造商和零售商的生產資訊，通常情況下，查閱其他顧客的評論，可以了解他人對供應商的產品和服務的滿意程度。這些評論可能包括品質評分以及體驗分享。例如，網路其他使用者會以友好、客戶導向和競爭力幾點來評價金融顧問。評價系統的可靠度和可信度千差萬別。在良好的評價系統中，「所有」顧客都應給予評價，而不僅僅是非常讚許或非常不悅的顧客。

消費者組織和獨立網站提供了產品和服務的測試資訊。多數消費者知道，生產商和零售商的資訊表達可能偏頗，他們會以最有利的方式描述產品，強調利益並淡化缺點。其他的消費者可能也會有偏見，一旦不滿意，他們也許給予負評，發洩憤怒，損害供應商名譽或者警告其他消費者。比較測試的結果是「無偏誤」，並且通常基於可靠的研究。然而，其他消費者的負面評論，哪怕數量較少，通常也會引發人們抵制該選項。在購買決策方面，負面證據比正面證據作用更強烈。在許多市場中，「所有」選項是同時有效的。在某些時期，一些選項正在「促銷」並且更加便宜，或者有新選項進入市場。這意味著價格和有效性的變化，而消費者必須決定現在還是以後購買。在「非即時」選擇且不斷變化的市場中，消費者不知道市場將如何變化，只能基於有效選項，最大化或最優化他們的選擇。

資訊通常會以表格或者排名的型式呈現。有些消費者組織，比如消費者聯盟（consumer union）會公布以品牌或產品變數為縱向、以屬性／特質為橫向的比較表格。消費者可能從最重要的特質一欄開始閱讀表格，選擇該特質下得分最高的品牌。進而比較第二個特性，留下兩種特質得分都高的品牌選項。他們使用了聯結（conjunctive）或消去法（elimination by aspects）。在特質和價格之間的權衡中，他們找到品質和價格最優的選項。其他的消費者組織，如德國商品檢測基金會（German Stiftung Waretest），公布不同種類的品牌和產品變數的比較結果。消費者不得不先對每個選項形成整體印象，再比較這些整體印象，以便找出最佳選項。表格形式方便消費者具體比較，而分開的格式幫助建立各自獨立的「整體」印象，使其作為選擇的基準。

比價網站通常列出產品價格的排名，以及其他額外得分。透過這種形式，排名中的位置以及價格，對消費者選擇的影響變得顯著，主導性更強。希內、馬丁內斯、庫拉爾和馬澤（Giné, Martinez, Cuellar and Mazer, 2014）研究了墨西哥城低收入者的決策和選擇過程。一組人從隨機清單中選擇最優的一萬披索（約五百七十九美元）的一年期貸款產品，隨機清單與當地貸款類似。另一組使用了人性化的資訊歸納清單，這個歸納清單由墨西哥城消費者金融信用局設計。第一組只有39%的人能夠鑒別出最好的貸款產品，第二組則是68%。這表明資訊表現形式對發現最優選項具有重要的影響。

大多數金融產品的資訊可以在平面媒體和網路廣告中取得。訊息來源是產品的生產商或零售商，目的是告之並說服潛在顧客（預期）購買。資訊可能是單方面的，缺少與競爭廠商產品的比較，因此消費者很難發現該產品的好壞。資訊的可靠度和可信度也許會受到質疑。網路上的理財資訊通常是用搜尋引擎找到的，因此，搜尋的熱門程度會主導消費者的選擇。

金融仲介

有過知識匱乏或資訊超載經驗的消費者可能會雇用金融仲介或顧問。仲介協助、尋找並組織與決策相關的資訊，提供解釋和建議，並為客戶訂購特定金融產品（執行）。客戶必須信任仲介是為自己的利益行事。這個過程中可能存在著利益衝突，仲介可能不會建議最適合客戶的金融產品，而推薦使自己利益最大化的產品。清除或「解決」這種利益衝突的一種方法，是仲介要向客戶揭露個人利益之所趨。先揭露資訊，客戶便知道仲介的建議可能帶有偏見，這樣他們在做決定之前，就有機會對建議「打折扣」。但事實上，這對客戶的要求太高。客戶傾向相信仲介的資訊，即使知道這個資訊可能是偏頗的。如果消費者懷疑資訊，他們會盡可能修正資訊並對資訊打折，卻不知道應該懷疑哪方面的訊息。利益揭露之後，仲介獲得道德許可（morally licensed），因此對提供的資訊責任感降低，甚至可能誇大偏誤，以修正揭露的影響。揭露也減少了法律責任。凱恩、勒文施泰因和摩爾（Cain, Loewenstein and Moore, 2005）探討揭露的反常和不利影響。他們認為，揭露無法解決利益衝突的問題，並可能使問題變得更糟。

解決利益衝突的另一種方法，是分離提供建議和購買的角色。仲介提供建議，消費者為仲介提供建議的花的時間付費。仲介可以訂購商品，但不允許從交易中獲利。與低機會成本和高金融素養的消費者相比，高機會成本（高收入）和低金融素養的消費者更願意為理財建議付費。購買建議節約了資訊搜尋的成本，並且通常有助做出更好的決策，因此是具有高回報的明智投資。

許多消費者不願意為理財建議付費，因為他們不了解理財建議的價值。對於年輕人而言，理財建議的價值也許是對其金融事務更佳的組織和管理，對於年長的人而言，理財規畫的價值在於更好的退休理財規畫。

不僅是仲介，一些工具也能提供個人化資訊和建議。了解客戶的一些特徵，例如年齡、收入、家庭構成以及偏好，這些工具或「天使」就可以預選最適合客戶的選擇。然後，客戶可以從這些預先選項中選擇。這節省了時間和精力，並導致更好的選擇。「天使」變成了虛擬顧問，基於客戶提供的資訊以及先前資料，來為每一位客戶選擇「最好」的選項。「天使」取代客戶，變成了為客戶著想的決策者。這需要雙方高度信任，相信工具精準了解客戶的偏好，並為客戶的利益決策。波茨和范・拉伊（Poiesz and Van Raaij, 2007）稱之為虛擬守護天使。

個人因素

個人或個人差異在決策中起了一定作用。與能力差和金融素養低的人相比，能力強且金融素養較高的人，能夠處理更多、更難的資訊。以前的知識和經驗起了相似的作用。專家更容易理解金融資訊，區分重要和非重要的資訊，並且知道從哪裡尋找資訊。然而，專家也許會對他們的經驗感到自負，不仔細閱讀和處理資訊，從而犯錯。

西蒙（Simon, 1982）[10]引入了「有限理性」（bounded rationality）的概念。人類的理性是有限的，因為我們的認知能力、可用資訊和時間是有限的。結果就是，在複雜或者超載資訊環境中，我們不能選擇最佳的選項或者做出最優的決策。解決之道就是接受滿意（足夠好）的選項，而不是最大化（最優）選項。有限理性是行為經濟學的早期核心概念。

有些人動力十足，會從一組選項中選取「最佳」選項。施瓦茨（Schwartz, 2004）稱他們為「極大化者」（maximizers）。其他人滿足於符合他們的需求和標準的「優良」選項，這些人被稱為「滿足者」（satisficers），與西蒙「滿意度」（satisficing）概

10 赫伯特．亞歷山大．西蒙（Herbert Alexander Simon, 1916-2001），生於密爾沃基（Milwaukee），研究決策、組織行為、人工智慧以及其他跨學科課題。他主要在匹茲堡卡內基梅隆大學工作，並於一九七八年獲得諾貝爾經濟學獎。

念相對應。極大化者花費大量時間決定「最佳」選項，並害怕因不完整的資訊錯失「最佳」選項。滿足者只要找到「優良」選項就會停止搜索。他們也許會意識到更好選項的存在，但是不喜歡在尋找選項上花費過多時間。與極大化者相比，滿足者對他們的選擇感覺更快樂。「找到最好的」顯然不是能讓你開心的事情。

有動力的人在試圖理解和處理金融資訊時更加執著。有高認知需求的人更有動力理解和處理資訊，並達到可接受的結果。

決策過程

在經濟學中，傳統的決策過程是對預期（風險）選擇／選項價值的計算，因此會選擇預期價值最高的選項。儘管決策者很少這樣做，但就比較實際決策結果而言，算是一個有價值的基準。選擇「最佳」方案也是決策支持系統的決策法則。

面對大量的選項，人們可能會使用連結法（conjunctive process）。在連結法中，會清除不符合標準的選項。其他的選項保留下來，再就此進行更深層次的分析。連結法是篩選選項，目的是為了保留可接受的選項。萊特發現，在時間壓力下，人們會使用連結法，抵制負面選項。在篩選後，他們選擇沒有負面特質的選項。

滿意度作為搜尋和選擇的策略，與連結法相關。滿意度的過程有兩個步驟。第一步，必須制定選擇的標準，例如，最大化價格或最小化品質。這與激勵水準（aspiration level）相關。第二步，找到並選擇符合這些標準或該激勵水準的第一選擇。奧蘭德（Ölander, 1975）發現，要是牽涉到非即時的選擇，通常會採用滿意度策略。

消除法（elimination by aspects）亦是連結法的一種，會同時評估其中選項的各方面（屬性），淘汰不符合標準的選項，直到剩下一個選項。在連結法中「存活」的選項，將會受到更仔細地檢視，再從中選擇。依序比較法（lexicographic process）是一個有順序的連結法，就像字典照字母排序：詞語首先按照第一個字母順序排列，接著按照第二個字母排列……。我這裡有個例子，首先，所有選項都是按照價格高低排序，先排除太昂貴的選項。有時，也會排除太便宜的選項，因為消費者不信任這些選項。接下來，可能會判斷品質，淘汰不符合品質標準的選項。這個過程將會持續下去，直到剩下唯一選項，就會選擇該選項。

與之相反，在分離法（disjunctive process）中，會選擇某個選項的原因是它「鶴立雞群」的特徵。在第一回合，連結法會排除不可接受的選項。對於剩下的選項，將應用分離法，選取具有一個或多個顯著特質的選項。顯著的特質包括知名品牌、有吸引力的價格／價值權衡、臨時價格折扣，或者其他選項沒有的唯一產品特色。分離法可以基於情感，以及對特殊選項或知名品牌的喜好。

在最大化過程中，會比較所有的選項，例如，透過線性補償法（linear-compensatory process）。藉著該過程，會評價全部選項的所有屬性，評估每個屬性的重要性，並且綜合權重屬性的分數。最後會選擇具有最高加權總數的選項。對於不同人來說，屬性重要程度是不同的。例如，有人對持續性給出了比其他人更高的權重。這個過程是講究補償的，因為一個屬性較低的得分，可能由另一個屬性較高的得分加以補償，例如高價格可能由高品質得到補償。在連結法中，在不考慮高品質的情況下，可能第一回合就排除高價選項。在決策支持系統中，通常使用線性補償法做出「最好的」選擇。

金融決策不僅是個人過程，也是社會過程。人們將因自己的決策而向其配偶負責，並向他們的配偶或朋友或一起做金融決策的人詢問「二次意見」。許多家庭會分配任務，由某人扮演「財務主管」的角色，做出金融決策，並決定購買複雜的金融產品，例如房貸、人壽保險或退休金計畫。

決策架構

廣義來說，決策架構是工具或資訊系統的設計，目的是最小化使用者犯錯數量。舉個例子：自動提款機的使用者，取款後很容易忘記取回提款卡，所以現在自動提款機要求消費者在取款之前，要先取回提款卡。這種方式能消除忘記取卡的錯誤。

資訊系統的設計者，例如網站設計師，應該牢記人們在尋找什麼東西，還有人們找到這些資訊的難易程度，以及人們是如何處理資訊並做決策。對於消費者而言，「看不懂的」網站令人崩潰，因為他們找不到想找的東西，而對網站擁有者而言，他們可能會錯失一筆交易。優質的網站，其網頁是有邏輯和主題的，如有意外，搜尋引擎會找到相關資訊。在某些情況下，資訊可能不完整，例如，信用卡公司並不總是提供與信用卡相關的全部利息和管理費資訊。

塞勒和桑斯坦（Thaler, Sunstein, 2008）介紹了「推力」（nudge）的概念，推力是資訊系統或環境的因素，幫助或推動消費者選取「稱心如意」的選項。「稱心如意」是從消費者期望的角度來說的。在這樣的資訊系統或環境中，「稱心如意」的選項占據了更加顯著的地位，或者是要置頂（首因效應），選取的可能性會增加。這被批評是家長式作風，因為設計者或銷售商決定了應該選擇什麼。塞勒和桑斯坦（Thaler,

Sunstein, 2008）稱之為自由主義家長制，因為消費者仍然保留了選擇的自由。GPS作為導航系統，並沒有限制自由，因為你仍然可以選擇其他路徑，但是它會使你更加容易到達目的地。桑斯坦提供了十種針對公共政策項目的推力類型清單，能夠協助人們選得更好，在經濟方面行事更加負責任。在這個清單上，推力的概念十分廣泛，簡化、警示、揭露、提醒和過去行為的回饋，都在推力類型的範圍之內。

推力是影響行為的一種「軟性」方法，在合適的時間和地點，以適當的複雜程度提供資訊，從而在決策架構中使「稱心如意」的選項更加突出。推力不應該操縱或欺騙，不能利用強制手段並改變選項的承諾或價格。影響行為的傳統方式是授權或禁止，不包括法律禁止的選擇或行為，例如偷盜或詐騙。經濟鼓勵是對合意行為的補貼，使得這些行為更加經濟。經濟障礙是對不良行為的徵稅，使得這些行為更加昂貴。相比之下，推力不那麼昂貴，通常容易運用，並且具有提升和促進負責任金融行為因素的潛力。

預設選項

許多消費者在選擇複雜金融產品的時候有困難，例如人壽保險，或者如何投資退休金。許多醫療保險公司提供了預設選項。對於新客戶，這是一個可接受的標準選項，但對所有的消費者而言，並非都是理想的。現有客戶通常延用先前方案。如果消費者在最後期限之前沒有改變選擇，他們將接受預設選項。許多消費者計畫要比較預設選項與其他選項，但是沒有時間或者沒有足夠動力這麼做，於是接受預設選項。

在瑞典，人們必須選擇自己的投資組合，這個投資組合最多有五種基金，用於投資他們的退休金。起初有四百五十六支基金可選。一檔基金被作為預設選項，但後來建議更改這個預設選項。關於基金的資訊是有效的，包括過去的表現、風險和費用。但是實際上，在二〇〇〇到二〇〇三年期間，預設投資組合的損失（-29.9％），比人們自選投資組合的平均損失（-39.6％）小。預設投資組合在二〇〇〇到二〇〇七年的投資回報是+21.5％，而自選擇投資組合的回報是+5.1％。瑞典人的錯誤之一，是投資過多瑞典公司（本土偏誤）。投資者犯的另一個錯誤，是過度關注基金過去的表現（近期的回報）。過去的表現不是未來表現的保證。多樣的國際投資組合，表現會比僅限瑞典的投資組合更好。與標準的投資組合相比，自選投資組合的瑞典人，選股票的比例更高，承擔了更多風險，屬於更加積極主動的交易者，產生了更多交易費用，並且購買過多的瑞典公司股票。自己動手並不一定比專業交易商更好。需要學習的是，廠商提供的資訊架構，之於消費者決策是至關重要的，在瑞典人的案例裡，就是對基金過去表現的關注。宣傳基金的過去表現，並建議人們基於過去表現購買基金。本土偏誤是另一個問題。許多投資者偏愛本土的公司，因為相對於國外公司，他們對本土公司了解得更多。他們更願意「支持」本土公司。最後，同樣重要的是，一旦投資者偏離了預設選項，交易費用會更高。

事實上，存在四種可能的預設選項：

1 延續預設選項或「重複」選項，下一個階段仍做同樣的選擇，例如保險單維持跟去年一樣。畢竟考量到新的管理制度、稅收和通貨膨脹指數，該保單可能會微調。

2 針對新客戶的標準預設選項，通常銷量最高且最受歡迎。

3 區隔預設選項：基於消費者特徵來分類，對不同的族群提供不同的預設選項。

4 個人推估的預設選項：基於消費者特徵和偏好，單獨提供給每位消費者的預設選項。虛擬守護天使會為每一位消費者估算「最佳」選項。消費者會認為這是針對個人推薦的選項，很可能就會接受這個選項。在偏好差異極大的情況下，個別推算的預設選項是唯一可能。

表現形式效應

透過網站設計，能夠幫助消費者發現相關資訊。展示的順序和排版影響著資訊的處理。有幾種形式能影響選項：首因和近因效應（primacy and recency effect），以及中間選項的偏誤。有些人選擇較長清單或下拉式功能表中的首個選項（首因效應），而有些人要看到最後一個選項，才從最後幾個選項中選一個（近因效應）。通常，首因效應主導了選擇。如果品牌按照字母排序，以字母「a」或「b」開頭品牌名稱具有首因效應的優勢。請注意，在這些清單或下拉式功能表中，選項並不是按照價格或品質排序的。

如果提供三個價格選項，例如，便宜、中間和昂貴選項，許多消費者會選擇中間的選項，此即中間選項偏誤。他們用價格作為品質的指標，認為便宜的選項必然品質較低。昂貴的選項也許品質較高，但是太過昂貴。中間的選項也許在品質和價格之間平衡，因此是一個較好的選擇。醫療保險通常提供三種選項：（1）預算政策（budget policy）：醫生和醫院的選項有限。（2）標準政策（standard policy）：醫生和醫院的選項很多。以及（3）恢復原有選項政策（restitution policy）：不限制醫生和醫院的選項。許多消費者會在這樣的情境中，選擇中間的選項，同樣也是因為「標準」被當作預設選項。在超市的產品組合中，通常會增添便宜或昂貴的選項，以便銷售中間的選項。昂貴的選項作為「帶路貨」（loss leader），會提升價格參照點，使得中間選項的價格更容易被人接受。「帶路貨」在分類中是一種造成損失的替代選項，之所以保留在產品選項中，主要是為了銷售其他產品。

威爾遜和尼斯貝特（Wilson, Nisbett, 1978）發現，人們在間隔九十公分、不以價格或品質排序的五種選項中，會選擇最右邊的選項（尼龍長筒襪）。他們將其解釋為近因效應，因為消費者傾向於從左到右考慮問題，與閱讀如出一轍。然而，如果五個選項相互之間僅間隔幾公分，水平擺放，人們傾向選擇中間的三個選項，尤其是中間的選項。如果這五個選項垂直擺放，情況也是一樣。人們對中間的位置情有獨鍾，不僅在群體肖像中是這樣，對商店裡的商品展示（產品促銷，中央舞台效應）也是如此。中央舞台或許無意識地向消費者提供選擇什麼的資訊。人們也許會推斷中央舞台的選擇更受歡迎，因此是一個好選擇。消費者也許同樣相信，商品陳列代表了消費者的偏好，把消費者最喜愛的選擇放在中間。這是跟隨他人的偏好及行為的共識經驗法則，或者羊群效應。共識經驗法則是跟隨他人的預想。請注意，在這裡，中間選項並不一定價格／品質更好，只是處在陳列中間的一種選項而已。中央舞台效應與中間選項有所不同。中間選項是價格—品質的中間選項，並且人們會認為這是品質和價格的平衡。

艾瑞里（Ariely, 2009）提供另一個展示方式影響選擇的例子。假設一家周刊提供三種一年訂閱方式：

A 訂閱網路版本：五十九美元。

B 訂閱印刷版本：一百二十五美元。

C 訂閱印刷及網路版本：一百二十五美元。

你更喜歡哪一種訂閱方式？在一份調查中，16%的人選擇了A而84%的人選擇了C。沒有人選擇B。選項B完全受制於選項C，因為選項C以同樣價格提供了更多服務。如果提供A、B和C，人們更偏愛C。我們可以忽略選項B，因為沒有人選。如果選項減少為A和C，68%的人選擇選項A，而32%的人選擇選項C。這顯然是偏好逆轉的一例。在刪除B之後，對選項C的偏好下降，選項A的偏好增加。選項B也許被看成增加選擇選項C的誘餌。提供A、B和C選項時，人們聚焦於選項C對選項B的主導優勢，並且選擇C。如果去除B，人們比較A和C，大多數人認為網路版是不錯的選擇，於是選擇A。

以上的例子是非對稱主導選擇的案例。假設市場上存在兩份傷殘保單，選項A和B（表15－2）。這似乎是「理性的」市場，A保險範圍較高且昂貴，保險範圍較低且便宜。如果我們增加選項C，使得選項A更具吸引力（表15－3），將會更多人頻繁選擇選項A。如果我們增加選項D，使得選項B更具吸引力（表15－4），將會更多人頻繁選擇選項B。增加選項C和D是誘餌，加入的目的不是為了銷售，而是使得其他選項更誘人。

	A	B
價格	40歐元	30歐元
保險範圍	高	低

◆ 表 15–2 兩個選項：A 和 B

	A	B	C
價格	40歐元	30歐元	40歐元
保險範圍	高	低	中等

◆ 表 15–3 三個選項：A、B 和 C

	A	B	D
價格	40歐元	30歐元	30歐元
保險範圍	高	低	極低

◆表 15-4 三個選項：A、B 和 D

根據古典經濟學理論，新選項的增加不應該改變對選項A或B的偏好。偏好應該是穩定的且不受非相關選項的影響。選項C和D是「帶路貨」，不是為了售賣，而是為了增加其他選項的吸引力[11]。因此，這種作用也被稱為吸引效應（attract effect）。

無意識影響

在前面的論述中，制定決策和選擇主要是意志控制的過程。在某些情況下，例如正面／負面框架和吸引效應，人們也許並不知道他們怎樣處理資訊，也不知道他們為什麼會選擇一個特定選項。人們也不知道啟動（priming）的影響。啟動是有意識或無

11 帶路貨同樣也可以是價格非常低廉的商品，以吸引消費者進入商店。在商店中，這些消費者可能也會購買其他產品，對於零售商而言，這些產品利潤更高。

意識地感知，判斷和／或行為的刺激作用。例如，如果人們接觸到（感知到）大小不同的數字，他們或多或少願意為產品支付較高的價格，而不會意識到啟動效應。這是自動處理過程的例子。如果大大小小的數字是相關的，比如，產品價格，那麼利用這些數字作為價格評估標準，便是有意義的。如果這些數字不相關的，例如，社會安全碼的最後兩位數，那麼利用這些數字作為價格評估標準，就沒有意義。即使是不相關的數字，也可能會影響支付特定價格的意願。

通常，無意識的因素，個別或連同其他有意識的因素，會影響人的評估和選擇。我們可能信任一家公司或一個品牌，喜歡一則廣告或一位金融顧問，這會影響我們的決策。但是事後，我們會基於對相關產品特色的考量，及權衡品質和價格，使我們的決策理性化。吉拉德和克利格爾（Gilad and Kliger, 2008）事先為具有風險偏好的專業投資者提供消息，並且發現，事先得知消息的團隊，比事先沒有得知消息的控制組，做出的金融決策風險更大。同樣，專業人士比學生做出的決策風險更大。甚至連房屋的溫度或天氣無形中也會影響金融決策。

小結

決策環境和框架影響著（複雜）金融產品的決策制定。資訊超載、時間壓力和分心可能對決策的品質有著負面的作用。訊息越多並不一定越好。隨著時間壓力和分心，人們會尋求能夠拒絕選項的負面證據。資訊會被包裝成不同的框架和形式，要找到「最好」或可接受的選項並非輕而易舉。金融仲介可以協助，但是應該為客戶的利益提供建議，而不是為自己謀利益。

「極大化者」是那些想要選擇「最佳」選項的人，他們在選擇上花費了大量時間和精力。「滿足者」尋求滿足他們標準的合適選項。根據不同的目標及其實現過程中的不同階段，可以採取幾種不同的決策過程。

決策架構可能包含推力和預設選項。推力在情境中使「稱心如意」的選項更加顯著，是「正確」方向的推手。預設選項是提供給消費者的「標準」選項。如果消費者願意，他們可以自由更改預設選項。如果他們不願意，他們將接受預設選項。一些眾所周知的展示效應有：首因和近因效應，中間選項偏誤和吸引效應。通常，人們無意識地被這些效應和偏誤影響，儘管事後他們會為自己的選擇做出合理的解釋。

Chapter 16

自我管控

Self-Regulation

自我管控是金融行為的一個基本概念。執行持續自我管控過程，當中需要自我控制和自我效能。自我控制是對執行財務計畫、意圖和承諾的堅持。自我效能是執行應對預期情況所需的行動方針的能力。

人們能夠控制並管束自己不衝動，不過度消費，存足夠多的錢，避免問題債務，替自己的財產和風險投保，準時繳納稅款，並且不會成為金融詐騙的受害者嗎？延遲滿足感，意志力的匱乏，以及自我控制的缺失，是成功自我控制行為當中主要的心理障礙。也就是說：人們會選擇正確的財務目標和生活目標嗎？在實現目標的過程中，能夠始終如一、堅持不懈並抵制誘惑嗎？

為什麼自我管控是重要的？

自我管控可能是負責任金融行為中最重要的心理因素。人們需要掌控自己的財務狀況，以便做出正確決策，採取有效措施，並堅持為提高或維持自己的財務狀況而努力。擁有可實現的財務目標和生活目標，以及相應的理財規畫，並按照這個計畫持續作為，是掌控個人財務狀況的一種方法，也是一種負責任的經濟行為。自我管控有兩個焦點：「促進焦點」關注的是正面、有利、渴望和理想狀態的實現，例如掌控、快樂和幸福，「預防焦點」關注的是負面、不利和不受歡迎狀態的規避和遠離，例如問題性債務和淪為詐騙的犧牲者。預防焦點還具有責任、義務和需要的一面。請注意，促進焦點具有「收益」的因素，而預防焦點具有「損失」的因素。自我控制在預防負面狀態方面可能發揮作用的方式有：（1）避免誘惑，繼而避免欲望。（2）控制衝動消費。（3）增強意志力。（4）如有需要，運用預先承諾。自我管控也包括不推遲重要的財務事項和決策，並且為優化工作、休閒、社會關係和家庭財務管理進行時間管理。掌控也暗示著對個人的決定和行為負責。謝林（Schelling, 1992）使用了「自制」（self-command）這個術語，並聲明這有可能成為一門新的學科。

本章以因果歸因理論，回答為什麼事情會發生，如何解釋成功和失敗，以及我們從自己經驗中總結和學到了什麼。接下來將會探討兩個目的性和計畫性的行為模型——理性行為模型（TRA model）和計畫行為模型（TPB model）。隨後是衝動（impulsiveness）與衝動控制（impulse control）。延遲滿足感是控制衝動的另一種方式，與預先承諾這個方法如出一轍。自我控制、自我效能和自我管理是本章的主要概念。

埃爾斯特（Elster, 2000）引用了尤里西斯（Ulysses）和塞壬（海妖）的故事，談論如何抗拒誘惑以求自我管控。尤里西斯製造了聽塞壬唱歌的機會，但是並沒有成為海妖的犧牲品。為了達到安全回家的長遠目標，他不得不暫時限制自己的自由和同伴的聽覺。希臘女神賽絲（Circe）給尤利西斯的建議是：

首先，你會來到海妖塞壬面前，海妖會迷惑所有靠近她們的人。任何不加防範、離海妖太近或聽到海妖歌聲的人，他的妻子和孩子將再也無法迎接他回家，因為海妖們坐棲綠野，用她們甜美的歌聲，在悅耳的顫音中將他引入死亡。那兒到處都是成堆的死人頭蓋骨，上面的血肉仍在腐爛脫落。因此，經過這些海妖時，用蠟封上你同伴的耳朵，讓他們聽不見。但是如果你自己想聽的話，你需要直直貼在桅杆半高的橫樑上，並讓同伴們將你捆綁，然後將繩子的末端捆紮在桅杆上，這樣你就可以享受海妖的歌聲。如果你乞求同伴們為你鬆綁，他們必須以更快的速度將你捆綁。

歸因過程

從歷史上來看，自我管控的概念，是從早期如控制點的概念發展而來。羅特（Rotter, 1966）區分了強化控制點的兩種來源：內部和外部控制點（internal and external locus of control）。

擁有內部控制點的人相信未來在他們的掌控之中，他們是積極的決策制定者，為實現夢想和計畫而殫精竭慮，全力以赴創造他們的未來。他們掌控自己的財務狀況，並且如有需要，會設法鞏固或提升他們的財務狀況。相反，擁有外部控制點的人是宿命主義論者，相信未來並不在他們手中，而是被他人掌握或依情況而定。他們認為，自己是他人或環境的犧牲品。他們是消極的決策制定者，通常不會採取適宜的措施，而是抱怨他們的狀況，可能會購買彩券，以提升財務狀況，而不是透過自己的努力影響未來。但是，請注意，擁有內部控制點的人通常學歷和收入較高，工作具有創造性或者是管理性質，這也解釋了他們採取行動和控制個人財務狀況的能力。佩里和莫里斯（Perry, Morris, 2005）發現，「外控者」（external）在金融知識和負責任金融行為上得分較低。「內控者」（internal）更加積極，並且在自己的金融行為中運用了金融知識，從而得到更好的結果。與「外控者」相比，「內控者」掌控得更多，更努力，並且更不可能放棄。

第三個控制點是對其他強大者的信任，例如政治黨派、勞動工會，或者消費者協會。對其他強大者的信任，意味著內部控制被認為是無效的，因為缺乏個人力量。因此，與他人合力是一種解決之道，例如成為工會或消費者聯盟中的一員，組織抗議集會和消費者抵制活動。透過這種方式得到他人支持的人們，可能會感受到對自己的環境和未來的掌控。

在羅特和利文森（Rotter, Levenson）的方法中，根據情況、個人能力與經驗，人們可能擁有一個主要的控制點，或內部／外部／其他控制方的概況。自我控制的概念與羅特的內部控制點十分相似，但是更具操作性，也比較實際。

管理開銷，並對個人財務狀況有一個概念，是自我管控的必要先決條件。事實上，自我管控需要的先決條件，對於理財規畫也是同樣必要的。

內部和外部的控制點與因果歸因相關，即從一個事件的起因進行推斷的傾向。為什麼事情會發生？為什麼會是這個結果？在內部歸因的情況下，結果可歸因行動者的能力、技巧或動機。根據因果歸因理論，人們行事如同偽科學家，成功和失敗都歸因

／歸咎於最有可能的原因。在這樣的歸因下，人們帶有偏見並自私自利。他們傾向把成功歸功於自己，而把失敗歸咎於他人或環境。表16－1列出了一般的因果歸因。成功通常被內部歸因化，會想到能力、智力、技能、努力或行為成本。失敗通常被外部歸因化，像是任務艱巨、（不佳的）運氣和機遇。對成功和失敗原因的理解，有三個共同點：點、穩定性和可控性，作為相關的因果結構具有目的性和整體性。請注意，羅特（Rotter, 1966）的「控制點」概念在本段內容中變得令人疑惑。這不是「控制點」，而是點和控制（和穩定）。

	穩定原因	非穩定原因
內部歸因	能力、智力、知識、技能	精力、疲勞、行為成本
外部歸因	任務艱巨性	運氣、機會

◆ 表 16–1 內部／外部因果歸因與穩定／非穩定起因

穩定性：與非穩定原因的歸因相比，穩定原因的歸因對未來更具預測性。穩定原因是行為者的特徵（能力、智力、技巧）或任務。不穩定的原因根據不同情況而有差異，比如精力、疲倦和行動者的行為成本。在一特定事件中耗費了大量精力的行動者，可能不會在另一件事情上花費大量精力。某次事件的壞運氣，對於另一件事中的運氣不具預測性。穩定性隨著時間變化恒定不變。如果行動者認為他／她無法填寫納稅申報表，這是穩定的內部歸因，並且對未來納稅申報表的填寫具備預測性。整體性是各種情況下的一種穩定性。行動者可能認為他／她在填表格方面有心無力，不僅僅是納稅申報表。

有些原因是特定情況，而有些原因可以推至其他及多數情況。行動者可能將納稅申報表填寫的失敗，歸咎於稅收知識程度低下，或者不夠聰明，這都是穩定的內部歸因。稅收知識程度較低是任務的具體性，而不聰明是整體性原因，並且可以推衍至大多數不同的任務。如果人們將自己的失敗歸咎於不聰明，他們將產生「習得無助感」（learned helplessness）[12]，進一步缺乏自信與自尊。許多低教育程度的人，就認為金融產品和理財事務「太困難」。與承認他們在理解這些產品和任務上「太愚蠢」相比，「太困難」不具普遍性，對他們自尊的打擊也更小。

可控性：如果行動者掌控了原因，他／她也要對結果負責。如果代理人因為不能影響結果或沒有相關資訊而不可控，那麼他／她就不能因結果而受到嘉獎或譴責。如果行動者是可控的，並且透過他／她的行為幫助或損害他人，就涉及目的性。如果行動者故意損害他人，他們將會受到譴責。如果行動者有意幫助他人，他們將會因此受到嘉獎。

在這些歸因條件中，可以區分出情感。如果把失敗歸咎於可控的行動者，尤其被認為是故意的情況下，將會引發憤怒。可控的個人失敗導致慚愧和愧疚，驕傲和自尊則是可控的個人成功的結果。

因果歸因是研究事件發生過程的自然起點。因此，它也是更好地理解行動者及其環境和管理新情況的開始。投資者常常自傲於他們的成功（內部歸因），因失敗譴責他人或環境（外部歸因）。他們也傾向高估自己的控制能力。由於這些歸因偏誤，投資者和普通大眾在一定程度上自欺欺人，沒有從自己的成敗中吸取足夠的經驗教訓，可能變得自負。

理性行動和計畫性行為理論

自我管控建立在深思熟慮和高度合理性的決策基礎上。儘管有些情況下，「系統一」的決策直覺上是正確的，但在大多數情況下，「系統二」的決策是成功的自我管

12 指因不斷受挫，感到對一切無能為力，喪失傷心，陷入一種無助的心理狀態。

控所必需的。菲什拜因和阿傑恩（Fishbein, Ajzen, 1975）提出了理性行為理論（Theory of Reasoned Action, TRA）。理性行為基於資訊獲取方式和處理、深思熟慮及明智的決策。在理性行為理論模型中，衡量人們對事物和行為的態度。對待事物的態度，如股票或股票市場。對行為的態度，例如購買或拋售股票。對行為的態度，比對待事物的態度相關度和預測性更高。本章我們將關注行為態度。

行為態度（attitude toward behavior）是一種以信念為基準、對行為進行好感度的評估，例如，評估儲蓄好感度。相關的信念、觀點可能與利率、通貨膨脹率、信心和希望形成金融緩衝有關。這些觀點以好感度的形式來評估。對於儲蓄而言，利率的好感度有多少?或者，積極信心（樂觀）的好感度是多少?所有觀點乘以評估值，相加的總和會構成對待行為的態度。如果 b_i 是行為結果的觀點，e_i 是對該觀點的評估，A 則是該行為的態度。Σ是 n（觀點×評估）產品的總和。

$$A=\sum b_i e_i \text{，其中 } i=1......n$$

主觀規範（Subjective Norm）是指個人對於是否採取某項特定行為所感受到的社會壓力，亦即在預測他人的行為時（例如是否儲蓄），那些對個人的行為決策具有影響力的參照者（通常對個人而言是重要的人），對於個人是否採取某項特定行為所發揮的影響作用大小。參照者可以是配偶、親戚、朋友、顧問或權威人士。bi是關於此行為觀點的社會壓力，mi是個人願意遵從參照者 i 的動機，SN是該行為的主觀規範。Σ是 n（觀點×遵從的動機）產品的總和。

$$SN=\sum b_i\, m_i\text{，其中}i=1\ldots\ldots n$$

行為意向（behavioral intention）是執行某特定行為的動機和計畫，例如儲蓄。在理性行為理論模型中，意向是態度和主觀規範權重的總和。w_1和w_2分別是態度和主觀規範的權重，暗示著（個人）態度和（社會）主觀規範的相對重要性。

如果 $w_1+w_2=1$，意向是態度和主觀規範的加權平均數。如果 $w_1>w_2$，那麼在意向方面，個人態度比主觀規範更重要，更具影響力。

$$I=w_1A+w_2\,SN$$

行動的意向是實際行為的預測器。在下列情況下，意向是行為較好的指標：

- 在間隔很短的時間內測量意向和行為。
- 視意向為即將採取的具體行為。
- 沒有妨礙預期行為的事情發生，例如金錢和時間的匱乏。

阿傑恩（1988, 1991）的計畫行為理論，是菲什拜因和阿傑恩的理性行為理論的延伸。計畫行為理論主要增加了知覺行為控制的概念。情境的知覺行為控制是增加意向和行為之間對應關係的因素。在情境的知覺行為控制的情況下，人們更能夠依照其意向行事。意向進而成為實際行為的預測。因此，知覺行為控制是一種能力。在沒有情境的知覺行為控制的情況下，他人、限制、資源的缺乏、時間的匱乏和其他因素可能會阻礙或阻止行動者按照其意向行事。行為意向（動機）與知覺行為控制（能力）之間可能存在互動。在許多其他的行為模型中，動機（意願）和能力都起了作用。

衝動與延遲滿足

限制和控制衝動性決策，例如衝動性消費，是自我管控的重要部分。高度衝動可能導致決策不謹慎以及過度消費。高度衝動的人承擔更多風險，因為他們不考慮所有選項，或這些選項的所有屬性。人們做決策之前，沒有充分分析選項的原因有很多：

1 他們想要儘快決策，享受所選選項的利益。
2 他們想要避免因比較和權衡選項而產生的不愉悅情緒和影響。
3 他們想要避免處理資訊的機會成本和時間。

衝動性是兩個高階人格特質——盡責性和經驗開放性——的指標。易衝動的人對新的經驗更加開放，盡責性較低。經驗開放性與警醒需求相關，因此導致了風險尋求。負責任與處理更多選項相關，會聚焦在最確定的選項，因此是一種財務風險規避傾向。

對於某些人而言，衝動甚至會演變成強迫消費，是一種幾乎無法控制的購物癮。女性可能會成為時裝購物狂的犧牲者，而男性可能是其他商品（例如科技產品）的購物狂。強迫消費通常會導致財務問題、家庭矛盾，甚至破產。

延遲有吸引力的消費或推遲未來收入（含利息），是自我控制和自我管理的一個重要方面。米歇爾（Mischel）在延遲滿足（消費享受）方面做了許多實驗。在這些實驗中，孩子們有兩個選擇：立刻提供一個獎勵，或者等待十五分鐘會有兩個獎勵，期間測試者離開房間，隨後返回。獎勵是一個棉花糖、一片餅乾或一個椒鹽卷餅。在這十五分鐘內，會把獎勵放在孩子們面前。在接下來的研究中發現，正如測試分數、受教育程度、身體健康指數和收入所顯示，能夠等待豐厚（雙份）獎勵的孩子，更可能擁有較好的生活品質。在九歲和十歲的時候，孩子們的等待能力有所發展，他們將自己的注意力由即時獎勵轉移到以後和更大的獎勵。請注意，這些實驗的對象是孩子，並且實驗中獎勵會擺出來。這個實驗很難形成對大人的結論，因為大人通常比小孩擁有更強的自我控制能力。總的來說，大人的獎勵是抽象的，通常不會顯現在延遲滿足的過程中。

預先承諾

根據施特羅茨（Strotz, 1956）的論述，透過預先承諾，締結合約或創造一種環境，強迫人們採取合意的行為，例如與銀行簽署儲蓄合約，「自動」納稅或延遲退休儲蓄，就可以加強和鞏固自我控制。由於意志力不夠強大，人們會限制自己的自由，以實現長期的目標，例如退休收入。自我強制限制意味著在特定期限內更低水準的自由。這種限制是實現目標或提升未來財務狀況的一種方式。可將預先承諾告知朋友和親戚。因為打破承諾會損害他人對自己的正面印象，人們會為了名譽，盡可能遵守他們的承諾。

假設人們想要提高財務狀況，加強自我控制，行事更加審慎，消費衝動更少，預先承諾的方法能夠幫助實現目標。預先承諾的方法有：

1 節儉生活，從第一個月的薪水開始，儘快清償助學貸款。
2 每月自動存款，不要每月都做存款決策，因為意志力的缺乏將為特定月份的例外創造機會。另一個預先承諾的方法是設置一個儲蓄專用帳戶，在六個月或十二個月內，或者沒有達到具體目標前，就不能提領。
3 信用卡帳單、保險費和房貸利息設成自動還款，以免忘記或推遲付款。
4 利用貸款為購買產品或服務籌錢，而不是儲蓄，以保證儲蓄的完整。這種預先承諾有其成本，因為信用卡利息比儲蓄利息高。請注意，自動儲蓄能夠以更低的成本補充儲蓄，而借貸不行。
5 為未來儲蓄的預先承諾，例如退休儲蓄的SMarT計畫。
6 限制消費。例如自己先掃描購物車裡所有產品的價格，計算超市開銷總額。現金支付比信用卡支付更加令人反感和痛苦。因此，現金支付比信用卡支付更能限制花用。

7 另一方面，信用卡消費的總額是小額消費的加總，與分散的交易相比，在每個月的總消費方面，提供了更清晰的整體印象。

8 保證較低的可自由支配收入（剛剛好），為特定目的標記其他收入，例如儲蓄或清償債務。這種標記的資金是另一個心理帳戶，不是可自由支配收入中的一部分，不應／不會用於日常消費。

9 每個月支付過高的收入所得稅，並在財務年度末得到退稅（額外收益）。這是一種「自我贈予的禮物」，並且可以用於儲蓄或特殊目的。這也是一種昂貴的預先承諾，因為通常這筆錢不會帶來任何利息。如果稅務機關會支付比銀行利率更高的利率，這就算是對個人經濟有利的預先承諾。

請注意，第4、8和9的預先承諾的方法基於心理帳戶，使資金分存在不同帳戶中，避免將其作為可自由支配收入用於消費。

持久一致的理財計畫並不是一個簡單的預先承諾方法，它涉及最優計畫的選擇，以及按照該計畫行事，而這種計畫是個人能夠堅持的，例如，一項預算或儲蓄計畫。盡責性和意志力是一致性計畫和行為所需要的條件。

與持久一致的計畫相關，是要具備負責任理財計畫及金融行為的價值觀和規範。這可能是一種宗教式或人本主義的規範，如不要在奢侈品上花費太多，甚至是節儉生活。根據這些規範和價值觀，部分過剩的收入應該捐給教堂或慈善機構，幫助有需要的人們。

自我控制

自我控制的概念在前面被提到過很多次。自我控制或「掌控之中」的定義是：堅持執行財務計畫、堅持達到目的和堅守承諾，在「適當」消費、儲蓄和債務的範圍內，堅持負責任的金融行為的標準和價值觀。因此，自我控制是指能夠保持在可接受的範圍內，不偏離計畫太多。擁有理財計畫、目的和承諾，掌控個人財務狀況，了解自己的收支概況，這一切是自我控制的先決條件。

自我控制有以下幾個特徵：

1 相信你的行為很大一部分掌握在自己手中（內部控制點）。

2 自律地採取所需的行動，例如按時儲蓄和清償債務。

3 避免危險的情境，尤其是在網路上，避免成為金融詐騙的受害者。
4 避免和抵制誘惑及即刻消費，如果需要，可以利用預先承諾的幫助。
5 抵制超出合適行為邊界的衝動行為。
6 只承擔可計算的風險，不用錢來賭博。

阿默里克斯等人（Ameriks et al., 2007）提出了「預期—理想」（expected-ideal, EI）差距，作為自我控制的衡量方法。「預期」是預期做的事情，「理想」是根據理想情況應該做的事情。較小的「預期—理想」差距對應著較高的自我控制，與盡責程度相關。他們還發現，年長者的自我控制問題較小。

自我控制與自我調節和自律監管相關。自我控制是財務計畫的合理執行，以及抵制偏離這些計畫。自我效能是在特定情形下採取行動的能力。自我管理是對個人行為的監控，利用參照點比較個人行為和結果，如有需要，採取正確的行動。實施自我管控的持續性過程，需要自我控制和自我效能。

人們的自我管控程度各有不同，完美對於大部分人而言是遙不可及的。擁有完美的自我管控能力的新型「心理人」尚未誕生。

自我效能

自我效能是行動過程中的執行能力，而該行動過程是處理預期需要。例如，怎樣跟保險公司索賠，或者何時及怎樣在網路上購買和出售股票。人們的信念及對個人效能的評估，影響其產生的因果歸因、願望、耗費的精力、在困難面前堅持的時間、應對要求時感受到的壓力，以及對壓抑的脆弱程度。認為自己效能高的人，把自己的失敗歸咎於努力不足（並且更努力），而認為自己效能不高的人，覺得自己的失敗源於能力的低下（並且放棄）。認為自己能力較強的人，為自己設定的目標就越高，實現這些目標的毅力也就越強。

對於不滿意因素，人們的行為如同一個負回饋控制系統。不滿意因素是表現和標準之間的負差異。消除這種不滿意因素，可以恢復表現和標準之間的平衡。負回饋也許有助於過程進行。對於滿意因素，人們設定目標和標準，然後接收關於他們離目標有多遠的回饋。透過設定目標，人們增加了正差異，進而試圖透過減少差異來實現這些目標。

對成就的情感自我反應產生了正面或負面的動機。對成就的滿意就是種正面的動力，而對表現欠佳的不滿是負面的動力。簡單的任務，不斷努力就能完成，這是一個不穩定的歸因。相比之下，對於一個有著強烈認知需求的艱巨的任務而言，對過程的滿意會導致穩定的內在歸因，例如能力、較高的工作技能、高度的自尊以及自信。然而，對過程的不滿，可能會導致穩定的外部歸因，例如任務艱巨，或者導致穩定的內部歸因，例如能力低下、缺少自尊和自信。在後一種情況下，人們更容易放棄。

諸如退休金計畫或房貸這樣的財務任務，通常被認為艱巨、沒有吸引力的。對於這些任務而言，個人自我效能可能被認為不足。這些金融產品的概念和評論的資訊可能很難理解。對於過程的不滿可能會導致個人勝任能力較低的歸因。於是人們更有可能回避，並且放棄理解這些資訊，放棄深思熟慮的決策。

過去的成功會喚起自我尊重和自我效能。目睹他人的成功，也會對自我效能產生積極的影響，好比有社會榜樣與仿效學習，尤其是在認為他人與自己差不多的情況下。

自我管控的階段

自我管控的主要階段和機制有：（1）對個人行為的自我監控。（2）與個人及社會的參照點、標準和環境相比，比較和評價個人的行為。（3）採取有效的自我校

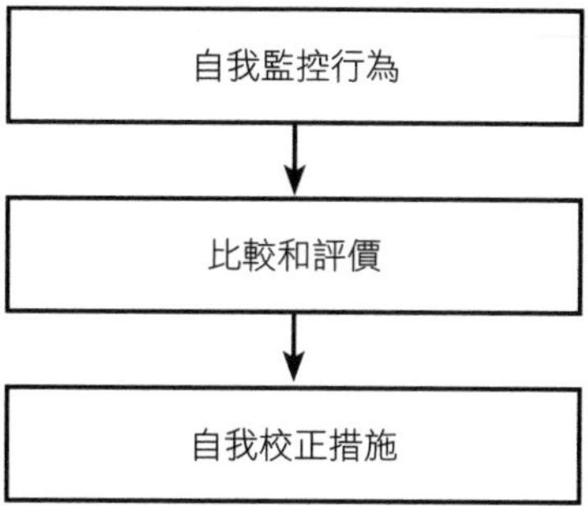

◆ 圖 16–1 自我管控的階段和機制

正的措施（圖16－1）。

在第一階段，自我監控是對個人自我行為的觀察和理解。不僅是對自我表現的簡單「檢查」，而且通常過程中帶有偏見，因為情緒、情感和先前的認知結構發揮了作用。因果歸因和自私自利的偏誤會出現，扭曲對個人金融行為監控的正確理解。自我監控可能會發現自我行為的重覆模式，例如可能會察覺消費模式，因此自我認知及自我洞察會增加。自我監控可能包含了框架，即以正面／有利或負面／不利的角度進行自我觀察。這與正面過去型或負面過去型的時間觀相似。在正面過去型的觀點下，過去的事件和行為被視作為了未來行為而學習（內部控制）的建設性行為。而在負面過去型的觀點下，對過去的事件和行為的認知，因慚愧和壓抑而感到憤怒與後悔，對未來事件和行為充滿宿命論（外部控制）。宿命論和壓抑的人通常不為自己設定目標，正面過去型和當下觀點是自我管控的起點。

當人們了解並評估自己的（財務）表現的時候，可能會不滿，並傾向設定成長目標。這些目標是自我激勵的。如果這種提升能夠短期內察覺，就會是一種獎勵，並形成自我尊重。目標可能是節約能源，或者為未來交易儲蓄。人們一旦得知自己正在實現財務目標的正確道路上，那麼這些回饋就為人們未來行動提供了動力。例如，在起居室恆溫器和智慧型手機應用程式上設定10％的節能目標後，就能迅速獲得目標實現程度的回饋。這是繼續節約能源以及金錢的動力。現在已經開發出類似APP，提供儲蓄和債務清償目標的回饋，監控消費者的財務狀況。班杜拉和塞爾沃納（Bandura, Cervone, 1983）指出，不為自己設定目標的人，其收穫一成不變，那些設定簡單可實現目標的人們還會超越他們。依此類推，目標低的人也被那些目標遠大的人超越。目標高的人比目標低的人表現更好，哪怕這些目標不能實現。

表現的即時回饋，比延遲的回饋效果更好。消費、儲蓄和清償債務，為銀行帳目的平衡提供了即時的回饋。第三章「債務清償」一節中的應急收款人就是一個例子，人們設定較高的債務清償目標，並在短期成功實現了自己的目標。資訊回饋的作用有：（1）對特定行為的學習作用，例如外出就餐或能源消耗的經濟成本。（2）習慣養成，確立習慣並強制實施，例如，按照特定的順序逛超市。（3）堅守標準和規範，例如限制消費。（4）透過行為和相應的態度將行為內化。（5）獎勵作用，因為目標的實現是令人滿意和值得嘉獎的。回饋是強化「可取」行為的一種方式，這種方式尚未被充分利用但效果較好。

特定行為的重要性和效價會影響目標的設定和實現。在重要領域中，人們更容易為實現他們的目標所激勵。致力於個人成就固然令人鼓舞，然而，失敗令人氣餒，並且會逐漸削弱個人的成就感和自尊心。成功和失敗的因果歸因，繼續努力還是放棄目標，會起一定的作用。在重要領域中，沒有實現目標會激勵人們更加努力，以實現目標。而在比較不重要的領域，沒有實現目標令人沮喪，導致人們不再那麼努力。

自我監控的概念也適用於社交情境中的行為。在社交環境中，高度自我監控的人調整自己的行為以適應所處的社交環境。他們按照情境要求行事。因此，他們適應起來如同環境中的變色龍。他們的行為很大程度上並不是基於他們的態度和目的，而是他們的環境。高度自我監控的人通常顯示出較低的目的—行為一致性。相反，低度自我監控的人根據自己的態度、規範和目的行事，而不管環境如何。他們通常顯示出更高的目的—行為一致性。

比較：人們利用自己的標準和參照點，比較自己的行為和目標實現的結果。這些參照點同樣也基於重要人物的反應、他人的教誨，以及他們設立的榜樣（社會榜樣）。通常情況下，表現只有與他人成就相比才得以評估。社會比較包括與特定的他人或集體表現相比較。大多數人對於他人在相似環境中如何表現頗有興趣。其他有著類似家庭結構和收入的家庭如何花錢的？在相似家庭中，他人的能源消耗是多少？如有需要，這些比較應該要能導向正確行為。

自我校正行動：許多人在實現目標後都會獎勵自己。完成了一項艱巨或無吸引力的任務，你覺得自己應該得到犒賞。如果不存在監督者或最後期限，則需要自控和自律，以成功地執行任務。自我控制和自我管理，與規畫以及堅持按時完成任務的時間管理相關。與物質獎勵和禮物相比，大多數人從出色地完成工作任務中獲得的滿足感和快樂感更多。

自我管控也與時間偏好、現時偏誤及拖延症相關。低度自我管控意味著強烈的現時偏好，而不是未來消費。因此，人們現在延遲消費，未來需要較高的補償。自我管控和自我控制程度較低的人寧願現在消費，而不是延遲消費。與自我管控程度較高的人相比，自我管控程度較低的人通常儲蓄得更少，借貸得更多。掌控自己財務的人們，通常比控制力低的人儲蓄更多。

自我管控也許會導致新的習慣，幾近自動的和毫不費力的（系統一）行為，例如定期地檢查個人的銀行帳戶。然而，在某些情況下，自我管控需要行為成本。抑制即刻消費或其他衝動與欲望是需要努力的。抵禦誘惑和處理壓力都要耗費精力，例如，試圖擺脫問題債務的時候。這需要人們大量的認知資源，拒絕購買有吸引力的產品，以及不要過度消費。如果這些認知資源由於其他任務和擔憂而變得無效，自我管控可能會失效。如果人們必須在某項任務中進行自我控制，他們在下一個任務中用於自我控制的認知資源和能量可能會更少。人們可能會放棄，並採取短期回報和短期滿意這樣的簡單方式，而不是歷經滄桑進行收益評估。回饋也許不及時，難以刺激長遠及困難目標的實現。

自我管控與貧困

年齡、教育程度和收入，與自我管控以及推遲消費的能力有關。年長、高收入及高教育程度的人更有能力推遲消費。古林（Gurin, 1970）對這種聯繫，以及對低收入和低教育程度者的隱性指責，提出了批評。人們傾向即時消費，可能是缺乏機會。在某些情況下，未來回報對於某些人可能非常不可靠。對機構和回報系統缺乏信任，可能引導人們即刻消費，而不是延遲消費。低收入的消費者必須花費更多的時間和精力，才能賺得儲蓄或借貸所需資金。只要獲得了這筆預算，他們在購買前可能會更加衝動，在比較產品和品牌上花費的時間更少。

穆來納森和沙菲爾（Mullainathan, Shafir, 2013）研究了稀少效應和認知功能的缺乏，認為貧困會耗竭認知資源，人們要為花錢購買必需品和服務而操心。在發展中國家，窮人也會為日常食品、清潔水源，以及烹飪用燃料擔憂。因此，這些認知資源對於其他目的而言（例如思考購買哪一種產品或品牌，對未來儲蓄做出決策）不再有效。這解釋了窮人的現時偏好和自我管控的缺乏。事實上，窮人和在貧困線邊緣掙扎的人，需要比富人做出更好的金融決策，因為他們犯錯和失敗時缺少緩衝餘地。

小結

第一，自我管控這一持續性過程的實施需要自我控制和自我效能。自我控制是對財務計畫、目的及承諾的堅持，自我效能是為處理預期狀況採取既定行動的能力。對於自我管控而言，人們必須制定可實現的生活目標，以及相應的經濟目標。

第二，人們必須了解金融產品的相關資訊，監控自己的金融行為，對其做出沒有偏見的因果歸因和結論。比較個人財務狀況與基準，有助人們了解個人的缺點和成就。

第三，人們必須為滿意的金融行為做出決策。他們可能會運用回饋，評估實際情況和目標之間的差異是否逐漸縮小。

第四，如果意志力不足，預先承諾和暫時性自由限制可以幫助人們處於正確的軌道上。最終，實現個人生活目標和財務目標是值得的，這會提升自尊，增強滿意度、快樂感和幸福感。

致謝

在過去十七年裡，我對消費者金融行為產生了濃厚興趣，起因是二〇〇一年九個歐盟成員國開始採用歐元，研究問題包括人們對貨幣變換和國家象徵符號喪失的反應、貨幣幻覺、新貨幣的損益。感謝國際經濟心理學研究協會歐元研究小組（International Association of Research in Economic Psychology）開會討論，是這些會議和討論觸發我研究消費者金融行為的熱情，尤其是資金管理、退休金計畫和保險。

二〇〇六年，財智平台（Moneywise）上線，這是荷蘭財政部和其他政府部門、金融機構以及消費者聯盟共同打造的平台。財智平台帶動了消費者金融行為研究，組織了兩項核心活動，其一是對小學生的資金管理和教育，其二是退休金意識和行為。感謝財智平台成員分享他們觀點，也感謝他們對提升消費者金融教育和素養所做的努力。

自二〇一二年起，波林．范．埃斯泰里克（Pauline van Esterik）和我研究金融機構信任，參與研究的還有市場研究機構ＧｆＫ的彼得．米爾德（Peter Mulder）。由於二〇〇八年的金融危機，消費者對銀行、保險公司、退休金機構和其他金融機構失去信任。

關於信任決定因素及結果的年度調查，可以了解人們通常怎麼看待金融機構，對他們自己的銀行、保險公司和退休金機構又有何特別認知。感謝波林和彼得對信任、滿意度、忠誠度及與金融機構和消費者相關話題的激烈討論。

最後，同樣重要的是，我要感謝我的妻子潔莉（Gerrue），感謝她支持我完成本書，感謝我不在螢幕前奮筆疾書時，一起共度的美好時光。現在本書已經完成，我們將會有更多快樂時光。

Does online community participation foster risky financial behavior? *Journal of Marketing Research*, 44, 394–407.
Zijlstra, Wilte (2012). Veranderingen in financiële beslisstijl van de consument (Changes in financial decision style of the consumer). *Economisch Statistische Berichten*, 97(4637), 362–364.
Zimbardo, Philip G., and John N. Boyd (1999). Putting time in perspective: A valid, reliable individual-differences metric. *Journal of Personality and Social Psychology*, 77, 1271–1288.
——— (2008). *The Time Paradox*. New York: The Free Press.
Zuckerman, Marvin (1994). *Behavioral Expressions and Biosocial Bases of Sensation Seeking*. New York: Cambridge University Press.

525–530.
World Bank (2015). *World Development Report 2015: Mind, Society and Behavior*. Washington, DC: World Bank.
Wright, Peter (1974). The harassed decision maker: Time pressures, distractions, and the use of negative evidence. *Journal of Applied Psychology*, 59, 555–561.
Xiao, Jing Jian, Franziska E. Noring, and Joan G. Anderson (1995). College students' attitudes towards credit cards. *Journal of Consumer Studies & Home Economics*, 19, 155–174.
Xu, Lisa, and Bilal Zia (2012). *Financial Literacy around the World. An Overview of the Evidence with Practical Suggestions for the Way Forward*. Policy Research Working Paper 6107, Washington, DC: World Bank.
Yabar Arriola, J. (2012). *Wait, Bond, and Buy: Consumer Responses to Economic Crisis*. PhD dissertation, Tilburg University, The Netherlands.
Zak, Paul J., and Stephen Knack (2001). Trust and growth. *Economic Journal*, 111, 295–321.
Zeelenberg, Marcel, and Rik Pieters (2006). "Feeling is for doing: A pragmatic approach to the study of emotions in economic behaviour." In: David De Cremer, Marcel Zeelenberg, and K. Murrighan (eds.), *Social Psychology and Economics* (pp. 117–137). Mahwah, NJ: Lawrence Erlbaum.
——— (2007). A theory of regret regulation 1.0. *Journal of Consumer Psychology*, 17, 3–18.
Zhou, Rongrong, and Michel Tuan Pham (2004). Promotion and prevention across mental accounts: When financial products dictate consumers' investment goals. *Journal of Consumer Research*, 31, 125–135.
Zhu, Rui, Utpal M. Dholakia, Xinlei Chen, and René Algesheimer (2012).

Weinstein, Neil D. (1980). Unrealistic optimism about future life events. *Journal of Personality and Social Psychology*, 39, 806–820.
Wells, William D., and George Gubar (1966). Life cycle concept in marketing research. *Journal of Marketing Research*, 8, 355–363.
Wertenbroch, Klaus (2003). "Self-rationing: Self-control in consumer choice." In: George Loewenstein, Daniel Read, and Roy F. Baumeister (eds.), *Time and Decision. Economic and Psychological Perspectives on Intertemporal Choice* (Chapter 17, pp. 491–516). New York: Russell Sage Foundation.
Williams, C. (2004). *Financialaid.com* expert offers five personal finance tips for the millions of college students who graduate with a degree and a debt. *Business Wire*, 1.
Willis, Lauren E. (2009). Evidence and ideology in assessing the effectiveness of financial literacy education. *San Diego Law Review*, 46, 415–458.
——— (2011). The financial education fallacy. *American Economic Review*, 101, 429–434.
Wilson, Timothy D., and Richard E. Nisbett (1978). The accuracy of verbal reports about the effects of stimuli on evaluations and behavior. *Social Psychology*, 41, 118–131.
Winnett, Adrian, and Alan Lewis (1995). Household accounts, mental accounts, and savings behavior: Some old economics rediscovered? *Journal of Economic Psychology*, 16, 431–448.
Wolinsky, Asher (1995). Competition in markets for credence goods. *Journal of institutional and Theoretical Economics*, 151, 117–131.
Wong, A., and B. J. Carducci (1991). Sensation seeking and financial risk taking in everyday money matters. *Journal of Business and Psychology*, 5,

Stocks. Cheltenham, UK: Edward Elgar.

Wärneryd, Karl-Erik, and Bengt Walerud (1982). Taxes and economic behav- ior: Some interview data on tax evasion in Sweden. *Journal of Economic Psychology*, 2, 187–211.

Watson, John J., and Joseph Barnao (2009). Debt repayment: A typology. *International Business & Economics Research Journal*, 8, 59–67.

Weber, Elke U., and Christopher Hsee (1998). Cross-cultural differences in risk perception, but cross-cultural similarities in attitudes towards perceived risk. *Management Science*, 44, 1205–1217.

Weber, Elke U., and Eric J. Johnson (2009). Mindful judgment and decision making. *Annual Review of Psychology*, 60, 53–85.

Weber, Elke U., Eric J. Johnson, Kerry F. Milch, H. Chang, J. C. Brodscholl, and Daniel G. Goldstein (2007). Asymmetric discounting in intertemporal choice. A query-theory account. *Psychological Science*, 18, 516–523.

Weber, Elke U., and Richard A. Milliman (1997). Perceived risk attitudes: Relating risk perception to risky choice. *Management Science*, 43, 123–144.

Webley, Paul, and Ellen K. Nyhus (1998). *A Dynamic Approach to Consumer Debt*. Working Paper, CentER, Tilburg University, The Netherlands.

——— (2006). Parents' influence on children's future orientation and saving. *Journal of Economic Psychology*, 27, 140–164.

Wedel, Michel, and Wagner A. Kamakura (2000). *Market Segmentation. Conceptual and Methodological Foundations*. Boston, MA: Kluwer.

Weiner, Bernard (1985). An attributional theory of achievement motivation and emotion. *Psychological Review*, 92. 548–573.

behavior and the use of natural gas for home heating. *Journal of Consumer Research*. 8, 253–257.

——— (1986). How consumers trade–off behavioral costs and benefits. *European Journal of Marketing*, 20, 19–34.

Vlek, Charles, and Pieter-Jan Stallen (1981). Judging risks and benefits in the small and in the large. *Organizational Behavior and Human Performance*, 28, 235–271.

Vohs, Kathleen D., and Roy F. Baumeister (2011). What' s the use of happiness? It can' t buy you money. *Journal of Consumer Psychology*, 21, 139–141.

Vohs, Kathleen D., and Todd F. Heatherton (2000). Self-regulatory failure: A resource depletion approach. *Psychological Science*, 11, 249–254.

Vohs, Kathleen D., Nicole L. Mead, and Miranda R. Goode (2006). The psychological consequences of money. *Science*, 314, 1154–1156.

Wagner, Janet, and Sherman Hanna (1983). The effectiveness of family life cycle variables in consumer expenditure research. *Journal of Consumer Research*, 10, 281–291.

Walker, Catherine M. (1996). Financial management, coping and debt in households under financial strain. *Journal of Economic Psychology*, 17, 789–807.

Wang, Alex (2009). Interplay of investors' financial knowledge and risk taking. *Journal of Behavioral Finance*, 10, 204–213.

Wärneryd, Karl-Erik (1982). The life and work of George Katona. *Journal of Economic Psychology*, 2, 1–31.

——— (1999). *The Psychology of Saving: A Study on Economic Psychology*. Cheltenham, UK: Edward Elgar.

——— (2001). *Stock-Market Psychology. How People Value and Trade* expenditure, saving, and credit. *Journal of Economic Psychology*, 11(2), 269–290.

Van Raaij, W. Fred, Nic Huiskens, Dieter Verhue, and Julie Visser (2011). *Individual Differences in Pension Knowledge*. Working Paper, Tilburg University and TSN Nipo Amsterdam.

Van Raaij, W. Fred, and Pauline van Esterik-Plasmeijer (2012). *Components of Trust in Financial Institutions*. Working Paper, Tilburg University.

Van Raaij, W. Fred, and Theo M. M. Verhallen (1983). A behavioral model of residential energy use. *Journal of Economic Psychology*, 3, 39–63.

——— (1994). Domain-specific market segmentation. *European Journal of Marketing*, 28, 49–66.

Van Rooij, Maarten, Annamaria Lusardi, and Rob Alessie (2011a). Financial literacy and stock market participation. *Journal of Financial Economics*, 101, 449–472.

——— (2011b). Financial literacy and retirement planning in the Netherlands. *Journal of Economic Psychology*, 32, 593–608.

Van Wolferen, Job (2014). *The Psychology of Insurance*. PhD dissertation, Tilburg University, The Netherlands.

Van Wolferen, Job, Yoel Inbar, and Marcel Zeelenberg (2013). Magical thinking in predictions of negative events: Evidence for tempting fate but not for protection effect. *Judgment and Decision Making*, 8, 45–54.

Veblen, Thorstein B. (1899). *The Theory of the Leisure Class*. New York: Macmillan.

Veld, Chris, and Yulia V. Veld-Merkoulova (2008). The risk perceptions of individual investors. *Journal of Economic Psychology*, 29, 226–252.

Verhallen, Theo M. M, and W. Fred Van Raaij (1981). Household

369.
Van Praag, Bernard M. S., and Paul Frijters (1999). "The measurement of welfare and well-being: The Leyden approach." In: Daniel Kahneman, Ed Diener, and Norbert Schwarz (eds.). *Well-Being. The Foundations of Hedonic Psychology* (Chapter 21, pp. 413–433). New York: Russell Sage Foundation.
Van Raaij, W. Fred (1985). "The psychological foundation of economics: The history of consumer theory." In: Chin Tiong Tan and Jagdish N. Sheth (eds.), *Historical Perspective in Consumer Research: National and International Perspectives* (pp. 8–13). Singapore: National University.
——— (1989). How consumers react to advertising. *International Journal of Advertising*, 8, 261–273.
——— (2009). Hoe krijgt de financiële sector het vertrouwen weer terug? (How does the financial sector regain trust?). *Me Judice*, Economics web-site of Tilburg University, Vol. 2, May 14. www.mejudice.nl/.
——— (2014). Consumer financial behavior. *Foundations and Trends in Marketing*, 7(4), 231–351.
——— (2016). "Laat financiële planning en advisering inspelen of hoe mensen met hun financiën omgaan (Let financial planning and advising respond to how people manage their finances)." In: Tom Loonen and Arjen Schepen (eds.), *Compendium Financiële Planning (Compendium Financial Planning)*. To be published.
Van Raaij, W. Fred, and Goos Eilander (1983), "Consumer economizing tac- tics for ten product categories." In: Rick P. Bagozzi and Alice M. Tybaut (eds.), *Advances in Consumer Research*, Vol. 10, pp. 169–174. Ann Arbor, MI, USA: Association for Consumer Research.
Van Raaij, W. Fred, and Henk J. Gianotten (1990), Consumer confidence,

Findings and Advance Tables. Working Paper ESA/P/WP.241. New York: United Nations, Departement of Economic and Social Affairs, Population Division.
US Financial Literacy and Education Commission (2007). *Taking Ownership of the Future: The National Strategy for Financial Literacy*. http://www. mymoney.gov/pdfs/add07strategy.pdf.
Valenzuela, Ana, and Priya Raghubir (2009). Position-based beliefs: The center-stage effect.
Journal of Consumer Psychology, 19, 185–196.
Vallacher, Robin R., and Daniel M. Wegner (1986). *The Theory of Action Identification*. Hillsdale, NJ: Lawrence Erlbaum.
——— (1987). Levels of personal agency: Individual variation in action iden- tification. *Journal of Personality and Social Psychology*, 57, 660–671.
Van Esterik-Plasmeijer, Pauline W. J., and W. Fred Van Raaij (2016). *Trust in Financial Institutions* (research in progress).
Van Everdingen, Yvonne M., and W. Fred van Raaij (1998). The Dutch people and the euro: A structural equations analysis relating national identity and economic expectations to attitude towards the euro. *Journal of Economic Psychology,* 19, 721–740.
Van Houwelingen, Jeanet H., and W. Fred Van Raaij (1989). The effect of goal-setting and daily electronic feedback on in-home energy use. *Journal of Consumer Research*, 16, 98–105.
Van Ooijen, Raun, and Maarten Van Rooij (2014). *Financial Literacy, Financial Advice and Mortgage Risks*. Working Paper, University of Groningen and DNB (Dutch National Bank).
Van Praag, Bernard M. S. (1971). The welfare function of income in Belgium: an empirical investigation. *European Economic Review*, 2, 337–

Poldrack (2007). The neural base of loss aversion in decision making under risk. *Science*, 315(5811), 515–518.
Trope, Yaacov, and Nira Liberman (2003). Temporal construal. *Psychological Review*, 110, 403–421.
——— (2010). Construal-level theory of psychological distance. *Psychological Review*, 117, 440–463.
Tu, Yanping, and Dilip Soman (2014). The categorization of time and its impact on task initiation. *Journal of Consumer Research*, 41, 810–822.
Tversky, Amos (1972). Elimination by aspects. A theory of choice. *Psychological Review*, 79, 281–299.
Tversky, Amos, and Daniel Kahneman (1974). Judgment under uncertainty: Heuristics & biases. *Science*, 185, 1124–1131.
——— (1981). The framing of decisions and the psychology of choice. *Science*, 211, 453–458.
Tykocinski, Orit E. (2008). Insurance, risk and magical thinking. *Personality & Social Psychology Bulletin*, 34, 1346–1356.
——— (2013). The insurance effect: How the possession of gas masks reduces the likelihood of a missile attack. *Judgment and Decision Making*, 8, 174–178.
Tyszka, Tadeusz, T. Zaleskiewicz, A. Domurat, R. Konieczny, and Z. Piskorz (2002). When are people willing to buy insurance? In: *Stability and Power, IAREP/SABE Conference Proceedings* (pp. 404–408). Exeter, UK: International Association of Research in Economic Psychology.
UNDP (2013). *Human Development Report 2013. The Rise of the South: Human Progress in a Diverse World.* New York: United Nations, Development Programme.
United Nations (2015). *World Population Prospects: The 2015 Revision, Key*

Taylor, Shelley E., and Jonathon D. Brown (1988). Illusion and well-being: A social-psychological perspective on mental health. *Psychological Bulletin*, 103, 193–210.
Tennyson, Sharon (2002). Insurance experience and consumers' attitudes toward insurance fraud. *Journal of Insurance Regulation*, 21, 35–55.
Thaler, Richard (1981). Some empirical evidence on dynamic inconsistency. *Economics Letters*, 8, 201–207.
——— (1985). Mental accounting and consumer choice. *Marketing Science*, 4, 199–214.
——— (1992). *The Winner's Curse. Paradoxes and Anomalies of Economic Life*. Princeton, NJ: Princeton University Press.
——— (1999). Mental accounting matters. *Journal of Behavioral Decision Making*, 12, 183–206.
Thaler, Richard H., and Shlomo Benartzi (2004). Save more tomorrow: Using behavioral economics to increase employee saving. *Journal of Political Economy*, 112, S164–S187.
Thaler, Richard H., and Eric J. Johnson (1990). Gambling with the house money and trying to break even: The effect of prior outcomes on risky choice. *Management Science*, 36, 643–660.
Thaler, Richard H., and Hersh M. Shefrin (1981). An economic theory of self-control. *Journal of Political Economy*, 89, 392–406.
Thaler, Richard H., and Cass R. Sunstein (2008). *Nudge: Improving Decisions about Health, Wealth, and Happiness.* New York: Yale University Press.
Titus, Richard M., Fred Heinzelmann, and John M. Boyle (1995). Victimization of persons by fraud. *Crime & Delinquency*, 41, 54–72.
Tom, Sabrina M., Craig R. Fox, Christopher Trepel, and Russell A.

Soman, Dilip, and Vivian M. W. Lam (2002). The effects of prior spending on future spending decisions: The role of acquisition liabilities and payments. *Marketing Letters*, 13, 359–372.

Soman, Dilip, and Min Zhao (2011). The fewer the better: Number of goals and savings behavior. *Journal of Marketing Research*, 48, 944–957.

Stango, Victor, and Jonathan Zinman (2006). *How a Cognitive Bias Shapes Competition: Evidence from Consumer Credit <arkets*. Dartmouth College, USA.

Steel, Piers (2007). The nature of procrastination: A meta-analytic and theoretical review of quintessential self-regulatory failure. *Psychological Bulletin*, 133, 65–94.

Steenkamp, Jan-Benedict, and Hans Baumgartner (1992). The role of optimum stimulation level in exploratory consumer behaviour. *Journal of Consumer Research*, 19, 434–448.

Strotz, R. H. (1956). Myopia and inconsistency in dynamic utility maximization. *Review of Economic Studies*, 23, 165–180.

Summers, Barbara, and Darren Duxbury (2007). *Unraveling the Disposition Effect: The Role of Prospect Theory and Emotions*. Working Paper, Leeds, UK: Leeds University Business School.

Sunstein, Cass R. (2014). *Nudging: A Very Short Guide*. Preliminary draft.

Svedsäter, Henrik, Amelie Gamble, and Tommy Gärling (2007). Money illusion in intuitive financial judgments: Influences of nominal representation of share prices. *Journal of Socio-Economics*, 36, 698–712.

Svenson, Ole (1981). Are we all less risky and more skillful than our fellow drivers? *Acta Psychologica*, 47, 143–148.

Sztompka, Piotr (1999). *Trust: A Sociological Theory*. Cambridge: Cambridge University Press.

Simonson, Itamar (1989). Choice based on reasons: The case of attraction and compromise effects. *Journal of Consumer Research*, 16, 158–174.
Sitkin, Sim B., and Amy L. Pablo (1992). Reconceptualizing the determinants of risk behavior. *Academy of Management Review*, 17, 9–38.
Sitkin, Sim B., and Laurie R. Weingart (1995). Determinants of risky decision-making behavior: A test of the mediating role of risk perceptions and propensity. *Academy of Management Journal*, 38, 1573–1592.
Skinner, Burrhus F. (1974). *About Behaviorism*. New York: Alfred A. Knopf.
Slovic, Paul (1972). Psychological study of human judgment: Implications for investment decision making. *Journal of Finance*, 27, 779–799.
Slovic, Paul, Melissa Finucane, Ellen Peters, and Donald G. MacGregor (2002). "The affect heuristic." In: Thomas Gilovich, Dale Griffin, and Daniel Kahneman (eds.). *Heuristics and Biases: The Psychology of Intuitive Judgment* (pp. 397–420). New York: Cambridge University Press.
Smith, Adam (1776). *An Inquiry into the Nature and Causes of the Wealth of Nations*. London: George Routledge and Sons.
Snyder, Mark (1974). Self-monitoring of expressive behavior. *Journal of Personality and Social Psychology*, 30, 526–537.
——— (1987). *Public Appearances/Private Realities: The Psychology of Self-monitoring*. New York: Freeman.
Soman, Dilip (2001). Effects of payment mechanism on spending behavior: The role of rehearsal and immediacy of payments. *Journal of Consumer Research*, 27, 460–474.
Soman, Dilip, and Amar Cheema (2002). The effect of credit on spending decisions: The role of the credit limit and credibility. *Marketing Science*, 21, 32–53.

Shefrin, Hersh M., and Meir Statman (1985). The disposition to sell winners too early and ride losers too long: Theory and evidence. *Journal of Finance*, 40, 777–790.
——— (2000). Behavioral portfolio theory. *Journal of Financial and Quantitative Analysis*, 32, 127–151.
Shefrin, Hersh M., and Richard H. Thaler (1988). The behavioral life-cycle hypothesis. *Economic Inquiry*, 26, 609–643.
Shiller, Robert J. (2000). *Irrational Exuberance*. Princeton, NJ: Princeton University Press.
Shim, Soyeon, Bonnie L. Barber, Noel A. Card, Jing Jian Xiao, and Joyce Serido (2010). Financial socialization of first-year college students: The roles of parents, work, and education. *Journal of Youth and Adolescence*, 39, 1457–1470.
Shiv, Baba, and Alexander Fedorikhin (1999). Heart and mind in conflict: The interplay of affect and cognition in consumer decision making. *Journal of Consumer Research*, 26, 278–292.
Shover, Neal, Glenn S. Coffey, and Dick Hobbs (2003). Crime on the line. Telemarketing and the changing nature of professional crime. *British Journal of Criminology*, 43, 489–505.
Simon, Herbert A. (1957). *Models of Man*. New York: John Wiley.
——— (1963). "Economics and psychology." In: Sigmund Koch (ed.), *Psychology: A Study of a Science*, Vol. 6 (pp. 685–723), New York: McGraw-Hill.
——— (1979). Rational decision making in business organizations. *American Economic Review*, 69, 493–513.
——— (1982). *Models of Bounded Rationality*. Cambridge, MA: MIT Press.

Advice. Customer Centricity in Financial Services. PhD dissertation, Tilburg University, The Netherlands.

Schwartz, Barry (2004). *The Paradox of Choice: Why More Is Less*. New York: HarperCollins.

Scott, Carol A. (1977). Modifying socially-conscious behavior: The foot-in- the-door technique. *Journal of Consumer Research*, 4, 156–164.

Seuntjens, Terri G., Marcel Zeelenberg, Seger M. Breugelmans, and Niels Van de Ven (2014). Defining greed. *British Journal of Psychology*, 1–21.

Seuntjens, Terri G., Marcel Zeelenberg, Niels Van de Ven, and Seger M. Breugelmans (2015). Dispositional greed. *Journal of Personality and Social Psychology*, 108, 917–933.

Shadel, Doug, Karla Pak and Jennifer H. Sauer (2014). *Caught in the Scammer' s Net: Risk Factors That May Lead to Becoming an Internet Fraud Victim*. Washington DC: AARP.

Shafir, Eldar, Peter Diamond, and Amos Tversky (1997). Money illusion. *Quarterly Journal of Economics*, 112, 341–374.

Shampanier, Kristina, Nina Mazar, and Dan Ariely (2007). Zero as a special price: The true value of free products. *Marketing Science*, 26, 742–757.

Sharma, Eesha, and Adam L. Alter (2012). Financial deprivation prompts consumers to seek scarce goods. *Journal of Consumer Research*, 39, 545–560.

Shefrin, Hersh M. (2000). *Beyond Greed and Fear: Understanding Behavioral Finance and the Psychology of Investing*. Boston, MA: Harvard Business School Press.

Shefrin, Hersh M., and C. M. Nicols (2011). *Credit Card Behavior, Financial Styles, and Heuristics*. Working Paper.

———. *The Behavioral Economics Guide 2015*. Retrieved from http://www.behavioraleconomics.com.
Samuelson, Paul (1937). A note on measurement of utility. *Review of Economic Studies*, 4, 155–161.
——— (2006). Is personal finance a science? Keynote address, The Future of Life Cycle Saving and Investing. Boston, MA: Boston University, October 25.
Samuelson, William, and Richard Zeckhauser (1988). Status quo bias in decision making. *Journal of Risk and Uncertainty*, 1, 7–59.
Scheier, Michael F., Charles S. Carver, and Michael W. Bridges (1994). Distinguishing optimism from neuroticism (and trait anxiety, self-mastery, and self-esteem): A re-evaluation of the life orientation test. *Journal of Personality and Social Psychology*, 67, 1063–1078.
Schelling, Thomas C. (1992). "Self-command: A new discipline." In: Jon Elster and George F. Loewenstein (eds.), *Choice over Time* (pp. 167–176). New York: Russell Sage Foundation.
Schmölders, Günther (1959). Fiscal psychology: A new branch of public finance. *National Tax Journal*, 12, 340–345.
——— (1960). *Das Irrationale in der öffentlichen Finanzwirtschaft* (The Irrational in Public Finance). Frankfurt am Main, Germany: Sührkamp.
Schneider, Sandra L., and Lola L. Lopes (1986). Reflection in preferences under risk: Who and when may suggest why. *Journal of Experimental Psychology: Human Perception and Performance*, 12, 535–548.
Schooley, Diane, and Debra Worden (2008). A behavioral life-cycle approach to understanding the wealth effect. *Business Economics*, 43(2), 7–15.
Schuurmans, J. Bas (2011). *Fundamental Changes in Personal Financial*

Puri, Manju, and David T. Robinson (2007). Optimism and economic choice. *Journal of Financial Economics*, 86, 71–99.
Ranyard, Rob, and Gill Craig (1995). Evaluating and budgeting with installment credit: An interview study. *Journal of Economic Psychology*, 16, 449–467.
Reynolds, Thomas J., and Jonathan Gutman (1988). Laddering theory, meth- ods, analysis, and interpretation. *Journal of Advertising Research*, 2, 11–31.
Richards, Carl (2012). *The Behavior Gap: Simple Ways to Stop Doing Dumb Things with Money*. New York: Penguin.
——— (2015). *The One-Page Financial Plan: A Simple Way to be Smart about Your Money*. New York: Penguin.
Rodway, Paul, Astrid Schepman, and Jordana Lambert (2012). Preferring the one in the middle: Further evidence for the centre-stage effect. *Applied Cognitive Psychology*, 26, 215–222.
Roese, Neal J. (1997). Counterfactual thinking. *Psychological Bulletin*, 121,133–148.
Rotter, Julian B. (1966). Generalized expectancies for internal vs. external control of reinforcement. *Psychological Monographs*, Number 80, 1–28.
Rowe, W. D. (1977). *An Anatomy of Risk*. New York: John Wiley.
Rowell, David, and Luke B. Connelly (2012). A history of the term "moral hazard." *Journal of Risk and Insurance*, 79, 1051–1075.
Ryan, Richard M., and Edward L. Deci (2000). Self-determination theory and the facilitation of intrinsic motivation, social development, and well-being. *American Psychologist*, 55, 68–78.
Samson, Alain (ed.). *The Behavioral Economics Guide 2014*. Retrieved from http://www.behavioraleconomics.com.

22–32.
Pirson, Michael, and Deepak Malhotra (2008). Unconventional insights for managing stakeholder trust. *MIT Sloan Management Review*, 49(4), 43–50.
Pitta, Dennis A., Rodrigo Guesalaga, and Pablo Marshall (2008). The quest for the fortune at the bottom of the pyramid: potential and challenges. *Journal of Consumer Marketing*, 25, 393–401.
Poiesz, Theo B. C., and W. Fred van Raaij (2007). *Strategic Marketing and the Future of Consumer Behavior. Introducing the Virtual Guardian Angel.* Cheltenham, UK: Edward Elgar.
Powell, Melanie, and David Ansic (1997). Gender differences in risk behaviour in financial decision-making: An experimental analysis. *Journal of Economic Psychology*, 18, 605–628.
Prelec, Drazen, and George Loewenstein (1998). The red and black: Mental accounting of savings and debt. *Marketing Science*, 17, 4–28.
Prelec, Drazen, and Duncan Simester (2001). Always leave home without it: A further investigation of the credit-card effect on willingness to pay. *Marketing Letters*, 12, 5–12.
Pressman, Steven (1998). On financial frauds and their causes. *American Journal of Economics and Sociology*, 57, 405–421.
——— (2009). "Charles Ponzi." In: Serge Matulich and David M. Currie (eds.) (2009). *Handbook of Frauds, Scams, and Swindles. Failure of Ethics in Leadership* (Chapter 3, pp. 35–43). Boca Raton, FL: CRC Press, Francis & Taylor Group.
Prinz, Aloys, Stephan Muehlbacher, and Erich Kirchler (2014). The slippery slope framework on tax compliance: An attempt to formalization. *Journal of Economic Psychology*, 40, 20–34.

Pahl, Jan (1995). His money, her money: Recent research on financial organisation in marriage. *Journal of Economic Psychology*, 16, 361–376.

Pak, Karla B. S., and Doug P. Shadel (2007). *The Psychology of Consumer Fraud.* PhD Dissertation, Tilburg University. To retrieve from: http://taos.publishpath.com/Websites/taos/Images/ProgramsTaosTilburgDissertations/ PakShadelDissertationFINAL.pdf.

Pandelaere, Mario, Barbara Briers, and Christophe Lembregts (2011). How to make a 29% increase look bigger: The unit effect in option comparisons. *Journal of Consumer Research*, 38, 308–322.

Payne, John W., James R. Bettman, and Eric J. Johnson (1993). *The Adaptive Decision Maker*. Cambridge, UK: Cambridge University Press.

Pelham, B. W., T. T. Sumarta, and L. Myaskovsky (1994). The easy path from many to much: The numerosity heuristic. *Cognitive Psychology*, 26, 103–133.

Peñaloza, Lisa, and Michelle Barnhart (2011). Living U.S. capitalism: The normalization of credit/debt. *Journal of Consumer Research*, 38, 743–762.

Pennington, Ginger L., and Neal J. Roese (2003). Regulatory focus and temporal distance. *Journal of Experimental Social Psychology*, 39, 563–576.

Perry, Vanessa G., and Marlene D. Morris (2005). Who is in control? The role of self-perception, knowledge, and income in explaining consumer financial behavior. *Journal of Consumer Affairs*, 39, 299–313.

Pieters, Rik G. M., and W. Fred Van Raaij (1988). Functions and management of affect: Applications to economic behavior. *Journal of Economic Psychology*, 9, 251–282.

Pinto, Mary Beth, and Phylis M. Mansfield (2006). Financially at-risk college students: An exploratory investigation of student loan debt and prioritization of debt repayment. *Journal of Student Financial Aid*, 36(2),

news, and rumors in financial markets: Insights into the foreign exchange market. *Journal of Economic Psychology*, 25, 407–424.
Oberlechner, Thomas, and Carol Osler (2012). Survival of overconfidence in currency markets. *Journal of Financial and Quantitative Analysis*, 47, 91–113.
Odean, Terrance (1998). Are investors reluctant to realize their losses? *Journal of Finance*, 53, 1775–1798.
O' Donoghue, Ted, and Matthew Rabin (1999). Doing it now or later. *American Economic Review*, 89, 103–124.
——— (2001). Choice and procrastination. *Quarterly Journal of Economics*, 116, 121–160.
OECD (2005). *Improving Financial Literacy: Analysis of Issues and Policies.* Paris, France: Organization for Economic Cooperation and Development.
——— (2012). *PISA 2012 Results: Students and Money. Financial Literacy Skills for the 21*st *Century* (Vol. VI). Paris, France: Organization for Economic Cooperation and Development.
Ölander, Folke (1975). *Search Behavior in Non-simultaneous Choice Situations:Satisficing or Maximizing?* Dordrecht, The Netherlands: D. Reidel.
Oliver, Richard L. (1997). *Satisfaction. A Behavioral Perspective on the Consumer*. Boston, MA: Irwin/McGraw-Hill.
Osborn, Richard N., and Daniel H. Jackson (1988). Leaders, riverboat gamblers, or purposeful unintended in the management of complex dangerous technologies. *Academy of Management Journal*, 31, 924–947.
Paas, Leo J., Tammo H. A. Bijmolt, and Jeroen K. Vermunt (2007). Acquisition patterns of financial products: A longitudinal investigation. *Journal of Economic Psychology*, 28, 229–241.

Yvonne M. van Everdingen, W. Fred van Raaij, and Richard Wahlund (1998). Explaining attitudes towards the euro: Design of a cross-national study. *Journal of Economic Psychology*, 19, 663–680.
Muraven, Mark, and Roy F. Baumeister (2000). Self-regulation and depletion of limited resources: Does self-control resemble a muscle? *Psychological Bulletin*, 126, 247–259.
Murphy, Patrick E., and William E. Staples (1979). A modernized family life cycle. *Journal of Consumer Research*, 6, 12–22.
Murray, Dennis (2000). How much do your kids know about credit? *Medical Economics*, 77(16), 58–66.
Nicholson, Nigel, Emma Soane, Mark Fenton-O' Creevy, and Paul Willman (2005). Personality and domain-specific risk taking. *Journal of Risk Research*, 8, 157–176.
Nijkamp, Joyce, Henk J. Gianotten, and W. Fred van Raaij (2002). The structure of consumer confidence and real value added growth in retailing in The Netherlands. *International Review of Retail, Distribution and Consumer Research*, 12(3), 237–259.
Nofsinger, John R. (2002). *The Psychology of Investing*. Upper Saddle River, NJ: Pearson Education.
Norman, Warren T. (1963). Toward an adequate taxonomy of personality attributes: Replicated factor structure in peer nomination personality ratings. *Journal of Abnormal and Social Psychology*, 66, 574–583.
Novemsky, Nathan, and Daniel Kahneman (2005). The boundaries of loss aversion. *Journal of Marketing Research*, 42, 119–128.
Oberlechner, Thomas (2004). *The Psychology of the Foreign Exchange Market*. Chichester, UK: John Wiley.
Oberlechner, Thomas, and Sam Hocking (2004). Information sources,

Pension Research Council Working Paper 2002–4.
Modigliani, Francisco (1966). The life cycle hypothesis, the demand for wealth, and the supply of capital. *Social Research,* 33, 160–217.
——— (1986). Life cycle, individual thrift and the wealth of nations. *American Economic Review*, 76, 297–313.
Molana, H. (1990). A note on the effect of inflation on consumers' expenditure. *Empirical Economics*, 15, 1–15.
Mosch, Robert, Henriette. Prast, and W. Fred van Raaij (2006). Vertrouwen, cement van de samenleving en aanjager van de economie (Trust, cement of society and driver of the economy). *Tijdschrift voor Politieke Economie*, 27(4), 40–54.
Mühlbacher, Stephan, Erich Kirchler, and Herbert Schwarzenberger (2011). Voluntary versus enforced tax compliance: Empirical evidence for the "slippery slope" framework. *European Journal of Law and Economics*, 32, 89–97.
Mühlbacher, Stephan, Luigi Mittone, Barbara Kastlunger, and Erich Kirchler (2012). Uncertainty resolution in tax experiments: Why waiting for an audit increases compliance. *Journal of Socio-Economics*, 41, 289–291.
Mullainathan, Sendhill, and Eldar Shafir (2013). *Scarcity. Why Having too Little Means so Much*. New York: Henry Holt and Company.
Müller-Peters, Anke, Roland Pepermans, Guido Kiell, Nicole Battaglia, Suzanne Beckmann, Carole Burgoyne, Minoo Farhangmehr, Gustavo Guzman, Erich Kirchler, Cordula Koenen, Flora Kokkinaki, Mary Lambkin, Dominique Lassarre, François-Regis Lenoir, Roberto Luna–Arocas, Agneta Marell, Katja Meier, Johanna Moisander, Guido Ortona, Ismael Quintanilla, David Routh, Francesco Scacciatti, Liisa Uusitalo,

Mazar, Nina, and Dan Ariely (2006). Dishonesty in everyday life and its policy implications. *Journal of Public Policy & Marketing*, 25, 1–21.
McClure, Samuel M., David I. Laibson, George Loewenstein, and Jonathan D. Cohen (2004). Separate neural systems value immediate and delayed monetary rewards. *Science*, 306, 503–507.
McGraw, A. Peter, Jeff T. Larsen, Daniel Kahneman, and David Schkade (2010). Comparing gains and losses. *Psychological Science*, 21, 1438–1445.
Medvec, Victoria Husted, Scott F. Madey, and Thomas Gilovich (1995). When less is more: Counterfactual thinking and satisfaction among Olympic medalists. *Journal of Personality and Social Psychology*, 69, 603–610.
Meier, Stephan, and Charles Sprenger (2010). Present-biased preferences and credit card borrowing. *American Economic Journal: Applied Economics*, 2, 193–210.
Mill, John Stuart (1848). *Principles of Political Economy*. London: John W. Parker.
Miller, Joanne, and Susan Yung (1990). The role of allowances in adolescent socialization. *Youth and Society*, 22, 137–159.
Mischel, Walter (1968). *Personality and Assessment*. New York: John Wiley.
——— (2014). *The Marshmallow Test*. New York: Little, Brown.
Mischel, Walter, and R. Metzner (1962). Preference for delayed reward as a function of age, intelligence and length of delay interval. *Journal of Abnormal and Social Psychology*, 64, 425–432.
Mischel, Walter, Yuichi Shoda, and Monica L. Rodriguez (1989). Delay of gratification in children. *Science*, 244, 933–938.
Mitchell, Olivia S., and Stephen P. Utkus (2002). *Company Stock and Retirement Plan Diversification*. Philadelphia, PA: Wharton School,

Economics, 126, 373–416.
Mandell, Lewis (2001). *Improving Financial Literacy: What Schools and Parents Can and Cannot Do.* Washington, DC: Jump$tart Coalition.
——— (2008). In: Annamaria Lusardi (ed.), *Overcoming the Savings Slump. How to Increase the Effectiveness of Financial Education and Saving Programs* (Chapter 9, pp. 257–279). Chicago: University of Chicago Press.
Mandrik, Carter A., Edward F. Fern, and Yeqing Bao (2005). Intergenerational influence: Roles of conformity to peers and communication effectiveness. *Psychology & Marketing*, 22, 813–832.
Mani, Anandi, Sendhil Mullainathan, Eldar Shafir, and Jiaying Zhao (2013). Poverty impedes cognitive function. *Science*, 341(6149), 976–980.
March, James G., and Zur Shapira (1987). Managerial perspectives on risk and risk taking. *Management Science*, 33, 1404–1418.
Markowitz, H. (1959). *Portfolio Selection: Efficient Diversification of Investments*. New York: John Wiley.
Markus, Hazel R., and Barry Schwartz (2010). Does choice mean freedom and well-being? *Journal of Consumer Research*, 37, 344–355.
Marshall, Alfred (1890). *Principles of Economics*. London: Macmillan.
Martin, Kelly D., and Ronald Paul Hill (2012). Life satisfaction, self-determination, and consumption adequacy at the bottom of the pyramid. *Journal of Consumer Research*, 38, 1155–1168.
Matulich, Serge, and David M. Currie (eds.) (2009). *Handbook of Frauds, Scams, and Swindles. Failure of Ethics in Leadership*. Boca Raton, FL: CRC Press, Francis & Taylor Group.
Mazar, Nina, On Amir, and Dan Ariely (2008). The dishonesty of honest people: A theory of self-concept maintenance. *Journal of Marketing Research*, 45, 633–644.

alter- natives." In: D. Gambetta (ed.), *Trust: Making and Breaking Cooperative Relations* (Chapter 6, pp. 94–107). Oxford: University of Oxford Press.

Lunt, Peter K., and Sonia M. Livingstone (1991). Psychological, social and economic determinants of saving: Comparing recurrent and total savings. *Journal of Economic Psychology*, 12, 621–641.

Lusardi, Annamaria (ed.) (2008). *Overcoming the Savings Slump. How to Increase the Effectiveness of Financial Education and Saving Programs.* Chicago, IL: University of Chicago Press.

Lusardi, Annamaria, and Olivia S. Mitchell (2007). Financial literacy and retirement preparedness: Evidence and implications for financial education. *Business Economics*, 35–44.

——— (2008). Planning and financial literacy: How do women fare? *American Economic Review*, 98, 413–417.

——— (2014). The economic importance of financial literacy: Theory and evidence. *Journal of Economic Literature*, 52, 5–44.

Lusardi, Annamaria, Olivia S. Mitchell, and Vilsa Curto (2010). Financial literacy among the young. *Journal of Consumer Affairs*, 44, 358–380.

Lusardi, Annamaria, and Peter Tufano (2009). *Debt literacy, financial experiences, and overindebtedness.* NBER Working Paper 14808.

Madrian, Brigitte C., and Dennis F. Shea (2001). The power of suggestions: Inertia in 401(k) participation and savings behavior. *Quarterly Journal of Economics*, 116, 1149–1225.

Maital, Shlomo (1982). *Minds, Markets & Money. Psychological Foundations of Economic Behavior.* New York: Basic Books.

Malmendier, Ulrike, and Stefan Nagel (2011). Depression babies: Do macroeconomic experiences affect risk taking? *Quarterly Journal of*

Levin, Laurence (1998). Are assets fungible?: Testing the behavioral theory of life-cycle savings. *Journal of Economic Behavior & Organization*, 36, 59–83.
Lewin, Kurt (1951). *Field Theory in the Social Sciences: Selected Theoretical Papers*. New York: Harper.
Lewis, Alan (1982). *The Psychology of Taxation*. Oxford: Martin Robertson.
Lewis, J. David, and Andrew Weigert (1985). Trust as a social reality. *Social Forces*, 63, 967–985.
Lichtenstein, Sarah, Baruch Fischhoff, and Lawrence D. Phillips (1982). "Calibration of probabilities: The state of the art to 1980." In: Daniel Kahneman, Paul Slovic, and Amos Tversky (eds.), *Judgment under Uncertainty; Heuristics and Biases* (Chapter 22, pp. 306–334). New York: Cambridge University Press.
Lifson, Lawrence E., and Richard A. Geist (1999). *The Psychology of Investing*. New York: John Wiley.
Loayza, Norman, Klaus Schmidt-Hebbel, and Luis Servén (2000). What drives private saving across the world? *Review of Economics and Statistics*, 82, 165–181.
Loewenstein, George F. (1988). Frames of mind in intertemporal choice. *Management Science*, 34, 200–214.
——— (1996). Out of control: Visceral influences on behavior. *Organizational Behavior and Human Decision Processes*, 65, 272–292.
Loewenstein, George, and Drazen Prelec (1993). Preferences for sequences of outcomes. *Psychological Review*, 100, 91–108.
Loewenstein, George, and Nachum Sicherman (1991). Do workers prefer increasing wage profiles? *Journal of Labor Economics*, 9, 67–84.
Luhmann, Niklas (2000). "Familiarity, confidence, trust: Problems and

16, 279–299.
Kunreuther, Howard, and Mark Pauly (2005). "Insurance decision-making and market behavior." In: *Foundations and Trends in Microeconomics*, Vol. 1(2) (pp. 63–127). Delft, Hanover, MA: NOW Publishers.
Kyle, Albert S. (1985). Continuous auctions and insider trading. *Econometrica*, 53, 1315–1336.
Laibson, David (1997). Golden eggs and hyperbolic discounting. *Quarterly Journal of Economics*, 112, 443–477.
Lakatos, Imre (1968). Criticism and the methodology of scientific research programs. *Proceedings of the Aristotelian Society*, 69, 149–186.
Langer, E. J. (1975). The illusion of control. *Journal of Personality and Social Psychology*, 32, 311–328.
Laurent, Gilles, and Jean-Noel Kapferer (1985). Measuring consumer involvement profiles. *Journal of Marketing Research*, 22, 41–53.
Lauriola, Marco, and Irwin P. Levin (2001). Personality traits and risky decision-making in a controlled experimental task: An exploratory study. *Personality and Individual Differences*, 31, 215–226.
Lea, Stephen E. G., Paul Webley, and Catherine M. Walker (1995). Psychological factors in consumer debt: Money management, economic socialization, and credit use. *Journal of Economic Psychology*, 16, 681–701.
Lee, Jinkook, and Jinsook Cho (2005). Consumers' use of information intermediaries and impact on their information search behavior in the financial market. *Journal of Consumer Affairs*, 39, 95–120.
Levenson, Hanna (1981). "Differentiating among internality, powerful oth- ers, and chance." In: Herbert M. Lefcourt (ed.), *Research with the Locus of Control Construct*, Vol. 1 (pp. 15–63). New York: Academic Press.

Kirchler, Erich, Erik Hölzl, and Ingrid Wahl (2008). Enforced versus voluntary tax compliance: The "slippery slope" framework. *Journal of Economic Psychology*, 29, 210–225.
Kirchler, Erich, Christoph Kogler, and Stephan Mühlbacher (2014). Cooperative tax compliance: From deterrence to deference. *Current Directions in Psychological Science*, 23(2), 87–92.
Kirchler, Erich, Christa Rodler, Erik Hölzl, and Katja Meier (2001). *Conflict and Decision-Making in Close Relationships. Love, Money and Daily Routines*. Hove, East Sussex, UK: Psychology Press.
Kogan, Nathan, and Michael A. Wallach (1964). *Risk Taking: A Study in Cognition and Personality*. New York: Holt, Rinehart and Winston.
Kojima, Sotohiro (1994). Psychological approach to consumer buying decisions: Analysis of the psychological purse and the psychology of price. *Japanese Psychological Research*, 36, 10–19.
Kojima, Sotohiro, and Yasuhisa Hama (1982). Aspects of the psychology of spending. *Japanese Psychological Research*, 24, 29–38.
Krekels, Goedele, and Mario Pandelaere (2015). Dispositional greed. *Personality and Individual Differences*, 74, 225–230.
Kuhn, Thomas S. (1962). *The Structure of Scientific Revolutions*. Chicago: University of Chicago Press.
Kunreuther, Howard (1996). Mitigating disaster losses through insurance. *Journal of Risk and Uncertainty*, 12, 171–187.
Kunreuther, Howard, Ralph Ginsberg, Louis Miller, Philip Sagi, Paul Slovic, Bradley Borkan, and Norman Katz (1978). *Disaster Insurance Protection: Public Policy Lessons*. New York: Wiley Interscience.
Kunreuther, Howard, Ayse Onçüler, and Paul Slovic (1998). Time insensitivity for protective investments. *Journal of Risk and Uncertainty*,

Econometrica, 47, 263–291.
——— (1984). Choices, values and frames. *American Psychologist*, 39, 341–350.
Kamakura, Wagner A., Sridhar N. Ramaswami, and Rajendra K. Srivastava (1991). Applying latent trait analysis in the evaluation of prospects for cross-selling of financial services. *International Journal of Research in Marketing*, 8, 329–349.
Kamakura, Wagner A., and Rex Yuxing Du (2012). How economic contractions and expansions affect expenditure patterns. *Journal of Consumer Research*, 39, 229–247.
Karlan, Dean, Melanie Morten, and Jonathan Zinman (2012). *A Personal Touch: Text Messaging for Loan Repayment*. Working Paper 17952. Cambridge, MA: National Bureau of Economic Research.
Katona, George (1975). *Psychological Economics*. New York: Elsevier.
——— (1980). *Essays on Behavioral Economics*. Ann Arbor, MI, USA: Survey Research Center, Institute for Social Research, University of Michigan.
Keynes, John M. (1936). *The General Theory of Employment, Interest and Money*. London: Macmillan.
Keys, Daniel J., and Barry Schwartz (2007). "Leaky" rationality: How research on behavioral decision making challenges normative standards of rationality. *Perspectives on Psychological Science*, 2, 162–180.
Kilborn, Jason J. (2005). Behavioral economics, overindebtedness & comparative consumer bankruptcy: Searching for causes and evaluating solutions. *Emory Bankruptcy Developments Journal*, 22, 13–45.
Kirchler, Erich (2007). *The Economic Psychology of Tax Behavior*. Cambridge, UK: Cambridge University Press.

Jianakoplos, Nancy Ammon, and Alexandra Bernasek (1998). Are women more risk averse? *Economic Inquiry*, 36, 620–630.
——— (2006). Financial risk taking by age and birth cohort. *Southern Economic Journal*, 72, 981–1001.
Johnson, Eric J., John Hershey, Jacqueline Meszaros, and Howard Kunreuther (1993). Framing, probability distortions, and insurance decisions. *Journal of Risk and Uncertainty*, 7, 35–51.
Jonas, Eva, Tobias Greitemeyer, Dieter Frey, and Stafan Schulz-Hardt (2002). Psychological effects of the euro—experimental research on the perception of salaries and price estimations. *European Journal of Social Psychology*, 32, 147–169.
Jorgensen, Bryce L., and Jyoti Savla (2010). Financial literacy of young adults: The importance of parental socialization. *Family Relations*, 59, 465–478.
Kahneman, Daniel (2003). A perspective on judgment and choice. Mapping bounded rationality. *American Psychologist*, 58, 697–720.
——— (2011). *Thinking, Fast and Slow*. New York: Farrar, Straus and Giroux.
Kahneman, Daniel, Ed Diener, and Norbert Schwarz (eds.) (1999). *Well-Being. The Foundations of Hedonic Psychology*. New York: Russell Sage Foundation.
Kahneman, Daniel, Jack L. Knetsch, and Richard H. Thaler (1991). The endowment effect, loss aversion, and status quo bias. *Journal of Economic Perspectives*, 5, 193–206.
Kahneman, Daniel, and Amos Tversky (1972). Subjective probability: A judgement of representativeness. *Cognitive Psychology*, 3, 430–454.
——— (1979). Prospect theory: An analysis of decision under risk.

Horioka, Charles Yuji, and Wakō Watanabe (1997). Why do people save? A micro-analysis of motives for household saving in Japan. *Economic Journal*, 107, 537–552.
Hsee, Christopher K., and Howard C. Kunreuther (2000). The affection effect in insurance decisions. *Journal of Risk and Uncertainty*, 20, 141–159.
Hsee, Christopher K., and Elke U. Weber (1997). A fundamental prediction error: Self-others discrepancies in risk preference. *Journal of Experimental Psychology: General*, 126, 45–53.
Husserl, Edmund (1964). *Phenomenology of Internal Time Consciousness*. Bloomington: Indiana University Press.
Huston, Sandra J. (2010). Measuring financial literacy. *Journal of Consumer Affairs*, 44, 296–316. Insurance Research Council (2000). Thirty-five percent of people surveyed think it' s OK to inflate insurance claims. Press release, June 6, Malvern PA: IRC.
Irelan, Lola M., and Arthur Besner (1973). "Profile in poverty." In: Hal H. Kassarjian and Thomas S. Robertson (eds.), *Perspectives in Consumer Behavior* (Chapter 5.5, pp. 441–449). Glenview, IL: Scott, Foresman.
Iyengar, Sheena S., and Mark R. Lepper (2000). When choice is demotivat- ing: Can one desire too much of a good thing? *Journal of Personality and Social Psychology*, 79, 995–1006.
Javalgi, Rajshekhar G., and Paul Dion (1999). A life cycle segmentation approach to marketing financial products and services. *Service Industries Journal*, 19, 74–96.
Jemison, David B., and Sim B. Sitkin (1986). Corporate acquisitions: A process perspective. *Academy of Management Review*, 11, 145–163.
Jevons, William Stanley (1871/1911). *The Theory of Political Economy* (4th edition). London: Macmillan. Originally published in 1871.

Hershfield, Hal E., Daniel G. Goldstein, William F. Sharpe, Jesse Fox, Leo Yeykelis, Laura L. Carstensen, and Jeremy N. Bailenson (2011). Increasing saving behavior through age-progressed renderings of the future self. *Journal of Marketing Research*, 48, S23-S37.

Herzberg, Frederick I., Bernard Mausner, and Barbara B. Snyderman (1959). *The Motivation to Work.* New York: John Wiley.

Hessing, Dick J., Henk Elffers, and Russell H. Weigel (1988). Exploring the limits of self-reports and reasoned action: An investigation of the psychology of tax evasion behavior. *Journal of Personality and Social Psychology*, 54, 405–413.

Hey, John D., and Andrea Morone (2004). Do markets drive out lemmings— or vice versa? *Economica*, 71(284), 637–659.

Higgins, E. Tory (1998). "Promotion and prevention: Regulatory focus as a motivational principle." In: Marc P. Zanna (ed.), *Advances in Experimental Social Psychology*, Vol. 30 (pp. 1–46). London: Academic Press.

——— (2005). Value from regulatory fit. *Current Directions in Psychological Science*, 14, 209–213.

Hilgert, Marianne A., Jeanne M. Hogarth, and Sondra G. Beverly (2003). Household financial management: The connection between knowledge and behavior. *Federal Reserve Bulletin*, 89, 309–322.

Hogarth, Robin M. (1981). Beyond discrete biases: Functional and dysfunctional aspects of judgmental heuristics. *Psychological Review*, 90, 197–217.

Holtfreter, Kristy, Michael D. Reisig, and Travis C. Pratt (2008). Low self- control, routine activities, and fraud victimization. *Criminology*, 46, 189–220.

Hahn, Luise, Erik Hoelzl, and Maria Pollai (2013). The effect of payment type on product-related emotions: Evidence from an experimental study. *International Journal of Consumer Studies*, 37, 21–28.

Hansen, Torben (2012). Understanding trust in financial services: The influence of financial healthiness, knowledge, and satisfaction. *Journal of Service Research*, 15, 280–295.

Hardisty, David J., Eric J. Johnson, and Elke U. Weber (2010). A dirty word or a dirty world? Attribute framing, political affiliation, and query theory. *Psychological Science*, 21, 86–92.

Harrison, James D., Jane M. Young, Phyllis Butow, Glenn Salkeld, and Michael J. Solomon (2005). Is it worth the risk? A systematic review of instruments that measure risk propensity for use in the health setting. *Social Sciences and Medicine*, 60, 1385–1396.

Hartman, Raymond S., Michael J. Doane, and Chi-Keung Woo (1991). Consumer rationality and the status quo. *Quarterly Journal of Economics*, 106, 141–162.

Haultain, Steve, Simon Kemp, and Oleksandr S. Chernyshenko (2010). The structure of attitudes to student debt. *Journal of Economic Psychology*, 31, 322–330.

He, Xin, Jeffrey Inman, and Vikas Mittal (2008). Gender jeopardy in financial risk taking. *Journal of Marketing Research*, 45, 414–424.

Heath, Chip, and Jack B. Soll (1996). Mental budgeting and consumer decisions. *Journal of Consumer Research*, 23, 40–52.

Hedesström, T. M., Henrik Svedsäter, and Tommy Gärling (2006). Covariation neglect among novice investors. *Journal of Experimental Psychology: Applied*, 12, 155–165.

Heidegger, Martin (1927). *Being and Time*. Halle, Germany: Niemeyer.

Handbook of Judgment & Decision Making (Chapter 26, pp. 527–546). Oxford, UK: Blackwell.

Gneezy, Uri, and Jan Potters (1997). An experiment on risk taking and evaluation periods. *Quarterly Journal of Economics*, 112, 631–645.

Goldstein, Daniel G., Eric J. Johnson, and William F. Sharpe (2008). Choosing outcomes versus choosing products: Consumer-focused retirement investment advice. *Journal of Consumer Research*, 35, 440–456.

Gourville, John T., and Dilip Soman (1998). Payment depreciation: The behavioral effects of temporally separating payments from consumption. *Journal of Consumer Research*, 25, 160–174.

Griskevicius, Vladas, Joshua M. Tybur, Joshua M. Ackerman, Andrew W. Delton, Theresa E. Robertson, and Andrew E. White (2012). The financial consequences of too many men: Sex ratio effects on saving, borrowing, and spending. *Journal of Personality and Social Psychology*, 102, 69–80.

Guiso, Luigi, Paola Sapienza, and Luigi Zingales (2008). Trusting the stock market. *Journal of Finance*, 63, 2557–2600.

Guiso, Luigi, and Paolo Sodini (2013). "Household finance: An emerging field." In: Milton Harris, George M. Constantinides, and René M. Stulz (eds.), *Handbook of the Economics of Finance*, Vol. 2, part B (pp. 1349– 132). Amsterdam: Elsevier.

Gurin, Gerald, and Patricia Gurin (1970). Expectancy theory in the study of poverty. *Journal of Social Issues*, 26, 83–104.

Gutman, Jonathan (1982). A means-end chain model based on consumer categorization processes. *Journal of Marketing*, 46(2), 60–72.

Hagenaars, Aldi J. M., and Bernard M. S. van Praag (1985). A synthesis of poverty line definitions. *Review of Income and Wealth*, 31, 139–154.

Psychology, financial decision making, and financial crises. *Psychological Science in the Public Interest*, 10, 1–47.
Gasper, Karen, and Gerald L. Clore (1998). The persistent use of negative affect by anxious individuals to estimate risk. *Journal of Personality and Social Psychology*, 74, 1350–1363.
Gathergood, John (2012a). Debt and depression: Causal links and social norm effects. *Economic Journal*, 122, 1094–1114.
——— (2012b). Self-control, financial literacy and consumer over-indebted- ness. *Journal of Economic Psychology*, 33, 590–602.
Gathergood, John, and Jörg Weber (2015). *Financial Literacy, Present Bias and Alternative Mortgage Products*. Working Paper. Nottingham, UK: University of Nottingham.
Gee, Jim, Mark Button, and Graham Brooks (2011). *The Financial Cost of Fraud: What Data from around the World Shows*. Centre for Counter Fraud Studies & MacIntyre Hudson.
Genevsky, Alexander, and Brian Knutson (2015). Neural affective mechanisms predict market-level microlending. *Psychological Science*, 26(9), 1411–1422.
Gigerenzer, Gerd (2007). *Gut Feelings. The Intelligence of the Unconscious*. New York: Viking.
Gilad, Dalia, and Doron Kliger (2008). Priming the risk attitude of professionals in financial decision making. *Review of Finance*, 12, 567–586.
Giné, Xavier, Cristina Martinez Cuellar, and Rafael Keenan Mazer (2014). *Financial (Dis)-Information: Evidence from an Audit Study in Mexico*. Policy Research Working Paper 6902, Washington, DC: World Bank.
Glaser, Markus, Markus Nöth, and Martin Weber (2004). "Behavioral finance." In: Derek J. Koehler, and Nigel Harvey (eds.), *Blackwell*

Côted' Ivoire. *Review of Economics of the Household*, 12(4), 1–21.
Frank, Robert H., Adam Seth Levine, and Oege Dijk (2013). Expenditure cascades. *Review of Behavioral Economics*, 1, 55–73.
Frederick, Shane, and George Loewenstein (1999). "Hedonic adaptation." In: Daniel Kahneman, Ed Diener, and Norbert Schwarz (eds.). *Well-being: The Foundations of Hedonic Psychology* (Chapter 16, pp. 302–329). New York: Russell Sage Foundation.
Frederick, Shane, George Loewenstein, and Ted O' Donoghue (2002). Time discounting and time preference: A critical review. *Journal of Economic Literature*, 40, 351–401.
Frey, Bruno S. (1998). "Institutions and morale: The crowding-out effect." In: A. Benner and L. Putterman (eds.), *Economics, Values, and Organization* (Chapter 17, pp. 437–460). Cambridge: Cambridge University Press.
Frey, Bruno S., and B. Torgler (2007). Tax morale and conditional cooperation. *Journal of Comparative Economics*, 35, 136–159.
Friedman, Milton (1953). *Essays in Positive Economics*. Chicago: University of Chicago Press.
——— (1957). *A Theory of the Consumption Function*. Princeton, NJ: Princeton University Press.
Friedman, Monroe (1998). Coping with consumer fraud. The need for a paradigm shift. *Journal of Consumer Affairs*, 32, 1–12.
Fukuyama, Francis (1995). *Trust. The Social Virtues and the Creation of Prosperity*. New York: The Free Press.
Furnham, Adrian, and Michael Argyle (1998). *The Psychology of Money*. London and New York: Routledge.
Gärling, Tommy, Erich Kirchler, Alan Lewis, and Fred van Raaij (2009).

reciprocity, human cooperation, and the enforcement of social norms. *Human Nature*, 13, 1–25.

Felton, James, Bryan Gibson, and David M. Sanbonmatsu (2003). Preference for risk in investing as a function of trait optimism and gender. *Journal of Behavioral Finance*, 4, 33–40.

Ferber, Robert, and Lucy C. Lee (1974). Husband-wife influence in family purchasing behavior. *Journal of Consumer Research*, 1, 43–50.

Fernandes, Daniel, John G. Lynch, Jr., and Richard G. Netemeyer (2014). Financial literacy, financial education and downstream financial behaviors. *Management Science*, 60, 1861–1883.

Festinger, Leon (1962). *A Theory of Cognitive Dissonance*. London: Tavistock. FINRA (2007). *Senior Fraud Risk Survey*. Washington, DC: FINRA Investor Education Foundation.

Fischhoff, Baruch (1982). "Debiasing." In: Daniel Kahneman, Paul Slovic, and Amos Tversky (eds.), *Judgment under Uncertainty: Heuristics and Biases* (Chapter 31, pp. 422–444). Cambridge, UK: Cambridge University Press.

Fischhoff, Baruch, Paul Slovic, Sarah Lichtenstein, S. Read, and B. Combs (1978). How safe is safe enough? A psychometric study of attitudes towards technological risks and benefits. *Policy Sciences*, 9, 127–152.

Fishbein, Martin, and Icek Ajzen (1975). *Belief, Attitude, Intention and Behavior: An Introduction to Theory and Research*. Reading, MA: Addison-Wesley. Fisher, Irvin (1930). *The Theory of Interest, as Determined by Impatience to Spend Income and Opportunity to Invest It*. London: Macmillan.

Fofana, Namizata Binaté, Gerrit Antonides, Anke Niehof, and Johan A. C. Van Ophem (2015). How microfinance empowers women in

it simple: Financial literacy and rules of thumb. *American Economic Review*, 62(2), 1–31.
Dreyfus, Mark K., and W. Kip Viscusi (1995). Rates of time preference and consumer valuations of automobile safety and fuel efficiency. *Journal of Law and Economics*, 38, 79–105.
Duclos, Rod, Echo Wen Wan, and Yuwei Jiang (2013). Show me the honey! Effects of social exclusion on financial risk-taking. *Journal of Consumer Research*, 40, 122–135.
Duesenberry, James S. (1949). *Income, Saving and the Theory of Consumer Behavior*. Cambridge, MA: Harvard University Press.
Dupas, Pascaline, and Jonathan Robinson (2013). Why don' t the poor save more? Evidence from health savings experiments. *American Economic Review*, 103, 1138–1171.
Duxbury, Darren, and Barbara Summers (2004). Financial risk perception: Are individuals variance averse or loss averse? *Economic Letters*, 84, 21–28.
Elster, Jon (2000). *Ulysses Unbound. Studies in Rationality, Precommitment, and Constraints.* Cambridge, UK: Cambridge University Press.
Faber, Ronald J., Thomas C. O' Guinn, and Raymond Krych (1987). "Compulsive consumption." In: Melanie Wallendorf and Paul Anderson (eds.), *Advances in Consumer Research*, vol. 14 (Chapter 10, pp. 132–135). Ann Arbor, MI,: Association for Consumer Research.
Falk, Armin, and Michael Kosfeld (2006). The hidden costs of control. *American Economic Review*, 96, 1611–1630.
Faro, David, and Yuval Rottenstreich (2006). Affect, empathy, and regressive mispredictions of others' preferences under risk. *Management Science*, 52, 529–541.
Fehr, Ernst, Urs Fischbacher, and Simon Gächter (2002). Strong

De Bondt, Werner F. M., and Richard Thaler (1985). Does the stock market overreact? *Journal of Finance*, 40, 793–805.
De Long, J. Bradford, Andrei Shleifer, Lawrence H. Summers, and Robert J. Waldmann (1991). The survival of noise traders in financial markets. *Journal of Business*, 64, 1–19.
Deevy, Marthe, Shoshana Lucich, and Michaela Beals (2012). *Scams, Schemes & Swindles. A Review of Consumer Financial Fraud Research.* Financial Fraud Research Center, Stanford University and FINRA.
Delfani, Neda, Johan De Deken, and Caroline Dewilde (2014). Home-ownership and pensions: Negative correlation, but no trade-off. *Housing Studies*, 29, 657–676.
Dhar, Ravi, Joel Huber, and Uzma Khan (2007). The shopping momentum effect. *Journal of Marketing Research*, 44, 370–378.
Di Muro, Fabrizio, and Theodore J. Noseworthy (2013). Money isn' t everything but it helps if it doesn' t look used: How the physical appearance of money influences spending. *Journal of Consumer Research*, 39, 1330–1342.
Diacon, Stephen, and Christine Ennew (2001). Consumer perceptions of financial risk. *The Geneva Papers on Risk and Assurance*, 26, 389–400.
Diener, Ed, and Robert Biswas-Diener (2002). Will money increase subjective well-being? *Social Indicators Research*, 57, 119–169.
Disney, Richard, and John Gathergood (2013). Financial literacy and consumer credit portfolios. *Journal of Banking & Finance*, 37, 2246–2254.
Donkers, Bas, and Arthur Van Soest (1999). Subjective measures of household preferences and financial decisions. *Journal of Economic Psychology*, 20, 613–642.
Drexler, Alejandro, Greg Fischer, and Antoinette Schoar (2014). Keeping

reference points. *Judgment and Decision Making*, 8, 16–24.
Connelly, E. (2009). *New Credit Card Rules May Reveal Unwelcome Details.* Associated Press, http://www.forbes.com/feeds/ap/2009/08/19/personal-finance-financials-us-credit-cards-mixed-blessing_6796305.html.
Connor, Robert A. (1996). More than risk reduction: The investment appeal of insurance. *Journal of Economic Psychology*, 17, 263–291.
Cope, Jason, and Gerald Watts (2000). Learning by doing. An exploration of experience, critical incidents and reflection in entrepreneurial learning. *International Journal of Entrepreneurial Behaviour and Research*, 6(3), 104–124.
Costa, Jr, Paul T., and Robert R. McCrae (1992). Four ways five factors are basic. *Personality and Individual Differences*, 13, 653–665.
Cox, Ruben, Dirk Brounen, and Peter Neuteboom (2015). Financial literacy, risk aversion and choice of mortgage type by households. *Journal of Real Estate Finance and Economics*, 50, 74–112
Cronqvist, Henrik, and Richard H. Thaler (2004). Design choices in privatized social-security systems: Learning from the Swedish experience. *American Economic Review*, 94, 424–428.
Dai, Meimei, Benedict Dellaert, and Bas Donkers (2015). *The Economic Value of Information in Pension Planning within a Life-Cycle Model.* Working Paper, Erasmus University, Rotterdam, The Netherlands.
Daniel, Teresa R. (1997). "Delay of consumption and saving behavior: Some preliminary, empirical Outcomes." In: Gerrit Antonides, W. Fred van Raaij, and Shlomo Maital (eds.), *Advances in Economic Psychology* (Chapter 10, pp. 171–188). Chichester, UK: John Wiley.
Davies, Emma, and Stephen E. G. Lea (1995). Student attitudes to student debt. *Journal of Economic Psychology*, 16, 663–679.

Campbell, John Y. (2006). Household finance. *Journal of Finance*, 61, 1553–1604.
Canova, Luigina, Anna Maria Manganelli Rattazzi, and Paul Webley (2005). The hierarchical structure of saving motives. *Journal of Economic Psychology*, 26, 21–34.
Capon, Noel C., Gavan J. Fitzsimons, and Russ Alan Prince (1996). An indi- vidual level analysis of the mutual fund investment decision. *Journal of Financial Services Research*, 10, 59–82.
Cardenas, Juan Camilo, and Jeffrey Carpenter (2013). Risk attitudes and economic well-being in Latin America. *Journal of Development Economics*, 103 (July), 52–61.
Carroll, Christopher D. (1997). Buffer-stock savings and the life cycle/ permanent income hypothesis. *Quarterly Journal of Economics*, 112, 1–55.
Cheema, Amar, and Dilip Soman (2008). The effect of partitions on controlling consumption. *Journal of Marketing Research*, 45, 665–675.
Chien, Yi-wen, and Sharon DeVaney (2001). The effects of credit attitude and socioeconomic factors on credit card and installment debt. *Journal of Consumer Affairs*, 35, 162–179.
Choi, James J., David Laibson, and Brigitte C. Madrian (2006). Reducing the complexity costs of 401(k) participation through quick enrollment. NBER Working Paper 11979.
Cialdini, Robert B. (1984). *Influence*. New York: Quill.
Clark, Warren (1998). Paying off student loans. *Canadian Social Trends*, 51, 24–28.
Cocco, João F. (2013). Evidence on the benefits of alternative mortgage products. *Journal of Finance*, 68, 1663–1690.
Colby, Helen, and Gretchen B. Chapman (2013). Savings, subgoals, and

Household financial planning and savings behavior. *Journal of International Money and Finance* (accepted for publication).
Brüggen, Elisabeth, Ingrid Rohde, and Mijke Van den Broeke (2013). Different people, different choices. *Netspar Design Papers* 15, Tilburg University, The Netherlands.
Bruhn, Miriam, Luciana De Souza Leao, Arianna Legovini, Rogelio Marchetti, and Bilal Zia (2013). *The Impact of High School Financial Education: Experimental Evidence from Brazil.* Policy Research Working Paper 6723, Washington, DC: World Bank.
Buehler, Roger, Dale Griffin, and Michael Ross (1994). Exploring the "plan- ning fallacy" : Why people underestimate their task completion times. *Journal of Personality and Social Psychology*, 67, 366–381.
Butler, Gillian, and Andrew Matthews (1987). Anticipatory anxiety and risk perception. *Cognitive Therapy and Research*, 11, 551–565.
Byrnes, James P., David C. Miller, and William D. Schafer (1999). Gender differences in risk taking: A meta-analysis. *Psychological Bulletin*, 125, 367–383.
Cacioppo, John T., and Richard E. Petty (1982). The need for cognition. *Journal of Personality and Social Psychology*, 42, 116–131.
Cain, Daylian M., George Loewenstein, and Don A. Moore (2005). The dirt on coming clean: Perverse effects of disclosing conflicts of interests. *Journal of Legal Issues*, 34, 1–25.
Camerer, Colin, George Loewenstein, and Drazen Prelec (2004). Neuroeconomics: Why economics needs brains. *Scandinavian Journal of Economics*, 106, 555–579.
——— (2005). Neuroeconomics: How neuroscience can inform economics. *Journal of Economic Literature*, 43, 9–64.

Beshears, John, James J. Choi, David Laibson, and Brigitte C. Madrian (2009). "The importance of default options for retirement saving outcomes. Evidence from the United States." In: Jeffray Brown, Jeffray Liebman, and David A. Wise (eds.), *Social Security Policy in a Changing Environment* (Chapter 5, pp. 167–195). Chicago: University of Chicago Press.

Bijmolt, Tammo H. A., Leo J. Paas, and Jeroen K. Vermunt (2004). Country and consumer segmentation: Multi-level latent class analysis of financial product ownership. *International Journal of Research in Marketing*, 21, 323–340.

Bikhchandani, Sushil, and Sunil Sharma (2001). Herd behavior in financial markets. *IMF Staff Papers*, 47(3), 279–310.

Binswanger, Johannes (2010). Understanding the heterogeneity of savings and asset allocation: A behavioral-economics perspective. *Journal of Economic Behavior & Organization*, 76, 296–317.

Blunt, Allan K., and Timothy A. Pychyl (2000). Task aversiveness and procrastination: A multi-dimensional approach to task aversiveness across stages of personal projects. *Personality and Individual Differences*, 28, 153–167.

Boddington, Lyn, and Simon Kemp (1999). Student debt, attitudes towards debt, impulsive buying, and financial management. *New Zealand Journal of Psychology*, 28, 89–93.

Böhm-Bawerk, Eugen von (1888). *The Positive Theory of Capital.* London: Macmillan.

Brockhaus, Sr, Robert H. (1980). Risk taking propensity of entrepreneurs. *Academy of Management Journal*, 23, 509–520.

Brounen, Dirk, Kees C. Koedijk, and Rachel A.J. Pownall (2016).

——— (1981). *A Treatise on the Family*. Cambridge, MA: Harvard University Press.

Bem, Daryl J. (1972). "Self-perception theory." In: Leonard Berkowitz (ed.), *Advances in Experimental Social Psychology*, vol. 6 (pp. 1–62). New York: Academic Press.

Benartzi, Shlomo, and Richard Thaler (1995). Myopic loss aversion and the equity premium puzzle. *Quarterly Journal of Economics*, 110, 73–92.

——— (2001). Naïve diversification strategies in defined contribution plans. *American Economic Review*, 91, 79–99.

Berg, Gunhild, and Bilal Zia (2013). *Harnessing Emotional Connections to Improve Financial Decisions: Evaluating the Impact of Financial Education in Mainstream Media*. Research Working Paper 6407, Washington, DC: World Bank.

Berger, Lawrence M., J. Michael Collins, and Laura Cuesta (2013). *Household Debt and Adult Depressive Symptoms*. Working Paper, University of Wisconsin at Madison, USA.

Berlyne, D. E. (1963). "Motivational problems raised by exploratory and epi- stemic behavior." In: Sigmund Koch (ed.), *Psychology: A Study of a Science*, vol. 5 (pp. 284–364). New York: McGraw-Hill.

Bernard, Tanguy, and Alemayehu Seyoum Taffesse (2014). Aspirations: An approach to measurement with validation using Ethiopian data. *Journal of African Economies*, 23, 189–224.

Bernstein, Peter L. (1998). *Against the Gods. The Remarkable Story of Risk*. New York: John Wiley.

Bertrand, Marianne, and Adair Morse (2011). Information disclosure, cognitive biases, and payday borrowing. *Journal of Finance*, 66, 1865–1893.

Journal of Personality and Social Psychology, 45, 1017–1028.
Banerjee, Abhijit, Esther Duflo, Rachel Glennester, and Cynthia Kinnan (2012). *The Miracle of Microfinance? Evidence from a Randomized Evaluation*. Retrieved April 17, 2012.
Barber, Brad M., and Terrance Odean (2001). Boys will be boys: Gender, overconfidence, and common stock investment. *Quarterly Journal of Economics*, 116, 261–292.
——— (2008). All that glitters: The effect of attention and news on the buying behavior of individual and institutional investors. *Review of Financial Studies*, 21, 785–818.
——— (2011). *The Behavior of Individual Investors*. Working Paper.
Barber, Brad M., Yi-Tsung Lee, Yu-Jane Liu, and Terrance Odean (2009). Just how much do individual investors lose by trading? *Review of Financial Studies*, 22, 609–632.
Bardolet, David, Craig R. Fox, and Dan Lovallo (2011). Corporate capitalallocation: A behavioral perspective. *Strategic Management Journal*, 32, 1465–1483.
Barrick, Murray R., and Michael K. Mount (1991). The big five personality dimensions and job performance: A meta-analysis. *Personnel Psychology*, 44, 1–26.
Baumeister, Roy F., and John Tierney (2011). *Willpower. Rediscovering the Greatest Human Strength*. New York: The Penguin Press.
Baumeister, Roy F., Kathleen D. Vohs, and D. M. Tice (2007). The strength model of self-control. *Current Directions in Psychological Science*, 16, 351–355.
Becker, Gary S. (1976). *The Economic Approach to Human Behavior*. Chicago: University of Chicago Press.

——— (2012). *The (Honest) Truth about Dishonesty*. New York: Harper Perennial.
Ariely, Dan, Joel Huber, and Klaus Wertenbroch (2005). When do losses loom larger than gains? *Journal of Marketing Research*, 42, 134–138.
Arkes, Hal R. (1991). Costs and benefits of judgment errors: Implications for debiasing. *Psychological Bulletin*, 110, 486–498.
Arkes, Hal R., and Catherine Blumer (1985). The psychology of sunk cost. *Organizational Behavior and Human Decision Processes*, 35, 124–140.
Ashraf, Nava, Dean Karlan, and Wesley Yin (2006). Tying Odysseus to the mast: Evidence from a commitment savings product in the Philippines. *Quarterly Journal of Economics*, 121, 635–672.
Atkinson, Adele, and Flore-Anne Messy (2012). *Measuring Financial Literacy: Results of the OECD/International Network on Financial Education (INFE) Pilot Study*. Paris, France: OECD Working Papers on Finance, Insurance and Private Pensions, No. 15.
Baker, H. Kent, and Victor Ricciardi (eds.) (2014). *Investor Behavior. The Psychology of Financial Planning and Investing*. Hoboken, NJ: John Wiley.
Bandura, Albert (1982). Self-efficacy mechanism in human agency. *American Psychologist*, 37, 122–147.
——— (1986). *Social Foundations of Thought and Action: A Social Cognitive Theory*. Englewood Cliffs, NJ: Prentice-Hall.
——— (1991). Social cognitive theory of self-regulation. *Organizational Behavior and Human Decision Processes*, 50, 248–287.
——— (1997). *Self-Efficacy: The Exercise of Control*. New York: W.H. Freeman.
Bandura, Albert, and Daniel Cervone (1983). Self-evaluative and self-efficacy mechanisms governing the motivational effects of goal systems.

Akerlof, George A., and Robert J. Shiller (2009). *Animal Spirits. How Human Psychology Drives the Economy, and Why It Matters for Global Capitalism*. Princeton, NJ: Princeton University Press.

Amar, Moty, Dan Ariely, Shahar Ayal, Cynthia E. Cryder, and Scott I. Rick (2011). Winning the battle but losing the war: The psychology of debt management. *Journal of Marketing Research*, 58, S38–S50.

Ameriks, John, Andrew Caplin, John Leahy, and Tom Tyler (2007). Measuring self-control problems. *American Economic Review*, 97, 966–972. Andreassen, Paul B. (1990). Judgmental extrapolation and market over- reaction: On the use and disuse of news. *Journal of Behavioral Decision Making*, 3, 153–174.

Andreoni, James, Brian Erard, and Jonathan S. Feinstein (1998). Tax compliance. *Journal of Economic Literature*, 36, 818–860.

Andreoni, James, and Charles Sprenger (2012a). Estimating time preference from convex budgets. *American Economic Review*, 102, 3333–3356.

——— (2012b). Risk preferences are not time preferences. *American Economic Review*, 102, 3357–3376.

Antonides, Gerrit, I. Manon De Groot, and W. Fred Van Raaij (2008). *Financial Behavior of Consumers*. The Hague, The Netherlands: Department of Finance.

——— (2011). Mental budgeting and the management of household finance. *Journal of Economic Psychology*, 32, 546–555.

Ardener, Shirley, and Sandra Burman (1996). *Money-Go-Rounds: The Importance of ROSCAs for Women*. New York: Bloombury.

Ariely, Dan (2009). *Predictably Irrational. The Hidden Forces That Shape Our Decisions*. London: HarperCollins.

Bibliography
參考資料

AARP (American Association of Retired Persons) (2003). *Off the Hook: Reducing Participation in Telemarketing Fraud.* Washington, DC: AARP Foundation.

Abramson, Lyn Y., Martin E. P. Seligman, and John D. Teasdale (1978). Learned helplessness in humans: Critique and reformulation. *Journal of Abnormal Psychology*, 87, 49–74.

Adams, Gary A., and Barbara L. Rau (2011). Putting off tomorrow to do what you want today. Planning for retirement. *American Psychologist*, 66, 180–192.

Adams, J. Stacy (1965). "Inequity in social exchange." In: Leonard Berkowitz (ed.), *Advances in Experimental and Social Psychology*, vol. 2 (pp. 267– 299). New York: Academic Press.

Agarwal, Sumit, John G. Driscoll, Xavier Gabaix, and David I. Laibson (2009). The age of reason: Financial decisions over the life-cycle with implications for regulation. *Brookings Papers on Economic Activity*, 2.

Ainslie, George (1975). Specious reward: A behavioral theory of impulsiveness and impulse control. *Psychological Bulletin*, 82, 463–496.

Ajzen, Icek (1988). *Attitudes, Personality, and Behavior*. Chicago: Dorsey Press.

——— (1991). The theory of planned behavior. *Organizational Behavior and Human Decision Processes*, 50, 179–211.

國家圖書館出版品預行編目（CIP）資料

金融行為通識課：從儲蓄、投資、保險到養老,如何處理金融商品?怎樣管控風險?/ W.佛萊德.范.拉伊(W. Fred van Raaij)著；吳明子譯. -- 二版. -- 新北市：日出出版：大雁出版基地發行, 2024.01
面； 公分
譯自：Understanding consumer financial behavior : money management in an age of financial illiteracy
ISBN 978-626-7382-43-1 (平裝)

1.消費者行為 2.消費心理學 3.個人理財

496.34 112019888

金融行為通識課（二版）

從儲蓄、投資、保險到養老，如何處理金融商品？怎樣管控風險？

First published in English under the title
Understanding Consumer Financial Behavior: Money Management in an Age of
Financial Illiteracy by W. Fred van Raaij

本書中文譯稿由 華夏出版社有限公司 授權使用

作　　者 W・佛萊德・范・拉伊 (W. Fred van Raaij)
譯　　者 吳明子
責任編輯 李明瑾
協力編輯 陳怡君
封面設計 萬勝安
發 行 人 蘇拾平
總 編 輯 蘇拾平
副總編輯 王辰元
資深主編 夏于翔
主　　編 李明瑾
行　　銷 廖倚萱
業　　務 王綬晨、邱紹溢、劉文雅
出　　版 日出出版
發　　行 大雁文化事業股份有限公司
地址：新北市新店區北新路三段207-3號5樓
電話：(02)8913-1005　傳真：(02)8913-1056
讀者服務信箱 E-mail:andbooks@andbooks.com.tw
劃撥帳號：19983379 戶名：大雁文化事業股份有限公司
二版一刷 2024年1月
定　　價 520元

I S B N 978-626-7382-43-1